21世纪全国本科院校土木建筑类创新型应用人才培养规划教材

建筑节能概论

主　编　余晓平

副主编　彭宣伟

参　编　廖小烽　刘其鑫

李文杰　刘丽莹

内容简介

本书内容突出“知识体系的有效性与系统性”，以服务建筑可持续发展为着眼点，融入建筑整体节能、系统节能与绿色发展的理念，着重介绍建筑寿命周期不同阶段的建筑节能技术、法规与发展动态。

本书既可以作为土木类和建筑类工程专业技术的基础教材，也可以作为高校开设行业背景类公共选修课程“建筑节能概论”的专业教材，同时还可供从事建筑节能工程设计、施工、管理、咨询和运行岗位的工程技术人员及相关行业主管部门工作人员参考。

图书在版编目(CIP)数据

建筑节能概论/余晓平主编. —北京：北京大学出版社，2014.4
(21世纪全国本科院校土木建筑类创新型应用人才培养规划教材)
ISBN 978-7-301-24037-3

Ⅰ.①建… Ⅱ.①余… Ⅲ.①建筑—节能—高等学校—教材 Ⅳ.①TU111.4

中国版本图书馆CIP数据核字(2014)第052776号

书　　　名：建筑节能概论
著作责任者：余晓平　主编
策 划 编 辑：吴　迪
责 任 编 辑：伍大维
标 准 书 号：ISBN 978-7-301-24037-3/TU·0394
出 版 发 行：北京大学出版社
地　　　址：北京市海淀区成府路205号　100871
网　　　址：http://www.pup.cn　新浪官方微博：@北京大学出版社
电 子 信 箱：pup_6@163.com
电　　　话：邮购部62752015　发行部62750672　编辑部62750667　出版部62754962
印　刷　者：北京鑫海金澳胶印有限公司
经　销　者：新华书店
787毫米×1092毫米　16开本　17印张　386千字
2014年4月第1版　2017年12月第3次印刷
定　　　价：34.00元

前　　言

随着全球环境可持续发展理念的增强，以及对生态和谐室内环境日益迫切的追求，人们对建筑环境健康舒适的要求日益提高，建筑节能与健康建筑环境营造已经成为新的国际学科增长点。建筑节能是节能技术在建筑领域中的应用，学科基础是能源的有效利用，应用对象是建筑工程，必然涉及土木建筑工程、能源动力工程等学科的基础理论——建筑物理学、建筑环境学、热工学、能源计量与测量学等。从建筑工程学的学科角度看，建筑节能必然与城市规划、建筑学、土木工程、建筑设备与环境工程等应用领域密切相关。建筑的规划、设计、施工、调试、运行管理等不同寿命周期阶段都与建筑节能密切相关，涉及建筑的规划设计、施工、建筑设备安装调试及建筑节能改造等不同阶段的能源有效利用问题。

本书内容包括建筑节能导论、建筑节能规划与设计、建筑节能材料与围护结构体系、建筑节能施工与系统调试、建筑能源系统运行节能与控制、可再生能源在建筑中的应用、建筑能源管理与节能改造、建筑节能的技术经济分析、节能建筑工程案例及附录，内容阐述简明易懂，实用性强。本书的编写材料融合了编者近些年的教学和科研成果，希望能与读者共同探讨。

本书由重庆科技学院余晓平担任主编，彭宣伟担任副主编。本书的具体编写分工如下：余晓平编写第 1 章、第 5 章、第 7 章和第 9 章，廖小烽编写第 2 章，彭宣伟编写第 3 章、第 4 章及附录和部分思考题，李文杰和刘其鑫编写第 6 章和第 8 章，刘丽莹为本书收集了大量素材并参编了部分思考题。全书由余晓平统稿。

编者在编写本书的过程中参考了大量文献和部分网络资源，主要文献列于书后，但仍有部分参考资料无法一一列出，在此对其作者一并表示感谢。由于编者水平、时间所限，书中不足之处在所难免，恳请读者批评指正，并提出宝贵建议。关于本书的相关意见和建议请发至邮箱：yuxiaoping2001@126.com。对您的意见和建议，我们深表感谢。

编　者

2013 年 10 月

目　　录

第7章 建筑能源管理与节能改造 …… 190

第8章 建筑节能的技术经济分析 …… 216

第1章 建筑节能导论

教学目标

本章主要讲述建筑节能基本概念、国内外建筑节能的发展及其比较、中国建筑能耗现状与发展趋势及建筑节能与室内环境质量等。通过学习，学生应达到以下目标：

(1) 掌握建筑节能及建筑能耗的概念；

(2) 了解国内外建筑节能发展史及我国建筑节能发展现状与特点；

(3) 了解建筑节能与建筑室内环境质量的关系；

(4) 熟悉建筑节能系统分析方法。

教学要求

知识要点	能力要求	相关知识
建筑节能与建筑能耗	(1) 掌握建筑节能的概念 (2) 掌握建筑能耗的概念	(1) 建筑节能与建筑能耗 (2) 建筑节能工程与建筑节能技术 (3) 建筑节能产业与建筑节能市场
国内外建筑节能发展	(1) 了解国外建筑节能发展 (2) 熟悉国内建筑节能发展现状及特点	(1) 发达国家建筑节能发展 (2) 我国建筑节能发展现状 (3) 我国建筑能耗特征
建筑节能与室内环境控制	(1) 熟悉建筑室内环境控制与建筑能耗的关系 (2) 了解建筑节能对室内环境品质的影响	(1) 室内空气品质与热舒适 (2) 绿色建筑、健康建筑、可持续建筑
建筑节能系统分析	(1) 了解建筑节能系统的划分 (2) 熟悉建筑节能系统分析方法	(1) 建筑节能技术系统 (2) 建筑节能全过程管理

基本概念

建筑节能，建筑能耗，建筑节能工程与技术，建筑节能产业与建筑节能市场，建筑节能发展史，中国建筑能耗特征，室内空气品质与热舒适，绿色建筑，建筑节能系统，建筑节能全过程管理

引例

建筑领域的节能问题，已经成为全世界共同关注的问题之一。在建筑领域的能源消耗，不同类型国家所占的比例不同。本书讨论的建筑能耗，是指民用建筑的运行能耗，即在住宅、办公建筑、学校、商场、宾馆、交通枢纽、公共娱乐设施等非工业建筑内，为居住者或使用者提供采暖、通风、空调、照明炊事、生活热水，以及其他为了实现建筑的各项服务功能所使用的能源。考虑到中国南北地区冬季采暖方式的差异、城乡建筑形式和生活方式的差异，以及居住建筑和公共建筑人员活动及用能设备的差别，中国的建筑用能一般分北方城镇采暖用能、城镇住宅用能(不含北方地区的采暖)、公共建筑用能(不含北方地区的采暖)，以及农村住宅用能四类。2010年中国能耗总量为32.49亿tce(吨标准煤，下同)，其中，建筑总能耗(不含生物质能)为6.77亿tce，占全国总能耗的20.9%；建筑商品能耗和生物质能共计8.16亿tce；建筑总面积为453亿m^2，单位面积建筑能耗为14.5kgce/m^2。在2010年，上述四个建筑用能分类中，北方城镇建筑采暖面积98亿m^2，采暖能耗为1.63亿tce，占建筑总能耗的24.1%；城镇住宅能耗(不含北方采暖)为1.64亿tce，占建筑总能耗的24.1%，其中电力消耗3820亿kW·h，非电商品能消耗(燃气、煤炭)0.42亿tce；公共建筑面积为79亿m^2，占建筑总面积的17%，能耗(不含北方采暖)为1.74亿tce，占建筑总能耗的25.6%，其中电力消耗4200亿kW·h，非电商品能消耗(燃气、煤炭)4020万tce；农村住宅的商品能耗为1.77亿tce，占建筑总能耗的26.1%，其中电力消耗1360亿kW·h，非电商品能消耗(燃气、燃煤、液化石油气)1.34亿tce。此外，农村生物质能(秸秆、薪柴)的消耗折合约为1.39亿tce。

截至2010年底，中国组织实施低能耗、绿色建筑示范项目217个，启动了绿色生态城区建设实践；完成了北方采暖地区既有居住建筑供热计量及节能改造1.82亿m^2；推动政府办公建筑和大型公共建筑节能监管体系建设与改造；开展了386个可再生能源建筑应用示范推广项目，210个太阳能光电建筑应用示范项目，47个可再生能源建筑应用示范城市和98个示范县的建设；探索农村建筑节能工作。新型墙体材料产量占墙体材料总产量的55%以上，应用量占墙体材料总用量的70%；全国城镇新建建筑设计阶段执行节能强制性标准的比例为99.5%，施工阶段执行节能强制性标准的比例为95.4%，分别比2005年提高了42%和71%。到“十一五”期末，中国建筑节能实现了节约1亿tce的目标任务。

建筑物利用能源的过程中排放出大量的CO_2、SO_2、NO_x、悬浮颗粒物和其他污染物。世界各国建筑能源使用中所排放的CO_2，大约占到全球CO_2排放总量的1/3，其中，住宅大体占2/3，公共建筑占1/3。以美国纽约为例，2007年由于能源消耗所产生的温室气体排放比例，建筑占51%(包括电力消耗产生的间接排放)、交通占37.5%，而工业只占11.5%。2006年英国伦敦的温室气体排放总量中，建筑占71%、地面交通占22%，工业仅占7%；建筑排放中，仅燃气供暖就占了近80%。在中国，由于能源统计分项方法与国外不相同，相应的碳排放量还没有统一的数据。可见，建筑节能已成为建筑领域能源消耗的环境责任，既要重视建筑使用过程中能源消耗的环境影响，也要重视建筑建造过程中的环境影响，温室气体减排已成为建筑节能发展的基本动力。

本章介绍建筑节能相关的基本概念，比较国内外建筑能耗的发展及其特点，介绍建筑节能与绿色建筑、建筑节能与室内环境质量的关系，并从寿命周期角度建立建筑节能全过程系统模型，为本书后续章节的内容奠定基础。

1.1 建筑节能的基本概念

1.1.1 建筑节能与建筑能耗

节能是节约能源的简称，在不同时期有不同的内涵。中国于2007年修订通过的《中华人民共和国节约能源法》（以下简称《节约能源法》）中的节约能源，是指“加强用能管理，采取技术上可行、经济上合理，以及环境和社会可以承受的措施，从能源生产到消费的各个环节，降低消耗、减少损失和污染物排放、制止浪费，有效、合理地利用能源”。这表明，要达到节能的目的，需要从能源资源的开发到终端利用的全过程，通过能源管理和能源技术创新与应用，与社会经济发展水平相适应，与环境发展协调，实现能源的合理利用、节约利用，以达到提高能源利用效率、降低单位产品的能源消费，以及减少能源从生产到消费过程中对环境的不利影响。可见，节能既涉及生产领域的节能，又包括消费领域的节能，并总与一定历史时期的社会、经济、环境和技术条件密切联系。

从建筑节能理念发展历程看，最初“建筑节能”（energy saving in building）指降低能耗，减少能量的输入；后来指“在建筑中保持能源”（energy conservation in building），即保持建筑中的能量，减少建筑的热工散失；现在指“提高建筑中的能源利用效率”（energy efficiency in building），不是消极被动地节省能源，而是从积极意义上提高利用效率，高效地满足舒适要求。“能源效率”，按照物理学的观点，是指在能源利用中，发挥作用的能源量与实际消耗的能源量之比，为终端用户提供的服务与所消耗的总能源量之比。世界能源委员会在1995年出版的《应用高技术提高能效》一书中，把“能源效率”定义为减少提供同等能源服务的能源投入。中国《民用建筑节能条例》定义的民用建筑节能，是指“在保证民用建筑使用功能和室内热环境质量的前提下，降低其使用过程中能源消耗的活动”。表明民用建筑节能的基本任务是降低建筑使用过程中的能源消耗，节能的前提条件是确保建筑使用功能和营造适宜的人工环境。

按能源服务对象不同，能源消耗通常分成工业、建筑和交通能源消耗三大领域。在这三大领域中，完成能源消耗的技术设备、使用环境、操作方式及运行主体不同，其能耗形成规律就不一样。国际上建筑能耗有狭义和广义之分，狭义的建筑能耗是指建筑物使用过程中消耗的能源，即建筑运行能耗；广义的建筑能耗则是在狭义建筑能耗之上加上建筑材料生产和建筑施工过程中的建造能耗。与生产能耗、交通能耗相比，建筑能耗具有不同的特征，具体列于表1-1中。

表1-1　不同能源服务领域能耗的特征

比较内容 能耗领域	能源服务类型	能耗载体	实施主体	主要属性	计量方式	影响能耗的主要因素
建筑能耗（狭义上）	热力、电力	民用建筑设施及设备系统	全社会的人	自然、经济、社会	单位建筑面积能耗或人均能耗	地域气候、建筑类型及本体节能性、设计施工水平、使用者行为模式、运行管理水平、能耗计量方式
生产能耗	热力、电力	生产工艺及设备	培训上岗的生产人员	经济	单位产值能耗	产品生产工艺先进性及设备效率水平
交通能耗	移动力	交通工具	持证上岗的驾驶员	经济、社会	单位里程能耗	交通工具及运输路况

由表 1－1 可知，与生产能耗和交通能耗相比，建筑能耗具有一定的特殊性。建筑的使用者和建筑能源系统的服务对象是所有人，所有生活在建筑中的人都可以参与建筑设备的操控和建筑环境参数的调节，但大多数人都不理解建筑设备的性能和正确的操作方法，更不理解建筑节能的原理，没有强制的节能使用规程进行指导，其对建筑设备的操作方法和环境的控制方式是主观、随意的。建筑使用者的行为方式和生活习惯对建筑能耗影响很大，体现了建筑节能主体的特殊性和广泛性。

建筑能耗需求的层次性和能源服务水平的多样性源于建筑自身的特性；建筑的基本属性决定了建筑环境营造必须以适宜居住为本，人的需求存在个体差异，要求建筑能源服务水平因人而异。此外，建筑的地域特征决定了建筑能耗受地域气候条件影响很大，不同地区、不同功能的建筑，提供了不同服务水平的建筑，其能耗水平也不同。中国幅员辽阔，南北东西气候差异显著，各气候地区的建筑节能都必须与当地气候条件相适应，不同地区采取的节能技术措施、产品和途径不一样，没有统一的标准或规范能概括所有气候地区的建筑，这表明建筑能耗具有显著的地域性。这些特性表明，建筑能耗不能用简单的指标进行描述，建筑能耗的高低受到诸多非技术因素的制约，其形成与发展比生产能耗和交通能耗要复杂得多。

1.1.2 建筑节能知识体系

建筑节能包含建筑节能科学、建筑节能工程、建筑节能技术与建筑节能产业等不同层次理论知识与实践活动，它们彼此相互影响，共同构成建筑节能活动的知识体系，如图 1.1 所示。

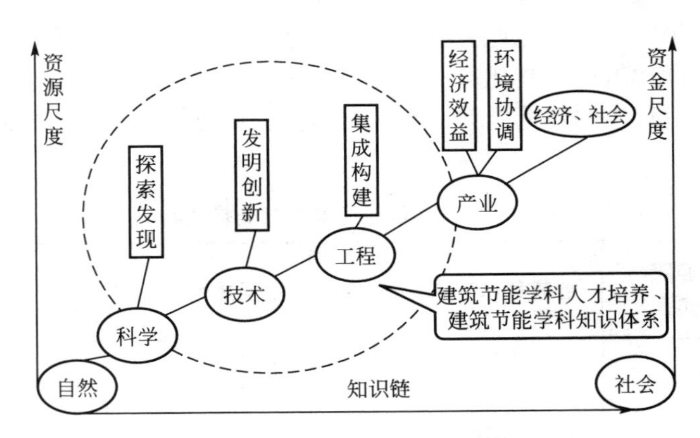

图 1.1 建筑节能活动知识体系的结构层次

从知识链角度看，建筑节能活动既包括科学技术的内涵，也包括工程科学、工程技术和工程管理的理念，这些知识在实践活动中可以转化为现实生产力；从工程活动的社会属性角度看，建筑节能是一种有计划、有组织、有目的的人工活动，通过建筑节能技术、产品或服务，向社会提供节能建筑，创造出相应的经济、社会或环境效益。从社会活动角度认识建筑节能，就需要系统研究其作为一门科学的理论体系和结构，作为一门学科的知识体系和人才培养要求，作为工程和技术层次应遵循的原则和发展规律，作为一个新型产业应遵循的发展机制。建筑节能工程既有与建筑节能科学、建筑节能技术的关联性，又有与建筑节能产业、经济与社会的关联性。建筑节能科学是对建筑节能活动的构成、本质及运行规律的探索与发现，并不一定要有直接的、明确的经济目标，但建筑节能技术、工程和产业则有明显的经济目标或社会公益目标，必然联系到市场、资源、能源、资金、环境、生态等基本要素，与经济和社会的关联程度比建筑节能科学高。

1.1.3　建筑节能工程与技术

建筑节能工程是为了实现节能工程在建筑系统中的目标而组织、集成的活动。建筑节能工程活动的核心标志是建筑节能实践的物化成果——构建具体的建筑节能项目所提供的建筑节能服务，是通过建筑节能技术要素与诸多非技术要素的系统集成为基础的工程活动。

建筑节能技术是建筑节能工程中的一个子项或个别部分，不同的建筑节能技术在建筑节能工程中有着不同的地位，起着不同的作用，彼此之间存在不同的功能。不同的建筑节能技术在一定环境条件下，通过有序、有效的合理集成，以不可分割的集成形态构成建筑节能工程整体。不同建筑节能技术方案的对比取舍、优化组合及实施后的效果评价都是工程决策中应该考虑的重要内容。虽然，建筑节能工程与建筑节能技术之间具有集成与层次的关系，但建筑节能工程不仅集成"建筑节能技术"要素，还集成许多非技术要素，是建筑节能技术与当前社会、经济、文化、政治及环境等因素综合集成的产物。

1.1.4　建筑节能产业与市场

按照产业经济学的定义，产业是指具有某种同类属性、具有相互作用的经济活动的集合或系统。这里的"具有某种同类属性"是将企业划分为不同产业的基准，同一产业的经济活动均具有这样或那样相同或相似的性质。"具有相互作用的经济活动"表明产业内各企业之间不是孤立的，而是相互制约、相互联系的。这种"相互作用的经济活动"不仅表现为竞争关系，也包括产业内因进一步分工而形成的协作关系。产业内部企业间的相互竞争与协作，促进了产业不断发展。

建筑节能产业是指因建筑节能的兴起、发展而引起的各种产业的总和。构成建筑节能产业的各部分产业以建筑节能领域为主要服务对象，以节约能源使用、提高能源利用效率为目的，从事于各种咨询服务、技术开发、产品开发、商业流通、信息服务、工程承包等行业。建筑节能产业涉及范围广，图 1.2 为整个建筑节能产业的构成关系。

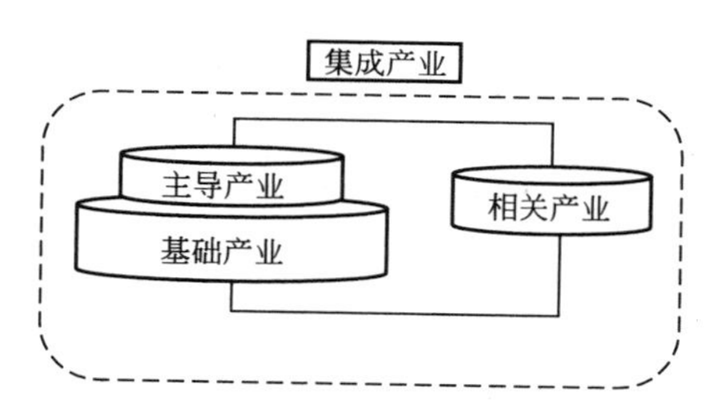

图 1.2　建筑节能产业的构成关系

主导产业在建筑节能全局中起着主导作用，引领着节能行业的发展方向，这部分产业的发展可带动整个建筑节能行业的发展；反之，建筑节能的开展情况也决定着这部分产业的市场发展、企业生存等状况，产业与建筑节能有着相互依存的作用。基础产业是开展建筑节能工作的基础，其企业的生存和发展与建筑节能的开展状况密切相关，对建筑节能有很大的依赖性。相关产业与建筑节能有相关性，其服务含有建筑节能的内容；其企业的发展对建筑节能开展状况也有影响，同时又相对独立于建筑节能；企业中有关建筑节能的服务质量，对建筑节能的影响显著，因而，会受到建筑节能的制约。以上三部分产业相互影响、共同作用，形成了涉及设计、咨询、施工、监理、运行维护、检测、评估等多个领域的建筑节能集成产业。同时，上述产业有效地链接起来，使得我国建筑节能产业成长为一个新兴的行业。

建筑节能市场又可分为新建建筑节能市场和既有建筑节能改造市场两类。由于一些既有建筑的节能改造是通过节能服务公司，以合同能源管理的方式实现的，因此成为节能服务市场的一部分。在节能服务市场上，市场交易的商品是专门的节能服务，市场的供方为节能服务企业，需方为建筑使用者，即业主。节能服务公司通过合同能源管理等方式，为业主提供能源节约服务，包括为帮助业主降低建筑能耗而提供的咨询、检测、设计、融资、改造、管理等节能服务。节能部品市场是指以符合节能标准的各类建筑部品为交易对象的市场。市场的供方是节能部品生产商，需方有两类，一类是房屋的最终使用者，即业主，他们可以在市场上直接购买节能部品，并在建筑的日常运行当中使用；另一类是房屋的建造者、提供者，即开发商，他们购买节能部品，并将其作为建筑的一部分提供给业主。

1.1.5 节能建筑与绿色建筑

一般认为，节能建筑是指在保证建筑使用功能和满足室内物理环境质量的条件下，通过提高建筑围护结构隔热保温性能、采暖空调系统运行效率和自然能源利用等技术措施，使建筑物的能耗降低到规定水平；同时，当不采用采暖与空调措施时，室内物理环境达到一定标准的建筑物。人们对节能建筑概念的理解，经过一段时间的发展，从最初的一味节省能源，到集中关注减少热量散失，现在则强调提高建筑中的能源利用效率。也就是说，节能建筑并非意味着牺牲舒适度，它要求用现实的手段更方便地实现高舒适度。

节能建筑最大的好处在于降低建筑能耗，从而降低维护费用。按北欧的经验，节能建筑在初投资上比一般建筑高出3%，但运行维护费用却可降低60%。本书中的建筑能耗特指建筑运行能耗，发达国家的建筑能耗一般占全国能耗的30%～40%，中国的建筑能耗占能源消费总量的28%。目前中国能源形势相当严峻，但国内建筑的节能水平较低，在能源利用效率方面有很大的提高空间。例如，瑞典、丹麦的建筑能耗大约为11W/m^2，而中国北京为31.7W/m^2、哈尔滨为33.7W/m^2，如果我们能达到上述先进国家的水平，可节约60%～70%的建筑能耗。其次，节能建筑可以提高建筑室内环境的质量，满足人们日渐提高的生活水平需要。最后，节能建筑可以有效减轻建筑采暖空调引起的大气污染。如果采用新型材料的墙体，还能节约有限的黏土资源。

绿色建筑是在建筑的寿命周期内，最大限度地节约资源(节能、节地、节水、节材)、保护环境和减少污染，为人们提供健康、适用和高效的使用空间，与自然和谐共生的建筑。绿色建筑是遵循气候设计和节能的基本方法，对建筑规划分区、群体和单体、建筑朝向、间距、太阳辐射、风向及外部空间环境进行研究后，设计出的低能耗建筑，其主要指标有建筑规划和平面布局要有利于自然通风，绿化率不低于35%；建筑间距应保证每户至少有一个居住空间在大寒日能获得满窗日照2h等。从特征上看有5点：少消耗资源，设计、建造、使用要减少资源消耗；高性能品质，结构用材有足够强度、耐久性，围护结构应保温、防水等；减少环境污染，采用低污染材料，利用清洁能源；生命周期长；多回收利用。

1.2 国内外建筑节能的发展

1.2.1 建筑节能的国际发展

国外开展建筑节能研究与实践相对国内较早，发达国家社会发展稳定，居住条件和生活方式与水平没有显著变化，其建筑节能市场框架体系比较完善，形成了相对稳定的建筑节能工程技术实践体系。各国针对自身的气候资源条件、社会经济发展水平和居住文化传统形成建筑节能发展特色，值得我国研究和借鉴，下面以4个主要国家为例。

1. 德国

自1952年起，德国的建筑标准开始提出了最低保温要求，保护建筑部件不受凝露和水浸破坏，提高建筑安全使用寿命。在1973年第一次石油危机后，节能目标首次成为人们关注的焦点。1977年，德国首部《保温条例》正式颁布实施，对新建建筑外露部件的热工质量提出具体要求。2002年，《节能条例》取代了《保温条例》，不再针对单个建筑构件进行计算和评估，首次将包含技术设备在内的建筑物作为一个系统，并且用一次性能源需求取代热需求作为最重要的节能考核参数，实现了从保温证书过渡到能源证书管理，将低能耗房屋变成了普遍适用的标准。在2004年、2007年和2009年版的《节能条例》中，相关要求进一步提高，而根据综合能源与气候计划，自2012年起，能效要求进一步提高，最大幅度可达30%，从低能耗房屋标准、被动式房屋标准到零能耗(采暖能耗)房屋标准，都从建筑设计、围护结构、技术设备等方面，依据建筑物所处的气候区域、地理位置及具体用途和目的，因地制宜地采取最佳节能措施。

2. 日本

日本在经历了1973年和1979年两次石油危机后，节能技术开发和相关的节能法规建设都得到很大发展，其建筑能耗约占全社会能耗的27%。隶属于《节约能源法》的“住宅节省能源基准”就经历了1980年、1992年、1999年的3次修订，逐渐强化了日照和热损失基准值，设置了采暖空调标准，扩大完善了气密性保温隔热设计的适用范围，并且根据不同区域、地域的自然条件，因地制宜地制定了包括建筑换气、空调采暖、空气污染在内的一系列规定条款。日本作为高效的建筑运行管理典范，2003年修订的《节约能源法》，将建筑运行过程的节能纳入日常管理中，确保建筑节能的各项措施效益最大化。日本还建立了健全的住宅节能体系，积极地推动了节能环保的产业化发展，并且重视提高整个社会节能环保意识。例如，在依据2000年开始实施的《住宅品质确保促进法》而产生的《住宅性能表示制度》中，对住宅的热工环境、节能等项目设定了评价基准。

3. 美国

根据2010年统计数据，美国人口约3.1亿，人均住房面积近67.1m²，居世界首位。

其中大部分住宅都是3层以下的独立房屋，热水、暖气、空调设备齐全，而且供暖、空调器全部是分户设置，电力、煤气、燃油等能源是家庭日常开销的一个主要部分。建筑节能关系到家庭的支出，所以建筑节能是一个市场化的行为，每个家庭根据能源价格、自身收入和生活水平等因素来选择建筑能源消费方式和水平。美国政府提倡自愿的节能标识，获得“能源之星”标识的产品一般都超过该类产品相应的最低能源效率标准。能源效率在同类建筑中领先25%的范围内，室内环境质量达标的建筑被授予“能源之星”建筑标识。联邦机构必须采购有“能源之星”标识的用能产品，或能效在同类产品中领先25%范围内的产品。

作为建筑节能市场化的典范，美国依靠市场机制，制定了建筑行业和节能产品标准、开发和推荐能源新技术等，同时推行强制节能标准。美国以行业协会牵头、政府机构示范推进公共建筑节能。“美国绿色建筑协会”积极推行以节能为主旨的《绿色建筑评估体系》，劳伦斯伯克利国家实验室对住宅节能技术进行了重点研究，和一些州政府合作建设“节能样板房”，为大型公共建筑节能起到了表率作用。

4. 波兰

在20世纪70～80年代，波兰建设了不少以煤炭为能源的大板房，这些房屋能耗非常高。波兰作为2004年才加入欧盟的成员国，在住宅节能上需严格按照欧盟标准执行，即房屋的能耗量不超过30kW/(m^2・a)；不管是在房屋租赁还是买卖时，出租方或卖方必须给出该房屋的能耗曲线，使租房者或买房者知道该房屋的能耗量是多少。通过推行一个“取暖现代化计划”，政府将向全国居民提供约2.4亿欧元的“取暖现代化贷款”，以支持那些身居旧房的居民通过节能改造来实现旧房翻新和居住条件的现代化。节能改造后的住宅，能耗量由以前的130kW/(m^2・a)普遍降到了30kW/(m^2・a)以内，有的甚至可控制在9kW/(m^2・a)之内。波兰通过住宅节能改造实现了旧房“取暖现代化”。

从发达国家建筑发展过程看，美国及日本从20世纪50～60年代起，经过了15～20年的时间，单位建筑面积能耗量增加了1～1.5倍。在能耗强度大致稳定的近20～30年的水平，与经济发展同步的全社会总建筑拥有量呈现缓慢增长，由此使建筑能耗总量持续增长，并逐渐成为制造、交通、建筑三大能源消费领域中的比例最大者。发达国家的建筑节能已从20世纪70年代初为应付能源危机而被迫实行节约和缩减，逐步进入以提高能源利用效益、减少环境污染、改善居住生活质量和改进公共关系为目标的绿色建筑发展阶段。

1.2.2 建筑节能的国内发展

中国建筑节能是以建筑业发展过程为物质基础的。居住建筑问题一直是重要的民生问题之一。新中国成立之初，国内城市住宅数量较少，卫生条件极差，当时针对全国50个城市人均居住面积只有3.6m^2的现状，制定每人居住面积4m^2的设计标准，实行了30年。到1978年10月，国务院批转国家基本建设委员会《关于加快城市住宅建设的报告》，要求迅速解决职工住房紧张问题，到1985年，城市平均每人居住面积才达到5m^2。1984年11月，国家科学技术委员会提出到2000年争取实现城镇居民每户有一套经济实惠的住宅，全国居民人均居住面积达到8m^2的目标。1994年，国务院提出了实施国家“安居工程”计划，平均每套建筑面积60m^2左右，1995—1997年3年共有近245座城市被批准实施，建筑面积近5000万m^2。1994—2000年，全国各地有7批共70多个小康住宅示范小区设计通过审查进入实施，2000年后示范小区并入康居工程。2004年11月22日，建设部政策研究中心颁布了中国居民住房的小康标准。

截至2006年年底，城镇居民住房自有率达到83%。按户籍人口计算，2008年，城镇人均住宅建筑面积达到了28m^2左右，全国城镇住宅投资总额已达到6.7万亿元，年均竣工住宅建筑面积超过6亿m^2。城镇住宅建设面积从数量上已与发达国家居住水平接近，居住环境也得到了改善，但在住宅建设过程中，土地、能源、材料浪费和环境污染严重，城镇居住建筑能耗总量逐年增长，住宅建筑节能问题日益突出。

同样，公共建筑建设规模和能耗总量也逐年上升。城镇公共建筑总面积于2005年达到约57亿m^2，其中，大型公共建筑6.6亿m^2，一般公共建筑50亿m^2。公共建筑能耗量占建筑总能耗量的比例已近20%。其中，一般公共建筑的总耗电量从1995年的全国平均24kW·h/(m^2·a)升高到2005年的28kW·h/(m^2·a)，大型公共建筑的年耗电量则从平均148kW·h/(cm^2·a)提高到168kW·h/(m^2·a)，单位面积年耗电量是一般公共建筑的6倍左右。随着建筑服务水平要求的提高，建筑能耗量也逐年增长，2007年和2008年建筑能耗量约占当年社会总能耗的23%，建筑电力消耗为社会总电耗的22%。

总之，中国建筑节能大致经历了以下4个阶段。

(1) 1986年之前为第一阶段，即理论探索阶段。主要是在理论方面进行了一些研究，了解、借鉴国际上建筑节能的情况和经验，对中国建筑节能做初步探索。1986年出台了《民用建筑节能设计标准(采暖居住建筑部分)》(JSJ 26—1986，已作废)，提出建筑节能率的目标是30%。

(2) 1987—2000年为第二阶段，即试点示范与推广阶段。建设部加强了对建筑节能的领导，并从1994年开始有组织地出台了一系列的政策法规、技术标准与规范，制定建筑节能政策并组织实施。例如，《建筑节能“九五”计划和2010年规划》修订了节能50%的新标准。

(3) 2001—2005年为第三阶段，即承上启下的转型阶段。这一时期，地方建筑节能工作广泛开展，建筑节能趋向深化，地方性的节能目标、节能规划纷纷出台，28个省市制定了“十一五”建筑节能专项规划；各地建设项目在设计阶段执行设计标准的比例提高到57.7%，部分省市提前实施了65%的设计标准。2005年修订的《民用建筑节能管理规定》，总结既往经验和教训，针对建筑节能工作面临的新情况进行的，对全面指导建筑节能工作具有重要意义。

(4) 自2006年至今为第四阶段，即节能建筑的全面开展阶段，其重要标志是新修订的《中华人民共和国节约能源法》成为建筑节能上位法，以及《民用建筑节能条例》、《公共机构节能条例》的实施。

中国建筑发展及能耗现状研究表明，随着社会经济发展，城市化进程加快，人们对居住环境质量水平要求的提升，建筑能耗规模还将持续增加，必将给能源供应安全带来极大压力，表明推动建筑节能事业健康的紧迫性。

1.2.3 国内外建筑节能发展比较

根据能耗数据分析，中外建筑能耗差别的主要原因包括用能设备的运行模式、建筑内居住者或使用者的行为，以及室内环境的设定参数。表1-2给出了我国和美国建筑空调能耗差别的原因，其中最根本的原因是居民控制的室内参数不同。

表1-2 中外建筑空调能耗差别的原因

国家	特征	空调器运行时间	运行模式	居住者行为	室内温度	新风量
中国	自然和谐	短	部分时间、部分空间	用户根据需要调节设备、开窗、室内温度等	根据外界气候有较大波动	自行开窗解决
美国	全面掌控	长	全时间、全空间	不需要调节，实现自动化	恒温	机械送风，有固定送风量

对比美国、日本等发达国家建筑能耗水平，中国城市的单位面积建筑能耗水平、经济发展水平与美国20世纪50年代及日本20世纪60年代末非常接近，与现在的美国、日本相比则只是他们的40%～60%。根据发达国家走过的历程，中国建筑节能如果不能解决人口快速增长带来的资源、能源消费急速增加的问题，15～20年后很可能就会达到美国和日本的能耗水平。但是，中国人口总量太大，国土面积和资源量有限，并且不可能像美国、日本那样大规模借助于国外的自然资源，无论在能源供应、能源运输方面，还是能源转换后的碳排放方面，都不可能承担这样大的能源消耗量。从人均资源、能源和综合资源来看，国内的建筑气候条件、能源资源状况和社会经济发展水平与发达国家不同，决定了中国不能照搬发达国家建筑节能管理制度和技术体系，需要研究、开发适合中国国情的建筑节能技术体系和管理制度，使建筑能耗规模和能源服务水平控制在合理水平，保持建筑能耗总量的适度增长。

1.3 中国建筑能耗分类、特点及节能支撑体系

与建筑相关的能源消耗包括建筑材料生产用能、建筑材料运输用能、房屋建造和维修过程中的用能，以及建筑使用过程中的建筑运行能耗。国内目前处于城市建设高峰期，城市建设的飞速发展促使建材业、建造业飞速发展，由此造成的能源消耗已占到中国总商品能耗的20%～30%。然而，这部分能耗完全取决于建造业的发展，与建筑运行能耗属于完全不同的两个范畴。建筑运行的能耗，即建筑物照明、采暖、空调器和各类建筑内使用电器的能耗，将一直伴随建筑物的使用过程而发生。在建筑的全生命周期中，建筑材料和建造过程所消耗的能源一般只占其总能源消耗的20%左右，大部分能源消耗发生在建筑物运行过程中。因此，建筑运行能耗是建筑节能任务中最主要的关注点。本书提及的建筑能耗均为民用建筑运行能耗。

1.3.1 民用建筑分类

1. 北方城镇建筑采暖能耗

北方城镇建筑采暖能耗与建筑物的保温水平、供热系统状况和采暖方式有关。

2. 农村建筑能耗

农村建筑能耗包括炊事、照明、家电等能耗。目前农村秸秆、薪柴等非商品能源消耗量很大，而且，此类建筑能耗与地域和经济发展水平的差异很大。目前尚无统计渠道对这些非商品能源消耗进行统计，农村能耗数据大多根据大规模的个体调查获得。

3. 城镇住宅除采暖外能耗

城镇住宅除采暖外能耗包括照明、家电、空调器、炊事等城镇居民生活能耗。除空调能耗因气候差异而随地区变化外，其他能耗主要与经济水平有关。

4. 一般公共建筑除采暖外能耗

一般公共建筑是指单体建筑面积在 2 万 m^2 以下的公共建筑，或单体建筑面积超过 2 万 m^2，但没有配备空调的公共建筑，包括普通办公楼、教学楼、商店等。其能耗包括照明、办公用电设备、饮水设备、空调器等。

5. 大型公共建筑除采暖外能耗

大型公共建筑是指单体面积在 2 万 m^2 以上，且全面配备空调系统的高档办公楼、宾馆、大型购物中心、综合商厦、交通枢纽等建筑。其能耗主要包括空调系统、照明、电梯、办公用电设备、其他辅助设备等。

1.3.2 中国建筑能耗的总体特点

中国南北地区冬季采暖方式的差异、城乡建筑形式和生活方式的差异，以及居住建筑与公共建筑人员活动与用能设备的差异，使中国建筑能耗呈现出以下特点。

(1) 南方和北方地区气候差异大，仅北方地区采用全面的冬季采暖。中国处于北半球的中低纬度，地域广阔，南北跨越严寒、寒冷、夏热冬冷、温和及夏热冬暖等多个地区。夏季最热月大部分地区室外平均温度超过 26℃，需要空调器；冬季气候地区差异很大，夏热冬暖地区的冬季平均气温高于 10℃，而严寒地区冬季室内外温差可高达 50℃，全年有 5 个月需要采暖；目前中国北方地区的城镇约 70%的建筑面积在冬季采用了集中采暖方式，而南方大部分地区在冬季无采暖措施，或只是使用了空调器、小型锅炉等分散在楼内的采暖方式。因此，在统计中国建筑能耗时，应把北方采暖能耗单独统计。

(2) 城乡住宅能耗用量差异大。一方面，国内城乡住宅使用的能源种类不同，城市以煤、电、燃气为主，而农村除部分煤、电等商品能源外，在许多地区，秸秆、薪柴等生物质能仍为农民的主要能源；另一方面，目前国内城乡居民平均每年消费性支出的差异大于 3 倍，城乡居民各类电器保有量和使用时间差异也较大。因此，在统计中国建筑能耗时，应将农村建筑用能分开单独统计。

(3) 不同规模的公共建筑除采暖外的单位建筑面积能耗差别很大。当单栋面积超过 2 万 m^2 并且采用中央空调时，其单位建筑面积能耗是小规模不采用中央空调的公共建筑能耗的 3～8 倍，并且其用能特点和主要问题也与小规模公共建筑不同。为此，公共建筑分为大型公共建筑与一般公共建筑两类。应对大型公共建筑单独统计能耗，并分析其用能特点和节能对策。

表 1－3 是中国 2010 年建筑能耗的数据。表 1－4 是中国 2010 年城镇住宅各终端用能设备的能耗。

表 1－3　中国 2010 年的建筑能耗

用能分类	建筑面积/亿 m^2	商品能耗				生物能/万 tce	总能耗(含生物质能)/万 tce
		电能耗/(亿 kW·h)	非电商品能耗/万 tce	总商品能耗(不含生物质能)/万 tce	单位面积商品能耗/(kgce/m^2)		
北方城镇采暖	98	74	16090	16330	16.6	—	16330
城镇住宅(除北方采暖)	144	3820	4230	16360	11.4	—	16360
公共建筑(除北方采暖)	79	4200	4020	17370	22.1	—	17370
农村住宅	230	1360	13370	17690	7.7	13860	31550
合　计	551	9454	37710	67750	57.8	13860	81610

(资料来源：清华大学建筑节能研究中心．中国建筑节能年度发展研究报告．北京：中国建筑工业出版，2012.)

表 1－4　中国 2010 年城镇住宅各终端用能设备的能耗

用　途	实际能耗	折合标准煤/万 tce	单位面积能耗	占住宅总能耗比例
空调器	460 亿 kW·h 电	1460	3.2kW·h/m^2	8%
照明	920 亿 kW·h 电	2930	6.4kW·h/m^2	17%
家电	1080 亿 kW·h 电	3430	7.5kW·h/m^2	20%
炊事	燃气、燃煤和电力共计 4610 万 tce	4610	3.2kgce/m^2	26%
生活热水	燃气和电力共计 3920 万 tce	3920	2.7kgce/m^2	22%
夏热冬冷地区冬季采暖	390 亿 kW·h 电	1240	7.5kW·h/m^2	7%

(资料来源：清华大学建筑节能研究中心．中国建筑节能年度发展研究报告 2012．北京：中国建筑工业出版社，2012.)

1.3.3 中国建筑节能支撑体系

“十一五”开局之年，《中华人民共和国可再生能源法》(以下简称《可再生能源法》)颁布执行，明确提出鼓励发展太阳能光热、供热制冷与光伏系统，并规定国务院建设主管部门会同国务院有关部门制定技术经济政策和技术规范。2008年4月，《节约能源法》经修订颁布执行，其专门设置一节七条，明确规定建筑节能工作的监督管理和主要内容。两部法律的制定(修订)，为建筑节能工作的开展提供了法律基础。2008年10月，《民用建筑节能条例》颁布实行，作为指导建筑节能工作的专门法规，条例规定共六章四十五条，详细规定了建筑节能的监督管理、工作内容和责任(建筑节能领域主要法律法规见表1-5)。《民用建筑节能条例》的颁布执行，全面推进了建筑节能工作，同时也推动了全国建筑节能工作法制化，各地积极制定本地区的建筑节能行政法规，河北、陕西、山西、湖北、湖南、上海、重庆、青岛、深圳等省(区、市)出台了建筑节能条例。15个省(区、市)出台了资源节约及墙体材料革新相关法规，24个省(区、市)出台了相关政府令，形成了以《节约能源法》为上位法，《民用建筑节能条例》为主体，地方法律法规为配套的建筑节能法律法规体系。中央和地方交流互动，探索实践，逐步形成了推进建筑节能工作的“十八项”制度，见表1-6。

表1-5　建筑节能领域主要法律法规

名　　称	审议通过时间	施行时间	修订时间
中华人民共和国节约能源法	1997年11月1日	1998年1月1日	2007年10月28日
中华人民共和国可再生能源法	2005年2月28日	2006年1月1日	2009年12月26日
民用建筑节能条例	2008年7月23日	2008年10月1日	—

表1-6　中华人民共和国节约能源法、民用建筑节能条例规定的推进建筑节能“十八项”制度

名　　称	章　　节	制　　度
中华人民共和国节约能源法	第三章第三十七条	公共建筑室内温度控制制度
		建筑节能考核制度
民用建筑节能条例	第一章　总则	民用建筑节能规划制度
		民用建筑节能标准制度
		民用建筑节能经济激励制度
		国家供热体制改革
	第二章　新建建筑节能	建筑节能推广、限制、禁用制度
		新建建筑市场准入制度
		建筑能效测评标识制度
		民用建筑节能信息公示制度
		可再生能源建筑应用推广制度
		建筑用能分项计量制度

（续）

名　称	章　节	制　度
民用建筑节能条例	第三章　既有建筑节能	既有居住建筑节能改造制度
		国家机关办公建筑节能改造制度
		节能改造的费用分担制度
	第四章　建筑用能系统运行节能	建筑用能系统运行管理制度
		建筑能耗报告制度
		大型公共建筑运行节能管理制度

中国建筑节能标准规范体系不断完善，基本涵盖了设计、施工、验收、运行管理等各个环节，涉及新建居住和公共建筑、既有居住和公共建筑节能改造，见表 1-7，颁布了适应我国严寒和寒冷地区、夏热冬冷地区和夏热冬暖地区居住建筑的国家标准和《公共建筑节能设计标准》。到 2010 年年底，全国城镇新建建筑设计阶段执行节能强制性标准的比例为 99.5%，施工阶段执行节能强制性标准的比例为 95.4%，分别比 2005 年提高了 42 个百分点和 71 个百分点，完成了国务院提出的“新建建筑施工阶段执行节能强制性标准的比例达到 95%以上”的工作目标。截至 2010 年年底，北方采暖地区 15 个省(区、市)共完成改造面积 1.82 亿 m^2。

表 1-7　“十一五”期间建筑节能领域颁布执行的主要国家、行业标准规范

标　准	编　号	颁布年度
严寒和寒冷地区居住建筑节能设计标准	JGJ 26—2010	2010
夏热冬冷地区居住建筑节能设计标准	JGJ 134—2010	2010
民用建筑太阳能光伏系统应用技术规范	JGJ 203—2010	2010
太阳能供热采暖工程技术规范	GB 50495—2009	2009
地源热泵系统工程技术规范	GB 50366—2009	2009
供热计量技术规程	JGJ 173—2009	2009
建筑节能工程施工质量验收规范	GB 50411—2007	2007
绿色建筑评价标准	GB/T 50378—2006	2006

1.4 建筑节能与室内环境质量

1.4.1 室内空气污染与室内空气品质

室内空气污染包括物理污染、化学污染和生物污染，来源于室内和室外两部分。如将污染源头进行汇总，应该从室内和室外两方面考虑。调查表明，现代人平均有 90%的时间

生活和工作在室内，65%的时间在家里。因此，人们受到的空气污染主要来源于室内空气污染。

美国专家研究表明，室内空气的污染程度要比室外空气严重 2～5 倍，在特殊情况下可达到 100 倍。室内空气中可检出 500 多种挥发性有机物，某些有害气体浓度可高出户外十倍乃至几十倍，其中 20 多种是致癌物。所以，美国已将室内空气污染归为危害公共健康的五大环境因素之一。专家认为，继“煤烟型”、“光化学烟雾型”污染后，现代人正进入以“室内空气污染”为标志的第三污染时期。据统计，全球近一半的人处于室内空气污染中，室内环境污染已引起 35.7%的呼吸道疾病，22%的慢性肺病和 15%的气管炎、支气管炎和肺癌。目前我国每年由室内空气污染引起的超额死亡数已经达到 11.1 万，超额急诊数达 430 万人次，直接和间接经济损失高达 107 亿美元。

室内空气污染来源主要包括日用消费品和化学品的作用、建筑材料和个人活动。

(1) 各种燃料燃烧、烹调油烟及吸烟产生的一氧化碳、二氧化氮、二氧化硫、悬浮颗粒物、甲醛、多环芳烃等。

(2) 室内淋浴、加湿空气产生的卤代烃等化学污染物。

(3) 建筑、装饰材料、家具和家用化学品释放的甲醛、挥发性有机物及放射性氡等。

(4) 家用电器和某些办公设备导致的电磁辐射等物理污染和臭氧等。

(5) 通过人体呼出气、汗液、大小便等排出的二氧化碳、氨类化合物、硫化氢等内源性化学污染物，呼出气中排出的苯、甲苯、苯乙烯、甲醇、二硫化碳、三氯甲烷等外源性污染物；通过咳嗽、打喷嚏等喷出的流感病毒、结核杆菌、链球菌等生物污染物。

(6) 室内用具产生的生物性污染，如在床褥、地毯中孳生的尘螨等。

由于病态建筑综合征或建筑相关疾病的爆发，人们开始反思建筑节能与建筑室内环境质量的关系，认识到建筑节能不能以牺牲室内空气品质为代价。

1.4.2 建筑节能与建筑光环境

节能建筑的关注焦点包括室内热环境方面，尤其在建筑光环境设计方面，建筑节能同样大有可为。

1. 天然采光方面

应仔细考虑窗的面积及方位，并可设置反射阳光板或光导管等天然光导入设备；建筑内装修可采用浅色调，增加二次反射光线，通过这些手段保证获得足够的室内光线，并达到一定的均匀度，由此减少白天的人工照明，节省照明能耗，以及随之产生的，由于照明设备散热而增加的空调负荷。

2. 太阳的热辐射问题

可随经济条件，合理设置遮阳设备，从最简单的遮阳板到智能控制，还可采用热反射镀膜玻璃等材料，在夏季尽可能减少太阳辐射热进入室内，冬季又要有利于太阳光进入。门窗设置还要有利于自然通风、带走热量等。

3. 在人工光环境设计方面，同样有许多节能手段

第一，确定合理的照明标准和节能标准，中国于 2004 年 12 月 1 日起开始实施最新的

《建筑照明设计标准》(GB 50034—2004)，该标准不仅规定了各类房间与场所所应达到的照明水平，而且还提出了与照度标准值相对应的照明功率密度(单位面积上的照明安装功率，含光源、镇流器或变压器)值，除住宅外，公共建筑照明功率密度值的相关规定均为强制性条文，这将使人们在设计阶段就能有效控制住照明能耗的总量。

第二，在设备选择上，应采用高光效的光源，选用发光效率高、配光合理的灯具，对大面积的办公空间来说，将灯具与空调设备结合，直接将照明设施产生的热量带走，减少空调负荷也是有效的节能手段。

第三，可采用光控、时控、红外监控等自动控制手段，在室内天然采光已达到人工照明的照度标准的地方与时段，关闭一部分人工照明，避免简单处理造成无谓的能源浪费。

1.4.3 建筑节能与室内热舒适环境

随着节能技术的日臻完善，建筑节能目标已由昔日的以牺牲舒适性标准或降低空气质量要求来实现节能，转变为在保证舒适性要求的前提下以提高能源利用率来实现节能。针对中国能源利用率低、暖通空调能耗大的特点，这种以有效利用能源为节能目标的观念转变无疑是中国暖通空调行业在建筑节能市场的一大机遇。国内建筑总能耗占据着社会终端能耗的27.5%，建筑能耗对国家、社会造成了能源负担，也在一定程度上制约了我国经济的可持续发展。根据能源界的研究和实践，人们普遍认为建筑节能是各种节能途径中潜力最大、最直接、最有效的方式。

现代建筑中广泛采用了空调器、给(排)水、照明、电梯等耗能设备。空调器一直是建筑能耗中的大户，占整个建筑能耗的35%以上。空调系统的能耗主要有两个方面：一方面是为了供给空气处理设备冷量和热量的冷热源能耗，如压缩式制冷机耗电，吸收式制冷机耗蒸汽或燃气，锅炉耗煤、燃油、燃气或电等；另一方面是为了给房间送风和输送空调循环水，风机和水泵所消耗的电能。所以，建筑空调系统的节能主要包括降低设备能耗及空调系统的优化两大方面。

1. 减少冷热源的能耗

减少冷热源的能耗是关键。冷热源的能耗由建筑物所需要的供冷量和供热量决定，建筑物空调器需冷量和需热量的影响因素主要为冷热负荷大小，包括室外气象参数(如室外空气温湿度、太阳辐射强度等)，室内空调器设计标准，外墙门窗的传热特性，室内人员、照明、设备的散热，散湿状况及新风量等方面影响。减少冷热源的能耗可以通过以下3种形式实现。

(1) 降低冷热负荷。冷热负荷是空调系统最基础的数据，制冷机、供热锅炉、冷热水循环泵，以及给房间送冷、送热的空调箱和风机盘管等产品规格型号的选择都是以冷热负荷为依据的。如果能减少建筑的冷热负荷，不仅可以减小制冷机、供热锅炉、冷热水循环泵、空调箱、风机盘管等产品的规格，降低空调系统的初投资，而且这些设备规格减小后，所需的配电功率也会减少，有利于减少变配电设备初投资及空调设备日常运行耗电量，降低运行费用。减少冷热负荷是商业建筑节能最根本的措施。房间内冷热量的损失通过房间的墙体、门窗等传递出去，减少建筑物的冷热负荷就是要改善建筑的保温隔热性能。

(2) 合理降低系统设计负荷。目前国内多数设计人员在设计空调系统时往往采用负荷指标进行估算，并且出于安全的考虑往往取值过大，造成了系统的冷热源、能量输配、设备末端换热设备的容量都大大超过了实际需求，形成“大马拉小车”的现象，既增加了投资又不节能。

(3) 控制新风量与降低室内温湿度设计标准。在有些建筑的空调系统中，需要大量引入新风以满足室内空气品质的要求。根据其新风引入方式，还可以通过在过渡季节和冬季直接引入室外的温湿度相对较低的新风，来带走房间内所产生的各项热湿负荷，无须使用集中制冷系统就能达到“免费”供冷的节能效果。

在夏季时，利用夜间相对低温的新风，可以在非营运时间预先冷却室内空气，带走部分室内热量，减少白天工作时间的室内冷负荷，实现间歇性的免费预冷。从空调系统空气处理过程中可以看出，夏季室内温度和相对湿度越高，冬季室内温度及相对湿度越低，系统耗能耗就越大。为了节约能耗，空调器房间的室内温湿度基数在满足生产要求和人体舒适的条件下，可降低室内温湿度设计标准，例如，温度在17～28℃、相对湿度在40%～70%，夏季取高值，冬季取低值。控制和正确使用新风量是空调系统有效的节能措施，在满足卫生、补偿排风、稀释有害气体浓度、保持正压等要求的前提下，不要盲目增大新风量，也可以采用二氧化碳浓度控制器控制新风进风量。

2. 空调系统的优化

空调系统节能关注两大方面。除努力减少建筑物的冷热源的能耗之外，暖通空调在建筑节能中最重要的是空调系统的优化，可以通过采取变流量技术和增大送风温差及供回水温差的办法来提高系统能效，主要包括以下两类措施。

(1) 采用变流量技术。变风量空调(variable air voiume，VAV)系统可以通过改变送风量的办法来控制不同房间的温湿度。同时，当各房间的负荷小于设计负荷时，变风量空调系统可以调节输送的风量，从而减小系统的总输送风量。这样，空调设备的容量也可以减小，既可节约设备费用的投资，也进一步降低了系统的运行能耗。而风量的减小又节约了处理空气所需的能量。有资料显示，采用变风量空调系统可节约能源达到30%，并可同时提高环境的舒适性。该系统最适合应用于楼层空间大而且房间多的建筑，尤其是办公楼，更能发挥其操作简单、舒适、节能的效果。据统计，采用变风量空调系统，全年空气输送能耗节约1/3，减小设备容量20%～30%。

(2) 增大送风温差和供回水温差。若系统中输送冷(热)量的载冷(热)介质的供回水温差采用较大值，则当它与原温差的比值为N时，从流量计算式可知，采用大温差时的流量为原来流量的$1/N$，而管路损耗，即水泵或风机的功耗则减小为原来的$1/N^2$，节能效果显著。故应在满足空调器精度、人体舒适度和工艺要求的前提下，尽可能加大温差，但供回水温差一般不宜大于8℃。

随着自动控制和变频技术应用的逐步广泛，空调系统运行管理的自动控制，不仅可以保证空调房间温湿度精度要求和节约人力，而且是防止系统多余能量损失及节约能量的重要环节。空调自动控制系统包括冷热源的能量控制、焓值控制、新风量控制、设备的启停时间和运行方式的控制、温湿度设定控制、自动显示、记录等内容，可通过预测室内外空气状态参数(温湿度、焓值等)以维持室内舒适环境为约束条件，把最小能耗量作为评价函数，来判断和确定需提供的冷热量、冷热源和空调机、风机、水泵的运行台数，以及工作顺序、运行时间和空调系统各环节的操作运行方式，以达到最佳节能运行效果。不同类型的机组都有较完善的自动控制调节装置，能随负荷变化自动调节运行状况，保持高效率运行。空调机组、末端设备和水泵等设备采用变频控制，可以使该部分设备的能耗减少30%以上。

1.5 建筑节能系统与建筑节能全过程管理

1.5.1 建筑节能系统

建筑节能系统就是在建筑节能活动中，以整体的观念来看待建筑节能活动，将建筑节能作为整个生物圈物质与能量循环交换的一部分，不仅要处理好建筑自身这一人工环境营造系统，还要处理好建筑用能与整体生态环境和社会环境的关系。在建筑节能系统分析中，要充分运用数学科学、系统科学、控制科学、人工智能和以计算机为主的信息技术所提供的各种有效方法和手段，把建筑节能系统中众多变量按定性—定量—更高层次定性的螺旋式上升思路，将理论性与经验、规范性和创新性结合起来，将宏观、中观与微观研究结合起来，将自然气候环境、人工环境与社会环境结合起来，将专家群体、数据和各种信息与计算机技术有机结合起来，全面、深入地分析和解决建筑节能活动中的具体问题。

在功能层面上，建筑节能涉及建筑管理、经济、工程、人文和生态等不同环境方面；在工程经济方面上涉及初投资、运行费用、维修费用、改造费用等眼前利益与长远利益的权衡取舍；在社会活动主体上涉及政府(代表社会整体和长远利益)、建筑师、设备工程师、业主、物业管理人员和建筑实际使用者等利益主体间的博弈和平衡。所以，建筑节能需要采用系统的方法，综合考虑各种因素——自然、生态、社会和经济环境，分析和解决建筑节能领域的各种复杂问题，以满足不同主体的各种需要。

以建筑节能技术系统的层次结构为例，如图1.3所示。

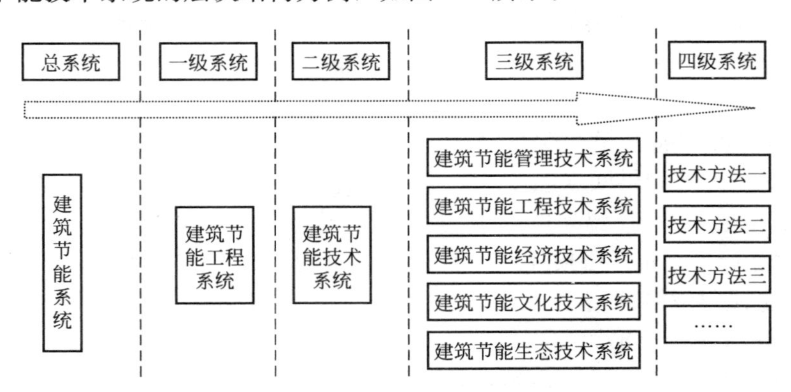

图1.3 建筑节能技术系统的层次结构

建筑节能技术系统的层次分析表明，它既是建筑节能工程系统的次级系统，本身还可以划分为不同功能属性的子系统，表现为不同的技术方法。建筑节能系统子系统组成及结构的复杂性和多层次性，要求我们既要分析建筑节能系统整体的性能，同时也要分析各不同层次子系统的性能及相互关系，是工程系统分析方法的有机组成部分。用层次分析方法分析建筑节能，是在建筑节能系统层次分级认识的基础上，从整体到部分，再由部分集成到整体的分析过程。

建筑节能工程的技术系统就是指与建筑节能工程联系的技术和特定的、具体的工程中所使用相关技术的集合体。其内容可以分为两个层次，第一个层次是技术系统本身各要素及其相互关系，主要解决技术与技术之间通过兼容方式相互匹配耦合的有效性问题；第二个层次是技术系统作为一个整体与建筑节能工程环境的关系，表现为技术系统与工程之间的影响关系。建筑节能工程的技术系统如图 1.4 所示。

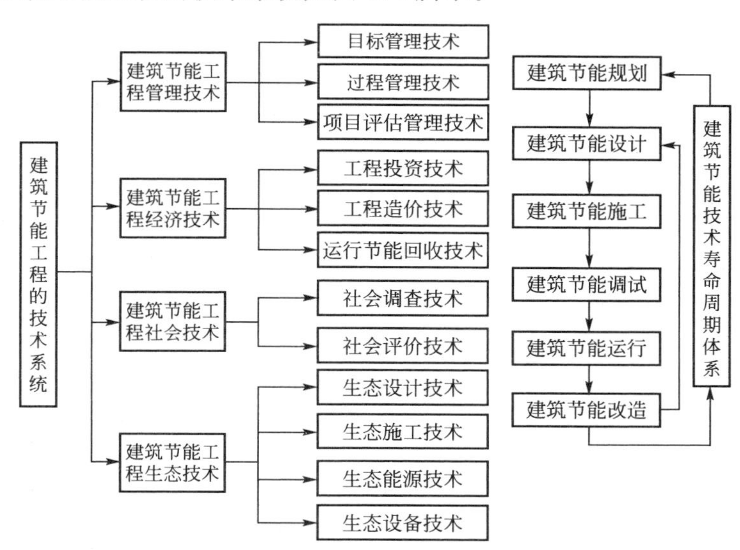

图 1.4 建筑节能工程的技术系统构成

建筑节能技术在空间结构上通常划分为建筑本体单元节能技术、建筑设备系统节能技术和建筑能源系统节能技术，建筑能源系统节能技术又分为常规能源系统优化及建筑可再生能源利用两个方面，如图 1.5 所示。

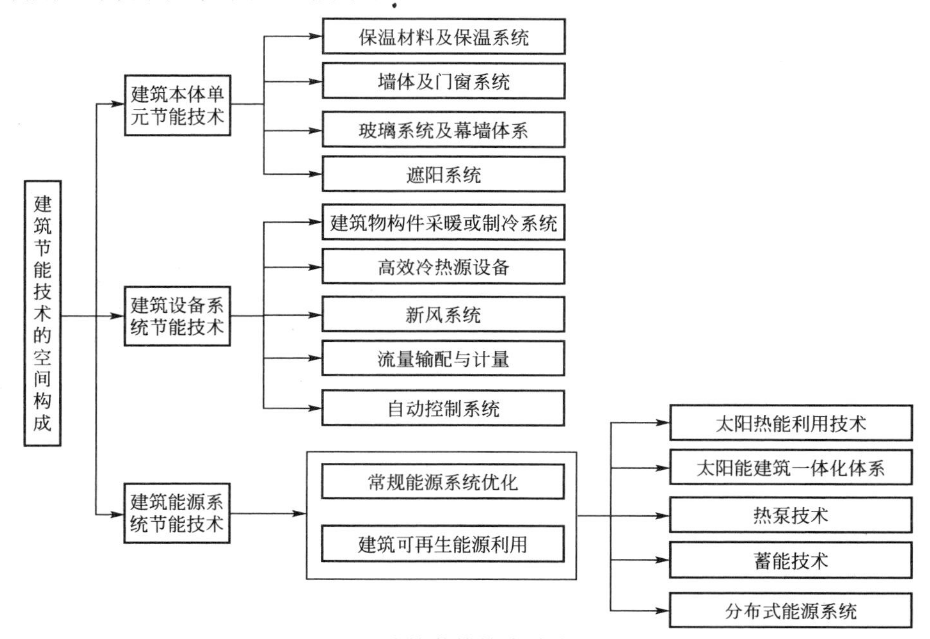

图 1.5 建筑节能技术的空间构成

本书以下章节将从建筑寿命周期角度分别介绍建筑节能规划与设计、建筑节能材料与围护结构体系、建筑节能施工与系统调试、建筑能源系统运行节能与控制、可再生能源在建筑中的应用，以及建筑能源管理与节能改造等技术方法与措施。

1.5.2 建筑节能全过程管理

对新建建筑，节能全过程监管主要体现在以下6个环节。

（1）在规划许可阶段，要求城乡规划主管部门在进行规划审查时，应当就设计方案是否符合民用建筑节能强制性标准征求同级建设主管部门的意见；对不符合民用建筑节能强制性标准的，不予颁发建设工程规划许可证。

（2）在设计阶段，要求新建建筑的施工图设计文件必须符合民用建筑节能强制性标准。施工图设计文件审查机构应当按照民用建筑节能强制性标准对施工图设计文件进行审查；经审查不符合民用建筑节能强制性标准的，建设主管部门不得颁发建筑工程施工许可证。

（3）在建设阶段，建设单位不得要求设计单位、施工单位违反民用建筑节能强制性标准进行设计、施工；设计单位、施工单位、工程监理单位及其注册执业人员必须严格执行民用建筑节能强制性标准。

（4）在竣工验收阶段，建设单位应当将民用建筑是否符合民用建筑节能强制性标准作为查验的重要内容；对不符合民用建筑节能强制性标准的，不得出具竣工验收合格报告。新建的国家机关办公建筑和大型公共建筑的所有权人应当对建筑的能源利用效率进行测评和标识，并按照国家有关规定将测评结果予以公示，接受社会监督。

（5）在商品房销售阶段，要求房地产开发企业向购买人明示所售商品房的能源消耗指标、节能措施和保护要求、保温工程、保修期等信息。

（6）在使用保修阶段，明确规定施工单位在保修范围和保修期内，对发生质量问题的保温工程具有保修义务，并对造成的损失依法承担赔偿责任。

本章小结

本章主要讲述建筑节能相关概念，国内外建筑节能的发展过程及当前我国建筑能耗特征，建筑节能与建筑室内环境控制，建筑节能系统分析与建筑全过程管理等。

本章的重点是认识我国建筑能耗的特征，熟悉建筑节能系统构成和建立建筑全过程节能管理理念。

思考题

1. 什么是建筑节能？什么是节能建筑？
2. 与国外建筑能耗相比，中国的建筑能耗特征是什么？
3. 建筑节能与建筑室内环境控制的关系如何？

4. 绿色建筑的内涵是什么？绿色建筑与节能建筑有什么关系？有人说，绿色建筑一定是节能建筑，这种说法对吗？为什么？

5. 什么是建筑节能系统？建筑节能技术系统组成及其划分方法是什么？

6. 建筑全过程管理的内涵是什么？

7. 请查阅文献，简要说明中国建筑节能当前的现状和未来发展趋势。

第2章 建筑节能规划与设计

教学目标

本章主要讲述建筑节能规划设计的一般方法。通过学习，学生应达到以下目标：

(1) 熟悉建筑节能规划设计的基本术语与方法；
(2) 了解不同气候地区建筑节能规划设计的特点及要求；
(3) 了解居住建筑节能设计中规划设计要素及主要技术途径；
(4) 熟悉主要的建筑节能评价指标与节能建筑评价方法；
(5) 了解BIM技术在建筑节能设计中的应用。

教学要求

知识要点	能力要求	相关知识
建筑节能与建筑气候	(1) 了解建筑气候区划 (2) 了解不同气候区域建筑节能设计特点及要求	(1) 建筑节能规划设计 (2) 建筑气候区划 (3) 建筑节能适宜技术
建筑节能规划设计方法	(1) 了解建筑工程全过程设计理念 (2) 熟悉新建建筑和既有建筑节能设计流程 (3) 了解建筑规划设计中的主要影响因素	(1) 全过程设计与被动式节能设计 (2) 建筑环境设计 (3) 体形系数、遮阳系数、日照、窗墙面积比 (4)建筑物冷热耗量
建筑节能评价方法和指标及能耗模拟	(1) 熟悉建筑节能评价的主要方法和指标体系 (2) 了解常用的建筑能耗模拟软件及其特点	(1) 规定性指标 (2) 性能性指标 (3) 年能耗评价指标
BIM技术在建筑节能设计中的应用	(1) 了解BIM技术的特征及在建筑节能设计中的应用功能 (2) 了解我国建筑节能协同设计的发展趋势	(1) 协同设计 (2) BIM技术

基本概念

建筑节能规划设计，建筑气候区划，建筑节能适宜技术，全过程设计与被动式节能设计，建筑环境设计，体形系数、遮阳系数、日照、窗墙面积比，建筑物冷热耗量，规定性指标，性能性指标，年能耗评价指标，协同设计，BIM技术

引例

建筑的生命周期是指从最初的规划设计，到随后的施工、运行，直至最终的拆除、报废的一个完整的寿命周期，其中，建筑规划设计是建筑全过程节能的基础阶段。将城镇每年新建竣工的10亿m^2以上的居住建筑和公共建筑建成合格的节能建筑，制止高能耗建筑继续蔓延的趋势，是推进建筑节能的第一步。我国建筑节能设计标准从节能率30%开始，发展到50%，再进展到65%，每进一步大约节能30%，节能率逐步提高，引导建筑节能的发展。但随着节能率的提高，节能成本与节能效益之比也越高，从经济性方面考虑不一定适宜。发达国家建筑节能设计标准从1973年世界性能源危机以后开始制定，后经过多次修订，在围护结构方面开始主要是逐步减少传热系数、控制窗墙比等，现在则进一步朝着按照不同建筑类型控制整个建筑的能耗及其单位面积能耗，并同时控制CO_2排放量的方向发展。

实际调查发现，一栋采用众多建筑节能新技术的住宅楼，其夏季空调能耗指标却是非节能住宅楼的14.6倍，对该“节能建筑不节能”典型案例的分析结果表明：大量建筑节能技术的“堆砌”不一定能达到节能效果，并可能使建筑空调能耗大幅度增加。所以，建筑节能规划设计首先需要理念的创新与科学的实践。马来西亚著名建筑师杨经文在热带高层建筑设计中运用生物气候学所采用的理论和方法，有下列几个方面：①在高层建筑表面和中间的开敞空间中进行绿化，建筑物用大量植物覆盖不仅能减少所在地区的热岛效应，还能产生氧气并吸收CO、CO_2。②沿高层建筑的外面设置不同凹入深度的过渡空间，可以是遮阴的凹空间(广场大厦，吉隆坡，1986)、凹阳台(包斯泰德大厦)、凹入较大的绿化平台(梅拉纳商厦，雪莱俄，1992)。这种手法不仅丰富了呆板的建筑外表，并且在阴影区提供了开窗的客观可能性，阳台和大平台创造了让人们可以在高层建筑的上部走到室外、直接接触室外环境的条件，可以最大限度地满足了人们的生理需求。③在屋顶上设置固定的遮阳格片。设计中根据太阳从东到西各季节运动的轨迹，将格片做成不同的角度，以控制不同季节和时间阳光进入的多少；在屋顶上有了这样一个遮阳格片后，使得屋面空间成为很好的活动空间，如设置游泳池和绿化休息平台，同时由于层面减少暴晒，有利于节能。④创造通风条件加强室内空气流动，降低有日晒引起的升温；对于不设中央空调的建筑物来说，利用自然通风能带走热气，可明显地改进居住环境和节省能耗。⑤平面处理上主张把交通核心设置在建筑物的一侧或两侧。一是利用电梯的实墙遮挡西晒或东晒；二是让电梯厅、楼梯间和卫生间有条件自然采光通风。特别是电梯厅可以给人们眺望窗外，意识到所处的高度，并可减少照明和省去防火所需的机械风压设备。⑥外墙的处理上除了做好隔热外，建议采用墙面水花系统，利用蒸发以冷却墙面。

建筑节能规划设计主要包括：①规划总平面布局要充分利用建筑所在环境的自然资源和条件，遵循气候适宜性规划设计方法和技术措施，尽可能降低建筑能耗，缓解城市热岛效应，创造良好的室内外环境。建筑布置应争取夏季有良好的自然通风，尽可能避开冬季主导风向造成的冷风渗透。②建筑宜利用采光性能最佳的建筑朝向，居住建筑应优先采用南北向或接近南北向的建筑布局，以利于冬季日照、保温。当采用东西朝向或接近东西朝向时，规划设计方案中应有具体的遮阳规划设计方案。③规划总平面布局应合理确定建筑的日照间距，居住建筑的间距应满足《城市居住区规划设计规范》和《住宅建筑设计规范》中规定的建筑日照标准，规划总平面方案应对日照分析依据和分析结果加以说明。④规划总平面的绿地率和绿化布置应按照项目所在地的绿化管理规定及规划设计条件中确定的绿地率进行绿化配置。如采用生态绿地、墙体绿化、屋顶绿化等多样化的绿化方式，对乔木、灌木和攀缘植物进行合理配置，构成高、中、低等多层次的复合生态结构，起到遮阳、降温的作用。⑤单体建筑体型和外观方面，居住建筑的体型应简洁，不宜过于复杂，尽可能减少高低错落与凹凸变化，体型系数应符合居住建筑节能标准要求；开窗面积不宜过大，窗墙比应满足居住建筑节能标准要求；建筑外墙与铺装地面宜采用浅色等日射反照率高的材料，不宜采用深色等日照反射率低的材料，以减少太阳辐射的吸收量，降低外墙与地面的表面温度，改善街区热环境；建筑屋顶宜采用坡屋面或采取遮阳措施。⑥可再生能源建筑一体化应用方面，规划总平面的布局和建筑的朝向、间距应有利于太阳能、浅层地能等可再生能源建筑一体化应用。

随着计算机技术的飞速发展，建筑师可以和计算机软件工程师以及设备工程师相互配合，通过软件，在方案设计阶段对建筑室内外的物理环境进行较为精确的预演，模拟建筑建成后的实际情况，了解节能建筑建成后的实际效果，减少因为设计不合理造成的能耗损失，这就是 BIM 技术在建筑节能设计中的应用。

本章紧密联系中国已颁布的建筑节能标准，针对国内气候环境和建筑特点，并注重吸收国际上先进的节能设计理念，介绍了相关的节能设计原则、技术和方法，具体内容包括建筑节能基本知识、建筑规划设计和单体建筑设计中的节能技术、建筑节能设计评价指标，并针对居住建筑节能设计提供了计算案例。

2.1 建筑节能规划设计概述

2.1.1 建筑节能规划设计的基本术语

(1) 围护结构。建筑物及房间各面的围挡物，如墙体、屋顶、门窗、楼板和地面等，按是否同室外空气直接接触及建筑物中的位置，围护结构又可分为外围护结构和内围护结构。

(2) 建筑物体形系数(S)。建筑物与室外大气接触的外表面面积与其所包围的体积的比值。

(3) 围护结构传热系数(K)。在稳态条件下，围护结构两侧空气温度差为 1K，单位时间内通过单位面积传递的热量，单位为 $W/(m^2 \cdot K)$。

(4) 外墙平均传热系数(K_m)。外墙包括主体部位和周边热桥(构造柱、圈梁及楼板伸入外墙部分等)部位在内的传热系数平均值。按外墙各部位(不包括门窗)的传热系数对其面积的加权平均计算求得，单位为 $W/(m^2 \cdot K)$。

(5) 窗墙面积比。窗户洞口面积与房间立面单元面积的比值。

(6) 窗玻璃遮阳系数。表征窗玻璃在无其他遮阳措施情况下对太阳辐射透射得热的减弱程度。其数值为透过窗玻璃的太阳辐射得热与透过 3mm 厚的普通透明窗玻璃的太阳辐射得热的比值。

(7) 外窗的综合遮阳系数(S_w)。考虑窗本身和窗口的建筑外遮阳装置综合遮阳效果的一个系数，其值为窗本身的遮阳系数(S_c)与窗口的建筑外遮阳系数(S_D)的乘积。

(8) 建筑物耗冷量指标。按照夏季室内热环境设计标准和设定的计算条件，计算出的单位建筑面积在单位时间内消耗的需要由空调设备提供的冷量，单位为 W/m^2。

(9) 建筑物耗热量指标。按照冬季室内热环境设计标准和设定的计算条件，计算出的单位建筑面积在单位时间内消耗的需要由采暖设备提供的热量，单位为 W/m²。

(10) 空调器年耗电量。按照夏季室内热环境设计标准和设定的计算条件，计算出的单位建筑面积空调设备每年所要消耗的电能，单位为 kW·h/(m²·a)。

(11) 采暖年耗电量。按照冬季室内热环境设计标准和设定的计算条件，计算出的单位建筑面积采暖设备每年所要消耗的电能，单位为 kW·h/(m²·a)。

(12) 空调、采暖设备能效比(energy efficiency ratio，EER)。在额定工况下，空调、采暖设备提供的冷量或热量与设备本身所消耗的能量之比。

2.1.2 中国建筑气候特征

中国幅员辽阔、地形复杂，各地由于纬度、地势和地理条件的不同，气候差异悬殊。为了明确建筑与气候两者的关系，使各类建筑可以因地制宜，更充分地利用和适应气候条件，需要科学和合理的气候区划标准。常见的气候分区有两种：一种是建筑气候区划，另一种是热工设计分区。建筑气候区划是反映建筑与气候关系的区域划分，它主要体现了各个气象基本要素的时空分布特点及其对建筑的直接作用。建筑热工设计分区反映出建筑热工设计与气候关系的区域性特点，体现了气候差异对建筑热工设计的影响。两种分区均显示出建筑与气候的密切联系。

1. 建筑气候区划

通过建筑气候区划，明确建筑和气候间的科学联系，可以缩短设计周期，提高设计质量，降低工程造价，推广建筑标准化，从而提高建筑投资效果，加快建设速度。划分建筑气候分区的原则是，综合考虑和反映气候条件，以及与之有关的地理环境、人民生活习惯和民族特点等因素。中国7个建筑气候大区的建筑设计要求见表2-1所示。

表2-1 中国建筑气候分区及设计要求

分区	代表城市	建筑设计基本要求	建筑设计具体要求
Ⅰ区	哈尔滨、长春、沈阳、呼和浩特等	建筑物必须充分满足冬季防寒、保温、防冻等要求，夏季可不考虑防热	总体规划、单体设计和构造处理应使建筑物满足冬季日照和防御寒风的要求；建筑物应采取减少外露面积，加强冬季密闭性，合理利用太阳能等节能措施；结构上应考虑气温年差较大及大风的不利影响；屋面构造应考虑积雪及冻融危害；施工应考虑冬季漫长严寒的特点，采取相应的措施
Ⅱ区	北京、天津、石家庄、济南、太原、郑州、西安、兰州等	建筑物应满足冬季防寒、保温、防冻等要求，夏季部分地区应兼顾防热	总体规划、单体设计和构造处理应满足冬季日照并防御寒风的要求，主要房间宜避西晒；应注意防暴雨；建筑物应采取减少外露面积，加强冬季密闭性且兼顾夏季通风和利用太阳能等节能措施；结构上应考虑气温年较差大、多大风的不利影响；建筑物宜有防冰雹和防雷措施；施工应考虑冬季寒冷期较长和夏季多暴雨的特点

（续）

分区	代表城市	建筑设计基本要求	建筑设计具体要求
Ⅲ区	上海、南京、杭州、合肥、武汉、南昌、福州、长沙、成都、重庆等	建筑物必须满足夏季防热、通风降温要求，冬季应适当兼顾防寒	总体规划、单体设计和构造处理应有利于良好的自然通风，建筑物应避西晒，并满足防雨、防潮、防洪、防雷击要求；夏季施工应有防高温和防雨的措施。ⅢA区建筑物尚应注意防热带风暴和台风、暴雨袭击及盐雾侵蚀。ⅢB区北部建筑物的屋面尚应预防冬季积雪危害
Ⅳ区	广州、香港、南宁、汉口等	建筑物必须充分满足夏季防热、通风、防雨要求，冬季可不考虑防寒、保温	总体规划、单体设计和构造处理宜开敞通透，充分利用自然通风；建筑物应避免西晒，宜设遮阳；应注意防暴雨、防洪、防潮、防雷击；夏季施工应有防高温和暴雨的措施。ⅣA区建筑物尚应注意防热带风暴和台风、暴雨袭击及盐雾侵蚀。ⅣB区内云南的河谷地区建筑物尚应注意屋面及墙身抗裂
Ⅴ区	贵阳、昆明	建筑物应满足湿季防雨和通风要求，可不考虑防热	总体规划、单体设计和构造处理宜使湿季有较好自然通风，主要房间应有良好朝向；建筑物应注意防潮、防雷击；施工应有防雨的措施。ⅤA区建筑尚应注意防寒。ⅤB区建筑物应特别注意防雷
Ⅵ区	拉萨、西宁	建筑物应充分满足防寒、保温、防冻的要求，夏天不需考虑防热	总体规划、单体设计和构造处理应注意防寒风与风沙；建筑物应采取减少外露面积，加强密闭性，充分利用太阳能等节能措施；结构上应注意大风的不利作用，地基及地下管道应考虑冻土的影响；施工应注意冬季严寒的特点
Ⅶ区	银川、乌鲁木齐	建筑物必须充分满足防寒、保温、防冻要求，夏季部分地区应兼顾防热	总体规划、单体设计和构造处理应以防寒风与风沙，争取冬季日照为主；建筑物应采取减少外露面积，加强密闭性，充分利用太阳能等节能措施；房屋外围护结构宜厚重；结构上应考虑气温年较差和日较差均大及大风等的不利作用；施工应注意冬季低温、干燥多风沙及温差大的特点

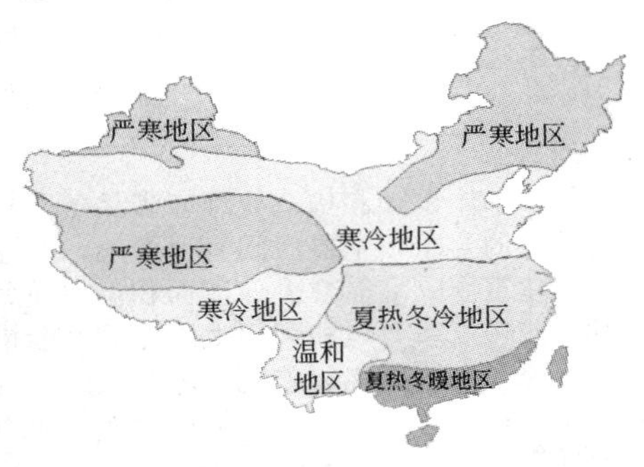

图 2.1　中国建筑热工设计分区图

2. 建筑热工设计分区

建筑热工设计分区是根据建筑热工设计的要求进行气候分区，所依据的气候要素是空气温度。以最冷月(即 1 月)和最热月(即 7 月)平均温度作为分区主要指标，以累年日平均温度不大于 5℃和不小于 25℃的天数作为辅助指标，将全国划分为 5 个区，即严寒、寒冷、夏热冬冷、夏热冬暖和温和地区，如图 2.1 所示。

不同热工分区对建筑设计的基本要求见表 2-2。

表 2-2 建筑热工设计分区指标及设计要求

分区名称	分区指标		设计要求
	主要指标	辅助指标	
严寒地区	最冷月平均温度不大于−10℃	日平均温度不大于5℃的天数不小于145天	必须充分满足冬季保温要求，一般可不考虑夏季防热
寒冷地区	最冷月平均温度−10～0℃	日平均温度不大于5℃的天数为90～145天	应满足冬季保温要求，部分地区兼顾夏季防热
夏热冬暖地区	最冷月平均温度−10～0℃，最热月平均温度25～30℃	日平均温度不大于5℃的天数为0～90天，日平均温度不小于25℃的天数为40～110天	必须满足夏季防热要求，兼顾冬季保温
夏热冬冷地区	最冷月平均温度大于10℃，最热月平均温度25～29℃	日平均温度不小于25℃的天数为100～200天	必须充分满足夏季防热要求，一般可不考虑冬季保温
温和地区	最冷月平均温度−13～0℃，最热月平均温度为18～25℃	日平均温度不大于5℃的天数为0～90天	部分地区应考虑冬季保温，一般可不考虑夏季防热

2.1.3 建筑节能工程的系统设计理念

建筑节能设计就是从分析地区的气候条件出发，将建筑设计与建筑微气候、建筑技术和能源的有效利用相结合的一种建筑设计方法，也就是说，冬季应最大限度地利用自然能来取暖，多获得热量和减少热损失；夏季应最大限度地减少得热和利用自然能来降温冷却。

从时间维度上，建筑节能工程设计基本过程从拟定目标、预测分析、方案综合、评价反馈到实施管理阶段，设计者对分析、综合和评价体现出较强的主观性和系统性。因此，建筑节能工程的设计方法属于整体设计方法，其整体设计过程如图2.2所示。

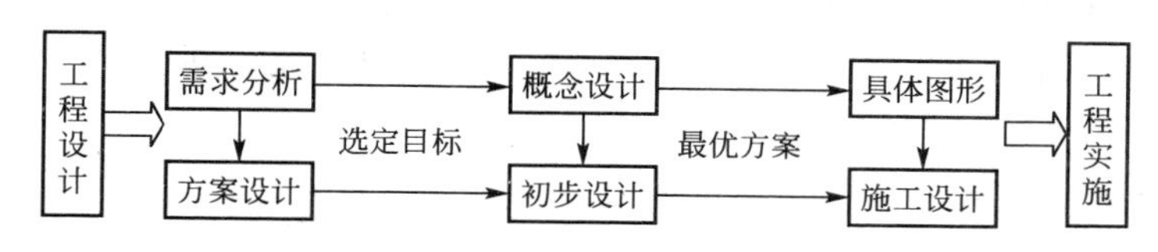

图 2.2 建筑节能工程设计的一般流程

进入20世纪90年代以后，随着能源、资源问题的日趋严重，建筑师与设备工程师必须在能源利用的层面上考虑建筑节能设计的含义，强调以较低的能耗通过被动式与主动式技术满足居住者舒适感的要求，形成一种多专业配合的集成建筑设计方法，通过合理调整建筑物、建筑围护结构设计及暖通空调等设备之间的关系提高环境品质并降低成本，进而提高能源利用率。集成设计体现了资源能效、动态发展和环境共生三原则。

集成设计的内涵包括3个方面：一是从空间维度上，既要使建筑系统与外部环境系统协调发展，又要使建筑系统内部各子系统或各要素之间的性能优化；二是从时间维度上，从规划设计、施工调试到运行管理的不同阶段形成闭合过程，是寿命周期的节能设计；三是把传统观念认为与建筑设计不相关的主动式技术和被动式技术等集合到一起考虑，以较低的成本获得高性能和多方面的效益。这种设计方法通常在形式、功能、性能和成本上把绿色建筑设计策略与常规建筑设计标准紧密结合，其基本特点就是集成性，要体现整体设计的系统思想。

1. 新建建筑节能设计的一般方法

建筑设计是保证新建建筑达到节能设计标准、实现建筑节能的重要环节。新建建筑的节能设计主要体现在两个方面：一是力求实现建筑物本身对能耗需求的降低；二是加大可再生能源在建筑上的应用。前者有强制性节能设计标准要求，而后者则一般由业主自由选择。建筑节能作为一种能源开发理念和政策取向，是以保障并逐步提高建筑物舒适度与综合性能为前提的，因而，既需要减少建筑物能源需求，又要保证合理高效用能，同时满足不同消费群体对建筑多元化的需求。这就要求新建建筑的节能设计采用性能化、精细化设计方法，将建筑节能的新技术、新材料和新手段融入建筑创作，成为建筑设计人员的创作理念。新建建筑节能设计的一般流程如图2.3所示。

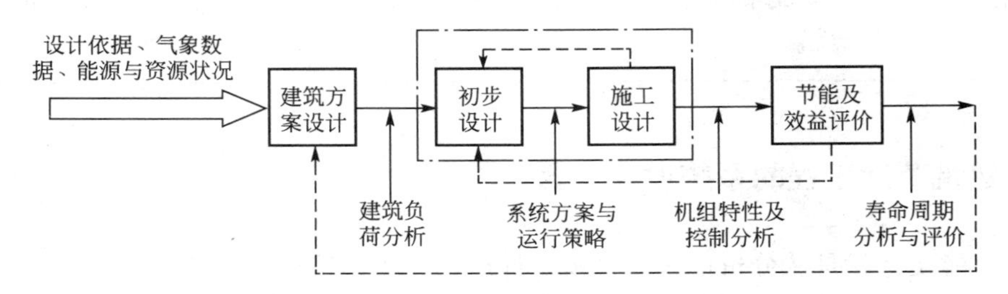

图2.3 新建建筑节能设计的一般流程

我国学者徐峰等建立了“以建筑节能为目标的集成化设计方法与流程”，将建筑模拟计算与建筑设计过程结合起来，实现建筑节能设计。根据不同的设计阶段有不同的设计任务、不同的已知和未知条件，不同阶段的设计应有各自的循环设计、评价与反馈的过程。这种设计方法和流程体现了设计的综合性和闭合性，每一个设计阶段的设计都是在前阶段设计工作的基础上的进一步的创作与细化，每个阶段的建筑师、结构师、暖通空调工程师和能源师进行专业配合；同时每个阶段又都有其相对的独立性，其主要任务不同，面临的问题也不同。

2. 既有建筑改造节能设计的一般方法

由于既有建筑本身的特性，在节能改造设计中，其设计方法和流程与新建建筑存在一定区别。既有建筑节能改造是在确保建筑物结构安全、满足使用功能和抗震与防火的前提下，既要提升建筑环境品质，又要提高建筑能源效率。既有建筑节能改造设计的一般程序如图2.4所示。

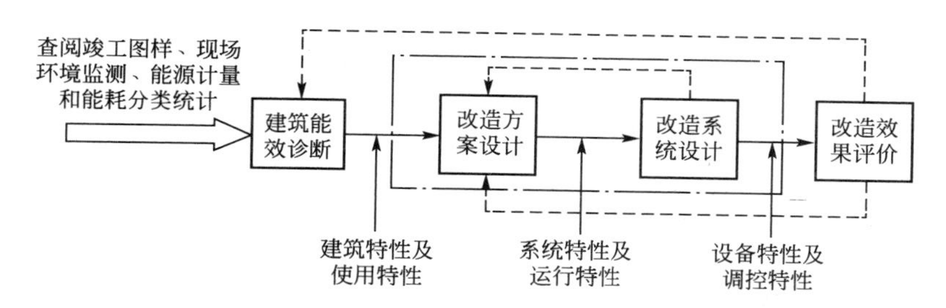

图 2.4　既有建筑节能改造设计的一般程序

建筑节能改造设计是在节能诊断基础上，因地制宜地选择投资成本低、节能效果明显的方案，重点对建筑系统的薄弱环节进行改造设计，以提升建筑整体的性能为目标。建筑能效诊断包括查阅竣工图样、主要用能设备样本和既有能耗统计资料；拟订初步的现场监测计量方案；结合现场实际对上述方案进行修订完善，使其具有可操作性；用能设备分项计量的实施，对现有系统运行能耗进行分项常年监测；对室内环境品质进行定期监测；对既有设备性能进行能力诊断鉴定等。通过能效诊断确定需要进行节能改造的建筑，首先提出节能改造方案并进行效益分析，其次对节能改造方案进行系统设计。既有建筑节能改造设计应与施工同步进行，对系统和设备节能改造进行效果评估，并根据评估结果反馈到方案设计或系统设计，形成闭合设计系统。节能改造设计难度一般比新建建筑节能设计难度要大，影响因素要多，因而对设计方法的选择更应慎重，更需要科学的理论和方法进行指导。

2.1.4　不同设计方法的实践比较

建筑节能需要进行全过程管理才能实现真正意义上的节能，其中规划设计阶段的节能设计处于“龙头”位置，特别是在建筑方案阶段的节能处理，如果前期不加以重视，有些问题将会积累，即使后续进行建筑围护结构的加强及设备工程师在设备方面进行优化，也很难达到建筑真正意义上的节能。以下对建筑节能全过程设计进行分析。

1. 传统设计过程

在传统设计过程中，基本上以建筑师为主导，建筑师基于房屋功能、外观等因素进行规划设计，然后在后期由结构和机电工程师进行配合完成设计，如图 2.5 所示。节能设计在很大程度上变成了补救措施，建筑师在方案设计后期进行的建筑节能分析，主要还是从建筑的围护结构方面来进行补偿性节能设计，同时靠设备来达到室内舒适度指标。当前国内的设计环境下，建筑师在进行方案设计时更多地把重心偏向于建筑的平面功能和外形设计，容易忽视节能和设备等问题，很少从规划阶段就考虑节能问题。尤其在公共建筑中，围护结构的节能并不代表建筑本身的节能，不考虑建筑布局、气候环境、朝向等因素所增加的能耗是很大的浪费，所以建筑师应对建筑材料、围护结构体系、能源系统设计，从节能角度进行全面的评估、审查和改进。

2. 建筑节能全过程设计

全过程设计包含两方面的内容：①从规划、多专业设计、设计管理进行节能设计的全

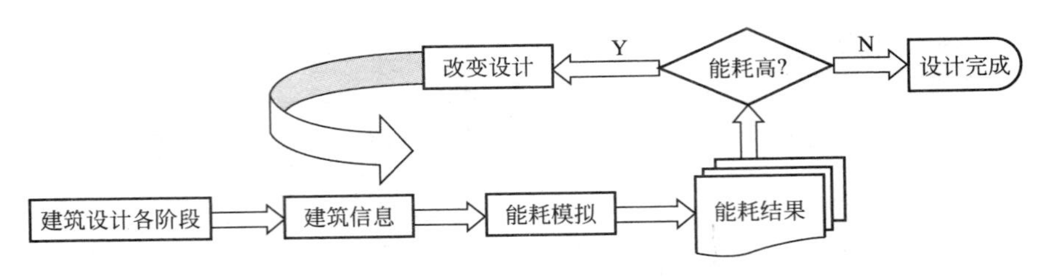

图 2.5　传统的设计过程

过程控制，达到资源整合；②设计内容不只着眼于一个建筑或者建筑的某一方面，而是从建筑群体、周边环境、能源利用进行综合考虑。

建筑节能的全过程设计，特别是在设计前期就需要节能设计的介入，且每个环节都需要进行节能的评价，整个设计过程更加复杂和具有科学依据。具体来讲，应考虑全过程的节能设计，在建筑规划布局、建筑体型、方位朝向等开始进行节能设计，如图 2.6 所示。例如，通过良好的布局，优化场地内的通风以至于室内的自然通风；通过合理布置建筑的朝向，优化建筑的采光和日照；通过对建筑体型的进行减少体形系数。可见，全过程设计的前期更多的是进行“被动式”节能优化。

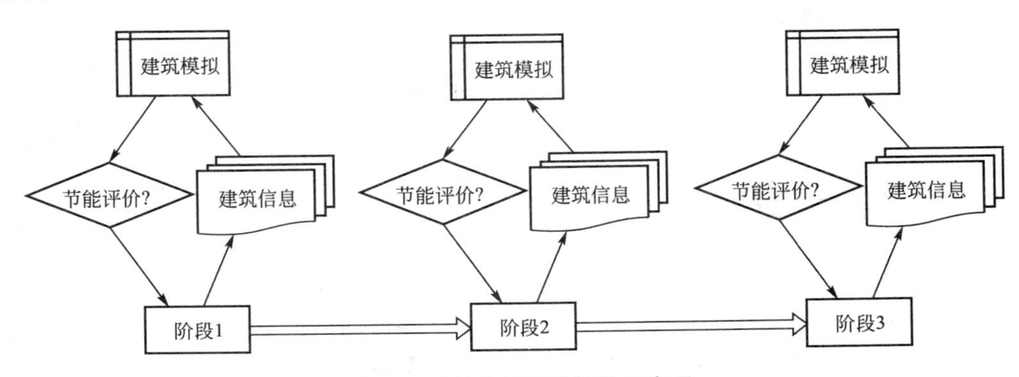

图 2.6　建筑全过程设计的示意图

实际工程中全面开展全过程设计还面临一些困难。全过程设计要求在方案阶段就进行科学的分析和模拟计算，但在当前的大多数设计中，因为普遍采用二维设计方法，会加重设计师的负担和设计复杂性而阻碍其实施。但是，随着三维设计手段逐渐普及，特别是基于 BIM(building information modeling，建筑信息模型)的节能设计，可以让各个专业基于一个 BIM 进行设计分析，在实施过程中采用 BIM 工具可以方便地对建筑进行各类性能分析。例如，基于一个 BIM 方案对建筑进行概念性的能源消耗、遮阳、日照、通风等分析，然后基于分析结果重新评价建筑方案并加以改进，改进后又动态地进行类似分析，再得到结果再修正。方案阶段的节能设计成果给出了建筑设计的大方向，节能能从源头得到控制，后续再基于 BIM 方案不断地深化设计，同时，设备工程师也可以随时介入而对建筑设计进行干预。

2.1.5　建筑节能设计的主要内容

建筑节能设计主要包括建筑主体节能设计、常规能源系统的优化设计及可再生能源利用系统设计等3个方面。

1. 建筑主体节能设计

进行建筑主体节能设计就是根据不同地区气候和建筑能耗特点，在兼顾冬夏、整体优化的原则上，通过能耗模拟综合分析，采取各种有效节能途径，如选择适宜体形系数、合理布置室内空间、提高围护结构保温隔热性能、控制不同朝向的窗墙面积比、设计有效的夏季遮阳装置、改善自然通风等，从整体上降低建筑运行的采暖和空调能耗。

2. 常规能源系统的优化设计

常规能源系统的优化设计主要可以从以下4个方面入手。

(1) 因地制宜地进行冷热源优化选择，提高采暖、空调系统的能量转换效率。

(2) 采用合理的调控方式，节省输配系统能耗。

(3) 优化照明控制，减少照明能耗。

(4) 选用适宜能源制备生活热水。例如，利用工业废热、热泵、空调器余热和分户燃气炉等制备热水。

3. 可再生能源利用系统设计

根据建筑类别、气候特点和可再生能源的可利用性选择具体的可再生能源利用技术，主要包括太阳能利用技术、地热利用技术、风能利用技术、生物质能利用技术和地源热泵技术等。

根据我国付祥钊教授提出的建筑节能三原理，并针对夏热冬冷地区气候特征提出建筑节能技术的“调节阳光、控制通风、合理保温、高效设备、用户可调”20字要领，认为建筑节能技术选择应遵循三原则，即建筑节能应与气候相适应原则、与社会发展相适应原则和系统协调性原则。

2.2 建筑规划阶段的节能

建筑规划布局是进行建筑规划节能中的重要环节。影响建筑规划设计布局的主要气候要素有日照、风向、气温、雨雪等，通过把这些要素与规划设计布局密切结合起来，改善微气候环境，建立气候防护单元，以达到节能的目的。

建筑规划布局的设计主要要点有建筑的平面和空间分布、建筑的朝向、建筑的间距、协调建筑外部环境等。这里的每个要点都可以用建筑节能的思维进行科学支撑，而不是单从功能、艺术等建筑要素进行考虑。

2.2.1 建筑的平面和空间分布

对建筑进行平面和空间分布时应该考虑到日照和风环境的因素，通过合理调整建筑平面和空间分布，争取良好日照及改善风环境对建筑的影响。常见的建筑群体平面的布局有行列式、周边式和自由式3种。

1. 行列式

行列式是最为常见的形式，是建筑按照一定朝向和合理间距成排布置的方式。按照排列方式的变化可以形成并列式、错列式、斜列式几种布局，如图 2.7 所示。这种方式一般选取能够争取最好的日照朝向，如南向，因为建筑群体朝向一致，在合理调整间距情况下能使大多数建筑内部得到良好的日照，且通风良好。行列式中的错列式还可以利用错位布局在两栋建筑间的空隙中争取到更多日照，如图 2.8 所示。

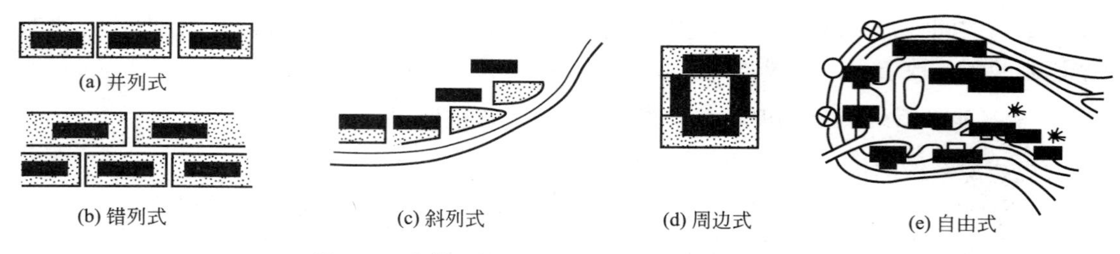

图 2.7　建筑群体平面布局的行列式典型示意图

建筑某些地形情况下还可以采用斜列式，使建筑用地效率和优化日照有机结合，如图 2.9 所示。

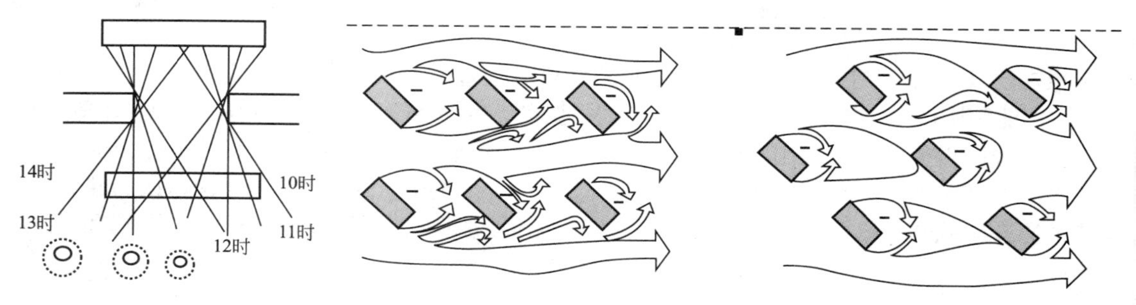

图 2.8　建筑群体平面布局的错列式示意图

图 2.9　建筑群体平面布局的斜列式示意图

2. 周边式

周边式布局的建筑群在场地内进行环绕布局，朝向多样。对于日照方面，封闭内侧的日照不理想，同时在东西朝向的建筑面在南方地区会出现过度日照；在通风方面，因为建筑群内部几乎封闭，对风场的阻挡作用明显，有相当多的区域处于弱风区中，使得整个环境的风速也比较低，但是这种布局方式在中国北方严寒或部分寒冷地区因为起到一定防风效果却是可以考虑的布局方案，如图 2.10 所示。

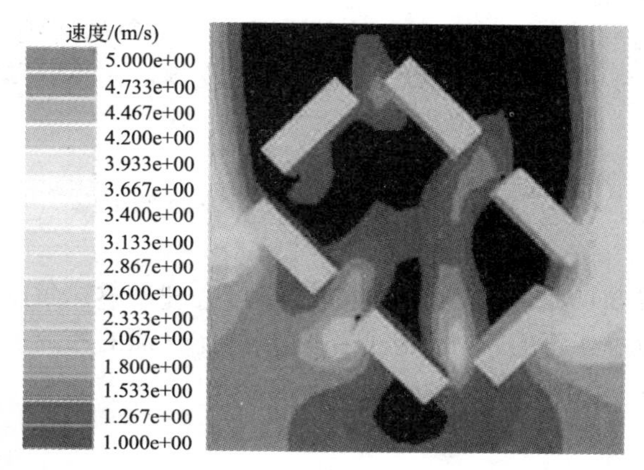

图 2.10　建筑群体平面布局的周边式示意图

3. 自由式

自由式是指根据建筑地形及周边道路、环境自由排布。这种方式没有特定约束，建筑的形式也可以多样，合理运用节能规划原理可以争取到良好的日照和通风。在空间规划上，还可以依据地形和建筑本身高低的不同进行合理布局，以达到争取良好日照及通风(夏季)和防风(冬季)效果。例如，把较高的建筑或者地形较高的建筑布置在北部，以争取更大范围的日照，同时可以阻挡北部来风，这对于北方寒冷地区的冬季防风是个有利因素(图 2.11)。同时，一些沿街建筑可能会存在体型较长的情况，其后方的建筑容易处在风影区内，这时为了通风效果可以考虑在建筑上设置通风廊，或者架空建筑底部，以利于导风(图 2.12)。同时，如果这种处理方式和建筑场地的消防通道相结合，能达到建筑设计和节能设计的有机统一。

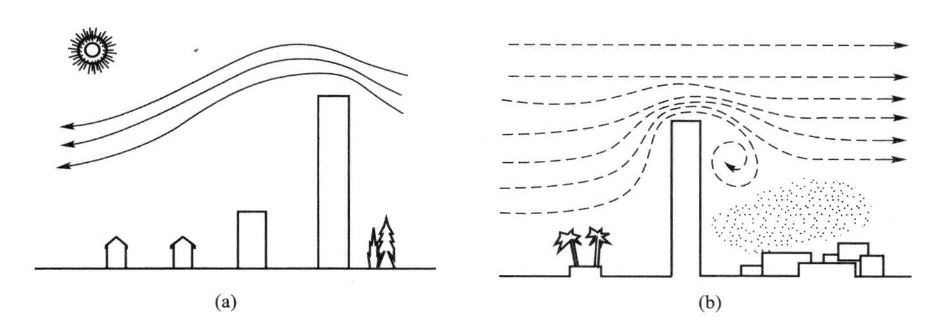

图 2.11 利用地形和建筑高度的空间布局示意图

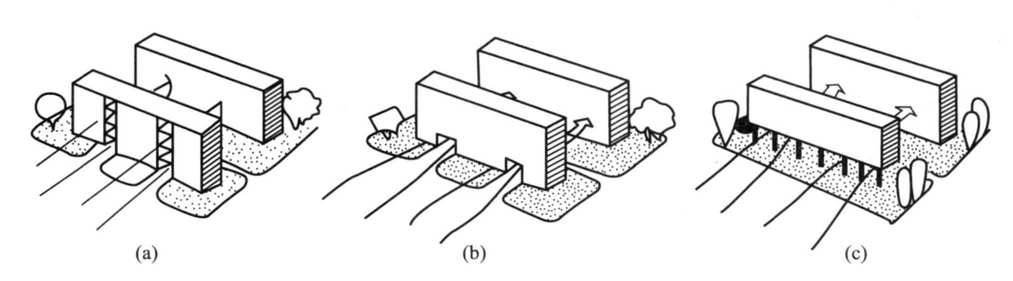

图 2.12 建筑物设通风口以促进自然通风的示意图

实际工程中，因为还要考虑到地形、道路、水体及容积率等影响因素，建筑布局实际是各种设计要素的综合平衡，布局因此而变得多样。

2.2.2 建筑的朝向

选择合理的建筑物朝向是一项重要的节能措施。建筑朝向选择的基本原则是在冬季争取到良好的日照，而在夏季能够尽量利用太阳方位角的变化减少太阳辐射得热，同时考虑在风环境中使主要房间在冬季能够避开主导风向。在规划设计中，建筑的朝向应根据其房屋内部空间特性、地形、当地主导风向、太阳的辐射、建筑周边环境及各地区的气候等因素，通过调查、研究、分析、评价来确定。一般情况下，中国建筑朝向的确定原则为南略偏东或偏西。

对于南方炎热地区，尤其需要考虑的是尽量避免建筑主立面为东西朝向，防止夏季东、西太阳直射引起屋内温度过高，同时考虑建筑的主立面方向与夏季主导风向垂直，便于通风。而对于北方寒冷地区，住宅建筑的主立面方向应平行于冬季主导风向，以防止冷空气渗透量的增大。

2.2.3 建筑的间距

建筑的间距是规划设计中重点考虑的要素之一，主要受到建筑防火、日照、噪声及卫生、地震安全等因素的影响，其中建筑的日照间距是影响建筑利用太阳能的重要因素，同时还会影响建筑的自然采光水平。日照间距是指一年中的冬至日，满足北向底层房间获得日照时南北房屋之间的外墙间距，如图 2.13 所示。

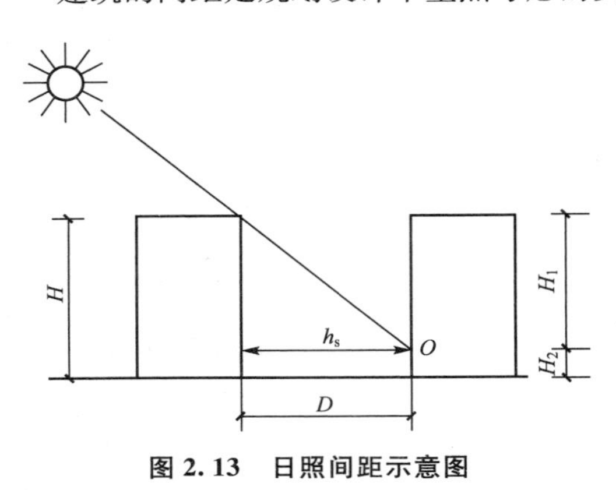

图 2.13 日照间距示意图

建筑物的日照间距是由日照标准，当地的地理纬度、建筑朝向、建筑物的高度和长度及建筑用地的地形等因素决定的。在进行建筑设计时，应该结合节约用地原则，综合考虑各种因素来确定建筑的日照间距。

我国各地区都对居住建筑的日照间距有明确的规定，根据《城市居住区规划设计规范(2002 年版)》(GB 50180—1993)，见表 2－3。

表 2－3 住宅建筑日照标准

建筑气候区划	Ⅰ、Ⅱ、Ⅲ、Ⅶ气候区		Ⅳ气候区		Ⅴ、Ⅵ气候区
	大城市	中小城市	大城市	中小城市	
日照标准日	大寒日			冬至日	
日照时数/h	≥2	≥3		≥1	
有效日照时间带/h	8～16			9～15	
日照时间计算起点	底层窗台面				

2.2.4 协调建筑外部环境

建筑整体及外部环境设计是在分析建筑周围气候环境条件的基础上，通过选址、规划、外部环境和体型朝向等设计，使建筑获得一个良好的外部微气候环境，达到节能的目的。规划设计中还可以利用建筑周围绿化进行导风的方法，如图 2.14 所示，其中图 2.14(a)是沿来流风方向在单体建筑两侧的前后方设置绿化屏障，使得来流风受到阻挡后可以进入室内；图 2.14(b)则是利用绿化后方的负压作用，设计合理的建筑开口进行导风。就绿篱而言，负压区的气流可向下移动，同样树冠下的气流则向上移动。但是对于寒冷地区的住宅建筑，需要综合考虑夏季、过渡季通风及冬季通风的矛盾。

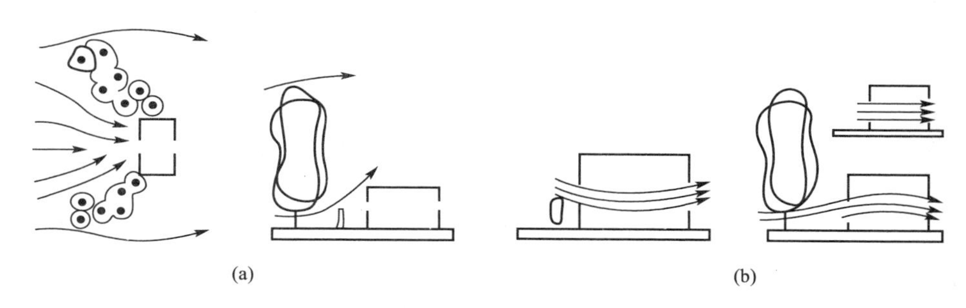

图 2.14　植被可增大或减小气流并能引导气流示意图

1. 合理选址

建筑选址主要是根据当地的气候、水质、地形及周围环境条件等因素的综合状况确定。建筑设计中，既要使建筑在其整个寿命周期中保持适宜的微气候环境，为建筑节能创造条件，同时又不能破坏整体生态环境的平衡。

2. 合理的外部环境设计

在建筑位置确定之后，应研究其微气候特征。根据建筑功能的需求，应通过合理的外部环境设计来改善既有的微气候环境，创造建筑节能的有利环境，主要方法为：在建筑周围布置树木、植被，既能有效地遮挡风沙、净化空气，还能遮阳、降噪；创造人工自然环境，如在建筑附近设置水面，利用水来平衡环境温度、降风沙及收集雨水等。

3. 合理的微环境规划和体型设计

合理的建筑规划和体型设计能有效地适应恶劣的微气候环境。它包括对建筑整体体量、建筑体型及建筑形体组合、建筑日照及朝向等方面的确定。例如，蒙古包的圆形平面、圆锥形屋顶能有效地适应草原的恶劣气候，起到减少建筑的散热面积、抵抗风沙的效果；对于沿海湿热地区，引入自然通风对节能非常重要。在规划布局上，可以通过建筑的向阳面和背阴面形成不同的气压，即使在无风时也能通风，在建筑体型设计上形成风洞，使自然风在其中回旋，得到极好的通风效果，达到节能的目的。日照及朝向选择的原则是冬季能获得足够的日照并避开主导风向，夏季能利用自然通风并防止太阳辐射。然而建筑的朝向、方位及建筑总平面的设计应考虑多方面的因素，建筑受到社会历史文化、地形、城市规划、道路、环境等条件的制约，要想使建筑物的朝向均满足夏季防热和冬季保温是困难的，因此，只能权衡各个因素之间的得失，找到一个平衡点，选择出这一地区建筑的最佳朝向和较好朝向，尽量避免东西向日晒。

控制体形系数主要还是要控制平面形状。同样的建筑面积，直接临室外空气的外墙长度越长，就意味着外墙面积越大，体形系数就越大，就越不节能、越不经济。一般条式建筑体形系数应不大于 0.35、点式应不大于 0.40。从几何形状比较，同样面积前提下的外墙长度，圆形最短，其次是方形，最后是长方形，而且长方形长短边比例越大，外墙越长。因此，设计大进深的长方形平面比狭长形长方形平面更节能、更经济、更省材。

2.2.5 建筑单体节能设计

单体建筑的节能设计，主要是通过对建筑各部位的节能构造设计、建筑内部空间的合理分隔设计，以及一些新型建筑节能材料和设备的设计与选择等，来更好地利用既有的建筑外部气候环境条件，以达到节能和改善室内微气候环境的效果。

1. 建筑各部位的节能构造设计

建筑各部位的节能构造设计，主要是在满足其作为建筑的基本组成部分的要求之外，通过对各部位(屋顶、楼板、墙体、门窗等)的造型、结构、材料等方面加以进一步设计，充分利用建筑外部气候环境条件，达到节能和改善室内微气候环境的效果。

(1) 屋顶的节能设计。屋顶是建筑物与室外大气接触的一个重要部分，主要节能措施为：①采用坡屋顶；②加强屋面保温；③根据需要，设置保温隔热屋面(架空隔热屋面、蓄水屋面、种植屋面等)。

(2) 楼板层的节能设计。主要是利用其结构中的空间，以及对楼板吊顶造型加以设计。例如，将循环水管布置在其中，夏季可以利用冷水循环降低室内温度，冬季利用热水循环取暖。

(3) 建筑外墙的节能设计。墙体的节能设计除了适应气候条件做好保温、防潮、隔热等措施以外，还应体现在能够改善微气候环境条件的特殊构造上。例如，寒冷地区的夹心墙体设计、被动式太阳房中各种蓄热墙体(如水墙)设计、巴格达地区为了适应当地干热气候条件在墙体中的风口设计等；而在马来西亚，杨经文设计的槟榔屿州 MennamUmno 大厦外墙中，则外加了一种“捕风墙”的特殊构造设计，在建筑两侧设阳台开口，开口两侧外墙上布置两片挡风墙，使两片通风墙形成喇叭状的口袋，将风捕捉到阳台内，然后通过阳台门的开口大小控制进风量，形成“空气锁”，可以有效地控制室内通风。

(4) 门窗的节能设计。门窗的节能设计主要考虑：①控制建筑不同朝向的窗墙面积比；②设置遮阳措施，中国节能标准中规定，夏热冬暖地区、夏热冬冷地区及寒冷地区中，制冷负荷大的建筑的外窗(包括透明幕墙)宜设置外部遮阳措施；③根据需要合理地组织门窗的通风换气，尽量采用自然通风；④严寒、寒冷地区建筑的外门宜设门斗或采取其他减少冷风渗透的措施，其他地区建筑外门也应采取保温隔热节能措施；⑤选择高性能的建筑门窗和幕墙技术，建筑门窗和建筑幕墙要改变消极保温隔热的单一节能观念，把节能和合理利用太阳能、地下热(水)能、风能结合起来，积极选用节能和可再生能源相结合的门窗和幕墙产品。

(5) 建筑物围护结构细部的节能设计。细部的节能设计可从以下各部位着手：①热桥部位应采取可靠的保温与“断桥”措施；②外墙出挑构件及附墙部件，如阳台、雨罩、靠外墙阳台栏板、空调室外机搁板、附壁柱、凸窗、装饰线等均应采取隔断热桥和保温措施；③窗口外侧四周墙面，应进行保温处理；④门、窗框与墙体之间的缝隙，应采用高效保温材料填堵；⑤门、窗框四周与抹灰层之间的缝隙，宜采用保温材料和嵌缝密封膏密封，避免不同材料界面开裂，影响门、窗的热工性能；⑥采用全玻璃幕墙时，隔墙、楼板或梁与幕墙之间的间隙，应填充保温材料。

2. 建筑内部空间的合理分隔设计

合理的空间设计是在充分满足建筑使用功能要求的前提下，对建筑空间进行合理分隔，以改善室内保温、通风、采光等微气候条件，达到节能目的。例如，在北方寒冷地区的住宅设计中，就经常将使用频率较少的房间，如厨房、餐厅、次卧室等房间布置在北侧，形成对北侧寒冷空气的“温度阻尼区”，从而达到节能及保证使用频率较多房间的舒适度的目的。

3. 新型建筑节能材料和设备的设计与选择

建筑材料的选择应遵循健康、高效、经济、节能的原则。一方面，随着科技的发展，大量的新型高效材料不断被研制并应用到建筑设计中，能更好地起到节能效果。例如，新型保温材料、防水材料在墙体屋顶中的应用，达到了更好的保温防潮效果；新型透光隔热玻璃在门窗中的应用，起到了更好的透光隔热效果；采用可调节的铝材遮阳板，达到了遮阳的目的。另一方面，要结合当地的实际情况，发掘出一些地方节能材料，将其更好地应用到建筑节能中。

以德国低能耗建筑为例，根据建筑能耗大小划分为3个等级：低能耗建筑、三升油建筑、微能耗/零能耗建筑，其每平方米建筑使用面积一次性能源消耗量分别为30～70kW·h/(m^2·a)、15～30kW·h/(m^2·a)、0～15kW·h/(m^2·a)，其低能耗建筑设计与技术体系完整，在朝向、体形系数、窗墙面积比、外墙和屋顶外窗热工性能、热桥、遮阳、冷暖方式、高效设备及输配系统、可再生能源利用等方面有具体要求。如图2.15所示为德国低能耗建筑设计体系。

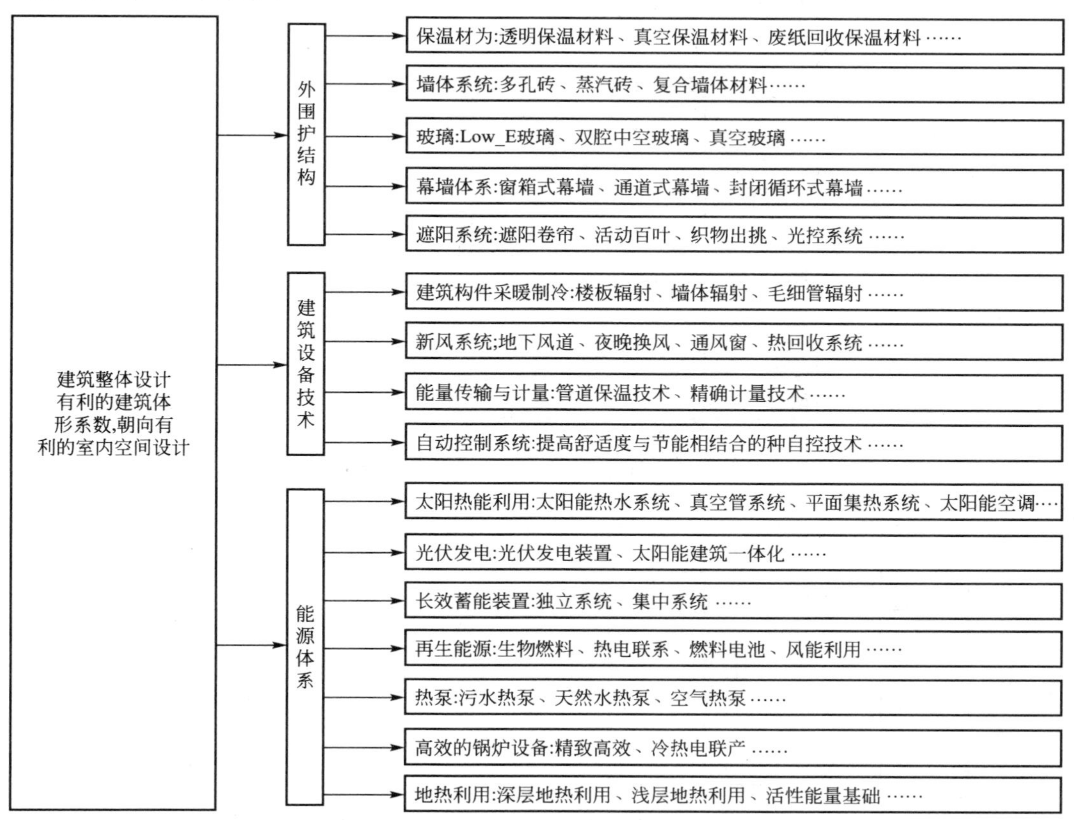

图2.15 德国低能耗建筑设计体系

2.3 低能耗住宅建筑模型的设计

根据低能耗住宅的节能目标要求创建建筑模型，计算模型建筑基本条件设定如下。

(1) 根据房间类型设计空调房间和非空调房间，所有居室为空调器房间，卫生间、厨房、楼梯间、走廊为非空调器房间。

(2) 空调器房间内计算条件。室内计算温度：采暖期全天为18℃，空调期全天为26℃；其他时间室温不设定；换气次数：采暖期和空调期均为1.0次/h，其他时间不设定；照明时间19：00～22：00，强度3.5W/m²；其他热源设备散热时间19：00～22：00，强度4.3W/m²；采暖、空调设备为家用气源热泵空调器，额定能效比均取2.7；采暖空调设备24h运行；室内无人。

(3) 非空调器房间内计算条件。温度不控制，无内热源；通风不设定。

2.3.1 低能耗住宅建筑设计对能耗影响的分析

根据编者参与“国家居住建筑节能设计标准研究”能耗限值的研究，对居住建筑能耗限值的确定采用了两组计算模型，图2.16和图2.17分别为两组标准层的平面图布局。

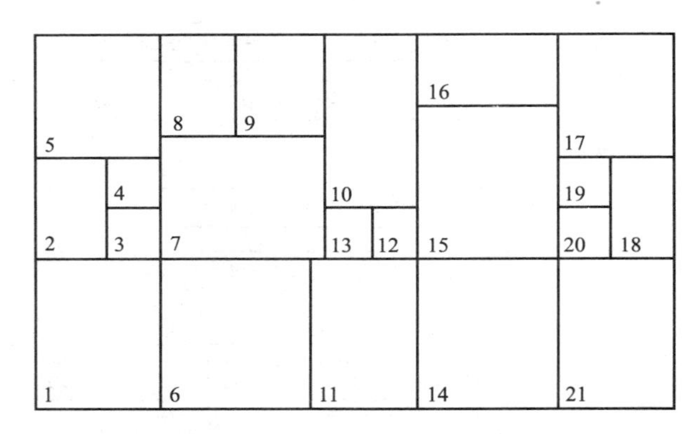

图2.16 第一组模型标准层的平面图布局

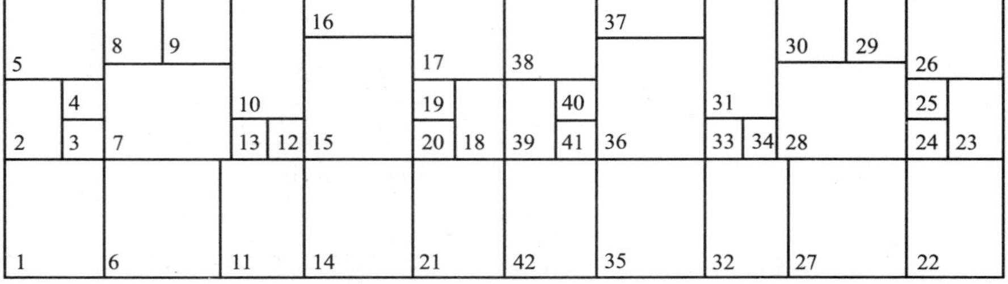

图2.17 第二组模型标准层的平面图布局

计算模型主朝向为南北朝向，其外墙和屋顶的传热系数按照标准规定值的上限进行设定，外窗的传热系数及遮阳系数按照各朝向的窗墙面积比上限值设定。外窗为南北向，两组计算模型东西向窗墙面积比均为7%，东西向外窗传热系数 $K=4.7\ W/(m^2\cdot K)$，遮阳系数取 $S_C=1.0$。模拟计算采用的模型参数的设定，见表2-4。

表2-4 居住建筑能耗计算模型表

序号	体形系数	窗墙面积比	遮阳系数（东、西、南/北）	传热系数 K/[W/(m²·K)]		
				外窗	外墙（平均）	屋面
1-1	0.55	0.4	0.6/0.7	3.2	1	0.6
1-2	0.4	0.3	0.7/0.8	3.2	1.5	0.8
1-3	0.4	0.4	0.6/0.7	3.2	1.5	0.8
1-4	0.4	0.5	0.5/0.6	2.5	1.5	0.8
1-5	0.35	0.3	0.7/0.8	3.2	1.5	0.8
1-6	0.35	0.4	0.6/0.7	3.2	1.5	0.8
1-7	0.35	0.5	0.5/0.6	2.5	1.5	0.8
1-8	0.3	0.3	0.7/0.8	3.2	1.5	0.8
1-9	0.3	0.4	0.6/0.7	3.2	1.5	0.8
2-1	0.55	0.4	0.6/0.7	3.2	1	0.6
2-2	0.4	0.3	0.7/0.8	3.2	1.5	0.8
2-3	0.4	0.4	0.6/0.7	3.2	1.5	0.8
2-4	0.4	0.5	0.5/0.6	2.5	1.5	0.8
2-5	0.35	0.3	0.7/0.8	3.2	1.5	0.8
2-6	0.35	0.4	0.6/0.7	3.2	1.5	0.8
2-7	0.35	0.5	0.5/0.6	2.5	1.5	0.8
2-8	0.3	0.3	0.7/0.8	3.2	1.5	0.8
2-9	0.3	0.4	0.6/0.7	3.2	1.5	0.8

能耗模拟采用DOE2IN能耗分析软件，分别对两组建筑平面设计中的每个模型计算其不同体形系数下的能耗值。表2-5和表2-6为夏热冬冷地区8座代表城市的能耗值。

表2-5 8座代表城市第一组计算模型能耗水平 单位：kW·h/m²

城市	窗墙面积比	30%			40%			50%		
	体形系数	0.4	0.35	0.3	0.4	0.35	0.3	0.4	0.35	0.3
成都	采暖耗热量	33.59	25.79	18.00	34.47	25.97	17.48	33.01	25.53	18.05
	空调耗冷量	22.23	21.91	21.58	22.91	22.88	22.85	23.59	23.36	23.13
	采暖耗电量	15.27	12.33	9.38	15.85	12.60	9.36	15.35	12.48	9.60
	空调耗电量	7.58	7.46	7.34	7.84	7.81	7.78	8.07	7.98	7.88
	总耗电量	22.85	19.79	16.72	23.69	20.41	17.14	23.42	20.46	17.48

（续）

城市	窗墙面积比	30%			40%			50%		
	体形系数	0.4	0.35	0.3	0.4	0.35	0.3	0.4	0.35	0.3
重庆	采暖耗热量	36.01	28.98	21.95	36.48	28.85	21.22	35.16	28.26	21.36
	空调耗冷量	33.52	31.17	28.82	33.62	31.47	29.33	33.61	31.14	28.68
	采暖耗电量	15.21	12.77	10.34	15.65	12.87	10.08	15.21	12.67	10.14
	空调耗电量	11.58	10.80	10.03	11.68	10.93	10.17	11.68	10.82	9.95
	总耗电量	26.79	23.57	20.33	27.33	23.80	20.25	26.89	23.49	20.09
武汉	采暖耗热量	33.66	28.75	23.84	38.78	29.79	20.80	37.16	29.21	21.27
	空调耗冷量	57.67	55.99	54.31	60.44	58.29	56.15	60.45	57.90	55.35
	采暖耗电量	17.45	15.33	13.20	19.88	15.97	12.07	19.19	15.71	12.22
	空调耗电量	20.23	19.61	18.98	21.26	20.46	19.67	21.26	20.33	19.40
	总耗电量	37.68	34.94	32.18	41.14	36.43	31.74	40.45	36.04	31.62
南京	采暖耗热量	39.61	33.79	27.97	40.14	31.55	22.97	38.76	31.20	23.63
	空调耗冷量	43.35	42.00	40.65	51.80	50.73	49.66	52.16	50.68	49.20
	采暖耗电量	21.80	18.57	15.34	20.13	16.48	12.83	19.58	16.34	13.09
	空调耗电量	14.83	14.36	13.89	17.73	17.34	16.94	17.85	17.33	16.80
	总耗电量	36.63	32.93	29.23	37.86	33.82	29.77	37.44	33.67	29.89
长沙	采暖耗热量	40.07	32.21	24.35	41.47	32.60	23.72	39.91	32.05	24.19
	空调耗冷量	53.02	50.62	48.21	54.23	52.28	50.34	54.27	51.95	49.63
	采暖耗电量	19.58	16.27	12.95	20.40	16.64	12.89	19.77	16.41	13.06
	空调耗电量	18.37	17.51	16.65	18.82	18.12	17.42	18.84	18.02	17.19
	总耗电量	37.95	33.78	29.60	39.22	34.76	30.31	38.61	34.43	30.25
合肥	采暖耗热量	43.16	34.64	26.11	44.58	34.78	24.97	42.77	34.18	25.60
	空调耗冷量	58.17	56.00	53.82	59.59	57.94	56.28	59.57	57.42	55.28
	采暖耗电量	22.20	18.57	14.95	23.10	18.91	14.73	22.34	18.67	15.00
	空调耗电量	20.33	19.54	18.76	20.87	20.26	19.65	20.87	20.09	19.32
	总耗电量	42.53	38.11	33.71	43.97	39.17	34.38	43.21	38.76	34.32
杭州	采暖耗热量	32.60	25.88	19.15	33.62	26.06	18.49	32.33	25.63	18.93
	空调耗冷量	45.36	43.27	41.18	46.47	44.76	43.05	46.45	44.48	42.50
	采暖耗电量	16.23	13.34	10.46	16.83	13.58	10.33	16.30	13.39	10.48
	空调耗电量	15.89	15.13	14.38	16.31	15.69	15.07	16.30	15.60	14.89
	总耗电量	32.12	28.47	24.84	33.14	29.27	25.40	32.60	28.99	25.37

（续）

城市	窗墙面积比	30%			40%			50%		
	体形系数	0.4	0.35	0.3	0.4	0.35	0.3	0.4	0.35	0.3
上海	采暖耗热量	35.32	27.81	20.30	36.49	27.97	19.44	35.06	27.52	19.98
	空调耗冷量	37.47	35.79	34.11	38.51	37.12	35.73	38.55	36.95	35.36
	采暖耗电量	17.62	14.43	11.24	18.32	14.69	11.06	17.74	14.48	11.21
	空调耗电量	13.13	12.53	11.92	13.53	13.01	12.50	13.54	12.96	12.39
	总耗电量	30.75	26.96	23.16	31.85	27.70	23.56	31.28	27.44	23.60

表 2-6　8 座代表城市第二组计算模型能耗水平　　单位：kW·h/m²

城市	窗墙面积比	30%			40%			50%		
	体形系数	0.4	0.35	0.3	0.4	0.35	0.3	0.4	0.35	0.3
成都	采暖耗热量	29.43	27.93	26.43	41.88	33.82	25.76	39.52	32.41	25.31
	空调耗冷量	21.65	20.15	18.65	21.91	21.97	22.03	22.88	22.74	22.59
	采暖耗电量	13.96	12.46	10.96	18.58	15.50	12.42	17.75	15.02	12.30
	空调耗电量	7.77	7.22	6.68	7.50	7.51	7.52	7.83	7.77	7.71
	总耗电量	21.73	19.68	17.64	26.08	23.01	19.94	25.58	22.79	20.01
重庆	采暖耗热量	40.95	34.31	27.66	49.07	39.53	29.99	40.25	33.73	27.20
	空调耗冷量	34.19	31.77	29.36	46.41	44.38	42.35	34.38	32.00	29.62
	采暖耗电量	16.98	14.55	12.12	20.60	17.08	13.56	16.95	14.55	12.16
	空调耗电量	11.83	11.00	10.17	16.04	15.33	14.62	11.94	11.12	10.29
	总耗电量	28.81	25.55	22.29	36.64	32.41	28.18	28.89	25.67	22.45
武汉	采暖耗热量	43.71	36.01	28.30	45.70	37.23	28.76	43.09	35.61	28.12
	空调耗冷量	58.17	55.53	52.88	59.24	57.15	55.06	59.67	57.23	54.80
	采暖耗电量	21.65	18.29	14.94	22.73	19.04	15.35	21.64	18.35	15.06
	空调耗电量	20.47	19.49	18.52	20.86	20.09	19.33	20.99	20.12	19.24
	总耗电量	42.12	37.78	33.46	43.59	39.13	34.68	42.63	38.47	34.30
南京	采暖耗热量	48.32	40.18	32.03	51.00	41.81	32.62	48.47	40.21	31.94
	空调耗冷量	43.45	41.68	39.91	44.40	42.98	41.56	44.99	43.13	41.27
	采暖耗电量	22.84	19.62	16.40	24.22	20.57	16.92	23.27	19.96	16.65
	空调耗电量	14.89	14.26	13.64	15.24	14.73	14.23	15.43	14.78	14.14
	总耗电量	37.73	33.88	30.04	39.46	35.30	31.15	38.70	34.74	30.79
长沙	采暖耗热量	45.58	38.07	30.56	45.93	37.87	29.81	45.51	38.09	30.66
	空调耗冷量	52.16	49.76	47.35	53.71	51.76	49.82	53.57	51.28	48.99

（续）

城市	窗墙面积比	30%			40%			50%		
	体形系数	0.4	0.35	0.3	0.4	0.35	0.3	0.4	0.35	0.3
长沙	采暖耗电量	21.77	18.58	15.39	22.14	18.68	15.22	22.02	18.84	15.65
	空调耗电量	18.08	17.23	16.38	18.67	17.97	17.27	18.61	17.79	16.98
	总耗电量	39.85	35.81	31.77	40.81	36.65	32.49	40.63	36.63	32.63
合肥	采暖耗热量	68.19	60.04	51.89	52.11	42.95	33.78	49.34	41.22	33.10
	空调耗冷量	57.06	55.05	53.05	58.27	56.67	55.08	58.78	56.75	54.72
	采暖耗电量	24.71	21.25	17.79	26.08	22.18	18.28	24.96	21.48	18.00
	空调耗电量	19.97	19.24	18.51	20.44	19.85	19.26	20.61	19.88	19.14
	总耗电量	44.68	40.49	36.30	46.52	42.03	37.54	45.57	41.36	37.14
杭州	采暖耗热量	37.72	31.28	24.84	39.61	32.45	25.29	37.52	31.17	24.82
	空调耗冷量	44.93	42.93	40.92	45.78	44.18	42.59	46.06	44.23	42.41
	采暖耗电量	18.31	15.54	12.77	19.29	16.21	13.13	18.41	15.67	12.93
	空调耗电量	15.73	15.02	14.31	16.08	15.50	14.92	16.18	15.52	14.87
	总耗电量	34.04	30.56	27.08	35.37	31.71	28.05	34.59	31.19	27.78
上海	采暖耗热量	41.27	34.02	26.77	43.55	35.37	27.19	41.15	33.93	26.71
	空调耗冷量	37.18	35.52	33.87	38.13	36.71	35.29	38.41	36.81	35.22
	采暖耗电量	20.00	16.91	13.83	21.23	17.71	14.20	20.24	17.12	13.99
	空调耗电量	13.04	12.45	11.85	13.41	12.89	12.37	13.49	12.92	12.35
	总耗电量	33.04	29.36	25.68	34.64	30.60	26.57	33.73	30.04	26.34

计算结果表明，对于每组计算模型，相同体形系数下的不同窗墙面积比规定性指标组合条件下的能耗值整体变化趋势为30%值最小，50%次之，40%最大。窗墙面积比为50%时，外窗的K值为2.5W/(m^2·K)，而窗墙面积比为40%时，外窗的K值为3.2W/(m^2·K)，所以造成后者的能耗限值大于前者。此外，个别城市在某一体系形数下的能耗限值不以40%规定性指标组合为最大值，但其与40%的能耗限值相差很小。这是由于不同窗墙面积比时，不同气候子区围护结构的规定性指标不同。表2－7列出了8座代表城市在窗墙面积比为40%时，第二组与第一组能耗水平之差。

表2－7　两组计算模型的能耗限值之差　　单位：kW·h/m^2

城市	体形系数	0.40	0.35	0.30
成都	采暖耗热量之差	7.41	7.85	8.28
	空调耗冷量之差	−1.00	−0.91	−0.82
	采暖耗电量之差	2.73	2.90	3.06

（续）

城市	体形系数	0.40	0.35	0.30
成都	空调耗电量之差	−0.34	−0.30	−0.26
	总耗电量之差	2.39	2.60	2.80
重庆	采暖耗热量之差	12.59	10.68	8.77
	空调耗冷量之差	12.79	12.91	13.02
	采暖耗电量之差	4.95	4.21	3.48
	空调耗电量之差	4.36	4.40	4.45
	总耗电量之差	9.31	8.61	7.93
武汉	采暖耗热量之差	6.92	7.44	7.96
	空调耗冷量之差	−1.20	−1.14	−1.09
	采暖耗电量之差	2.85	3.07	3.28
	空调耗电量之差	−0.40	−0.37	−0.34
	总耗电量之差	2.45	2.70	2.94
南京	采暖耗热量之差	10.86	10.26	9.65
	空调耗冷量之差	−7.40	−7.75	−8.10
	采暖耗电量之差	4.09	4.09	4.09
	空调耗电量之差	−2.49	−2.61	−2.71
	总耗电量之差	1.60	1.48	1.38
长沙	采暖耗热量之差	4.46	5.27	6.09
	空调耗冷量之差	−0.52	−0.52	−0.52
	采暖耗电量之差	1.74	2.04	2.33
	空调耗电量之差	−0.15	−0.15	−0.15
	总耗电量之差	1.59	1.89	2.18
合肥	采暖耗热量之差	7.53	8.17	8.81
	空调耗冷量之差	−1.32	−1.27	−1.20
	采暖耗电量之差	2.98	3.27	3.55
	空调耗电量之差	−0.43	−0.41	−0.39
	总耗电量之差	2.55	2.86	3.16
杭州	采暖耗热量之差	5.99	6.39	6.80
	空调耗冷量之差	−0.69	−0.58	−0.46
	采暖耗电量之差	2.46	2.63	2.80
	空调耗电量之差	−0.23	−0.19	−0.15
	总耗电量之差	2.23	2.44	2.65

（续）

城市	体形系数	0.40	0.35	0.30
上海	采暖耗热量之差	7.06	7.40	7.75
	空调耗冷量之差	−0.38	−0.41	−0.44
	采暖耗电量之差	2.91	3.02	3.14
	空调耗电量之差	−0.12	−0.12	−0.13
	总耗电量之差	2.79	2.90	3.01

注：表中数据为第二组模型参数减去第一组模型对应参数的差值。

分析不同城市的计算模型，第二组计算模型总耗电量都比第一组计算模型的总耗电量大。这表明条形建筑比相同体形系数的方形建筑的单位建筑面积能耗要高，建筑平面设计对住宅能耗有显著影响。这主要是因为单位建筑面积屋顶负荷比外墙负荷高，而条形建筑的屋顶与外墙的面积比大于相同体形系数的方形建筑。

2.3.2 建筑自遮阳对能耗的影响

在夏热冬冷地区，太阳辐射通过外窗进入室内的热量远远大于太阳辐射通过墙体进入室内的热量，所以忽略建筑本体对外墙形成的遮阳，只考虑建筑本体对外窗的遮阳情况。以基准建筑为例，建立一个方形的对比建筑(图 2.18)。

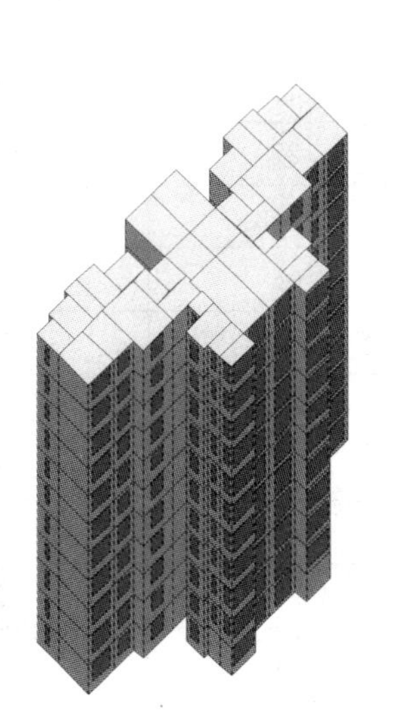

图 2.18 基准建筑与对比建筑模型

对比建筑的外围护结构(包括地面)与基准建筑完全相同，包括对比建筑与基准建筑在各个朝向的外墙和外窗的面积及热工性能相同，屋面和地面面积及热工性能相同；由于对比建筑屋面和地面面积大于基准建筑，对屋面和地面大于基准建筑的部分采用绝热板填充。这样，就保证了对比建筑和基准建筑由于室内外温差传热引起的能耗相同，两者的能耗差异就主要体现在太阳辐射得热，尤其是通过外窗进入室内的太阳辐射得热部分。由于对比建筑是方形，各个朝向的外窗不受建筑本体的遮挡，通过改变对比建筑外窗的遮阳系数使其能耗基本与基准建筑相同，就可以说明基准建筑受本体的遮阳程度。室内扰量设为0，冷热源为家用全空气热泵型空调器，额定能效比采暖为2.7，制冷为2.7。室内设定温度为采暖18℃，制冷26℃。基准建筑与对比建筑主朝向相同，为南向。

建筑围护结构传热系数值见表2－8。

表2－8 基准建筑与对比建筑围护结构传热系数值

围护结构	外墙	外窗	屋面	地面
传热系数 K/[W/(m² · K)]	1.52	3.2	0.78	1.65

当外窗遮阳系数均为1.0时，对比建筑空调耗冷量大于基准建筑，采暖耗热量小于基准建筑，符合基准建筑本体遮阳对能耗影响的规律，见表2－9。

表2－9 基准建筑与对比建筑负荷计算表

城市	项　　目	外窗遮阳系数	空调耗冷量/(kW · h)	采暖耗热量/(kW · h)
重庆	基准建筑	1.0	225732	149769
	对比建筑	1.0	246392	135182
		0.9	225541	141991
成都	基准建筑	1.0	175186	164252
	对比建筑	1.0	197454	147665
		0.9	178163	157737
上海	基准建筑	1.0	253403	136341
	对比建筑	1.0	288238	107380
		0.85	248946	126388
		0.8	234903	133197
武汉	基准建筑	1.0	322461	149625
	对比建筑	1.0	359588	119295
		0.85	317885	138161
		0.8	304125	144970
合肥	基准建筑	1.0	309129	162142
	对比建筑	1.0	343985	132487
		0.85	299870	152063
		0.8	285117	158871
长沙	基准建筑	1.0	274552	155284
	对比建筑	1.0	314764	139154
		0.85	277883	155183

表 2-9 为基准建筑与对比建筑在夏热冬冷地区 6 个代表城市的负荷比较，表中数值指建筑总负荷。降低对比建筑的外窗遮阳系数，空调耗冷量会降低，采暖耗热量会增加。当成都与重庆对比建筑外窗遮阳降低为 0.9 时，建筑负荷与基准建筑相当；长沙则为 0.85；上海、武汉、合肥 3 个城市当遮阳系数降低为 0.85 时，空调耗冷量与基准建筑比较接近，但采暖耗热量此时与基准建筑相差较大，当遮阳系数为 0.8 时，3 个城市采暖耗热量与基准建筑很接近。当把基准建筑自遮阳反映到对比建筑外窗的遮阳上时，上海、武汉和合肥夏季遮阳系数与冬季遮阳系数不相同，这是因为一栋建筑的自身情况很复杂，各个朝向的外窗受到建筑本体的遮挡情况不一致，同时将外墙受到的遮阳也折算到了外窗的遮阳上。

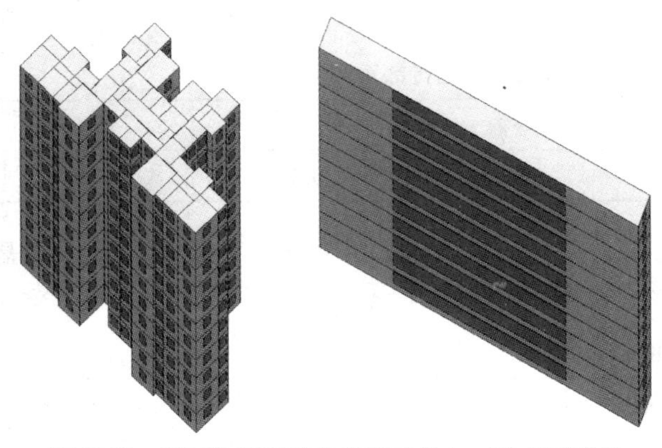

图 2.19　相同体形系数的实际建筑与对比条形建筑

以一个实际建筑为例，将其转换为相同体形系数的一个极长条形建筑，各朝向平面无凹凸设计，外墙不受建筑自遮挡的影响，保证主朝向窗墙面积比与实际建筑相同，如图 2.19 所示。同时，为研究不同朝向的建筑能耗差异，通过分别改变建筑的朝向，对比分析了 4 个代表城市在东、南、西和北 4 个主朝向时，实际建筑与同体形系数的条形建筑的空调耗冷量与采暖耗热量。计算结果如表 2-10 所示。

表 2-10　相同体形系数条件下建筑自遮挡、朝向影响对比

单位：kW・h/(m² ・a)

建筑平面	项　目	朝向	城　市			
			重庆	南京	上海	成都
条形无自遮挡	空调耗冷量	朝南	49.24	50.83	51.62	33.6
	采暖耗热量		34.21	41.3	33.93	36.4
	冷、热量合计		83.45	92.13	85.55	70
实际有自遮挡	空调耗冷量	朝南	30.33	29.96	30.97	21.79
	采暖耗热量		23.96	29.12	25.05	27.82
	冷、热量合计		54.29	59.08	56.02	49.61
条形无自遮挡	空调耗冷量	朝西	62.8	61.56	62.73	46.98
	采暖耗热量		35.71	46.67	39.34	38.7
	冷、热量合计		98.51	108.23	102.07	85.68
实际有自遮挡	空调耗冷量	朝西	31.1	30.19	31.18	21.37
	采暖耗热量		28.08	35.96	31.84	33.09
	冷、热量合计		59.18	66.15	63.02	54.46

（续）

建筑平面	项　目	朝向	城　市			
			重庆	南京	上海	成都
条形无自遮挡	空调耗冷量	朝北	49.24	50.84	51.64	33.61
	采暖耗热量		34.21	41.29	33.93	36.41
	冷、热量合计		83.45	92.13	85.57	70.02
实际有自遮挡	空调耗冷量	朝北	30.22	29.43	29.84	19.91
	采暖耗热量		25.29	36.85	33.37	26.11
	冷、热量合计		55.51	66.28	63.21	46.02
条形无自遮挡	空调耗冷量	朝东	62.83	61.59	62.77	47.04
	采暖耗热量		35.69	46.65	39.33	38.68
	冷、热量合计		98.52	108.24	102.1	85.72
实际有自遮挡	空调耗冷量	朝东	31.6	31.44	31.86	21.36
	采暖耗热量		24.02	33.21	29.08	24.66
	冷、热量合计		55.62	64.65	60.94	46.02

计算结果表明，由于平面布置形成的建筑自遮挡对空调与采暖的冷热耗量影响显著。由于能耗基数不同，不同城市增加的程度不同。所以，由于建筑自身，尤其是东西向建筑的凹、凸平面设计所形成的自遮挡对降低采暖空调耗电量有显著作用。条形建筑的空调耗冷量比实际建筑高，空调期能耗受太阳辐射影响很大，建筑自遮挡对外墙及外窗负荷有显著作用，因而条形无自遮挡建筑空调耗电量比相同体形系数的实际建筑高。

建筑朝向对空调与采暖的冷热耗量影响也很显著。同样建筑平面时，东向和西向的冷热耗量最大，而南向和北向的冷热耗量较小。由于标准中规定建筑朝向宜南向布置，所以能耗限值计算的建筑也以南北向设定。对于非南北向设计的建筑，要达到权衡判断的节能标准，需要采取其他相应的隔热或遮阳技术措施，以进一步提高其围护结构热工性能。

2.3.3 模拟基准建筑与低能耗节能建筑的节能率比较

采用第二组模型，取窗墙面积比40%，与20世纪80年代长江流域地区居住建筑为基准建筑进行比较。以重庆为例，设定了3种节能情况，分别为节能建筑1、节能建筑2和节能建筑3，其设定条件详见表2-11。基准建筑设备设置为电热器采暖(COP①=1.0)，夏季为空气源空调器(COP=2.2)；换气次数取1.5次/h，基准建筑与节能建筑的室内使用情况相同，室温设定相同。以重庆为例，基准建筑的能耗水平见表2-12。

① COP全称为coefficient of performance，即能效系数。

表 2－11　基准建筑与节能建筑设定条件

节能情况	传热系数 $K/[W/(m^2 \cdot K)]$			遮阳系数（东、西、南/北）	能效比（采暖/空调器）	换气次数/(次/h)
	外墙	屋面	外窗			
基准建筑	2.0	1.6	6.4	—	1.0/2.2	1.5
节能建筑 1	1.5	0.8	3.2	0.6/0.7	1.0/2.2	1.5
节能建筑 2	1.5	0.8	3.2	0.6/0.7	1.9/2.3	1.0
节能建筑 3	1.5	0.8	3.2	0.6/0.7	2.7/2.7	1.0

表 2－12　基准建筑能耗水平（重庆）　　单位：$kW \cdot h/m^2$

体形系数	0.40	0.35	0.30
采暖耗热量	52.22	46.33	40.45
空调耗冷量	66.69	63.27	59.84
采暖耗电量	65.96	52.07	38.18
空调耗电量	28.15	26.70	25.25
总耗电量	94.11	78.77	63.43

节能建筑 1 分析了在标准规定性指标组合下，改善围护结构的热工性能对节能率的贡献程度；节能建筑 2、3 为标准规定性指标组合下设备性能的提升对节能率的贡献程度。表 2－13 列出了 3 种体形系数下，节能建筑 1～3 的节能率。

表 2－13　节能率分析

体形系数	0.40	0.35	0.30
节能建筑 1	36%	39%	43%
节能建筑 2	61%	59%	56%
节能建筑 3	76%	67%	58%

从表 2－13 的计算结果得出：节能建筑 1 在 20 世纪 80 年代水平的基础上进行围护结构热工性能的改善，对提高节能率有显著作用；节能建筑 3 在标准规定性指标及提高设备性能的综合作用下，能够达到并超过节能 50%的目标；节能建筑 2、3 与节能建筑 1 相比，体形系数越大的建筑节能率提高更显著。同时，在规定性能指标下，进一步提高设备能效比可以提高建筑节能率，但会使尤其是小体形系数(0.30)建筑的节能率的增长幅度下降。

2.3.4　居住建筑节能设计

建筑平面布置、朝向对能耗水平影响显著。在按体形系数设定能耗基数的条件下，小体形系数建筑若要达到节能 65%的目标还需要采取其他有效的技术途径。但若不分析体形系数大小的影响，统一设定能耗基数，则小体形系数容易达到节能 65%的目标，而大体形系数则困难。可见，要实现低能耗住宅的节能率，必须充分考虑住宅空调方式和提高设备能效对住宅综合节能的贡献率。由于建筑本体的自遮挡能减少太阳辐射对外墙和外窗的影响，有利于降低建筑能耗，提高建筑节能水平。由于影响建筑能耗的因素错综复杂，单独对任意因素的分析都有局限。

2.4 建筑节能评价方法和指标及能耗模拟

2.4.1 节能建筑的评价方法和指标

建筑节能评价的方法包括访谈调查法、抽样调查法、观察法、文献法、问卷调查法和实验法。国外建筑节能主要运用较完善的评估程序、评估指标、评估方法和评估规范，对建筑节能、建筑节能措施及其在建筑环境中对各种活动的实际作用、影响进行客观、公正、科学的评价。

在各国的建筑节能设计标准或规范中，节能建筑的评价指标或方法主要分为三类：规定性指标(compulsory index)、性能性指标(performance index)和建立在建筑能耗模拟基础上的年能耗评价指标。

1. 规定性指标

规定性指标主要是对各能耗系统，如围护结构的传热系数、体形系数、窗墙面积比和遮阳系数，以及采暖、空调器和照明设备最小能效指标等，所规定的一个限值，凡是符合所有这些指标要求的建筑，运行时能耗比较低，可以被认定为节能建筑。属于此类的参数有围护结构各部位的传热系数或传热热阻 R、热损失系数［规定每度室内外温差单位时间每平方米建筑面积的热损失不超过法定的指标，W/(m^2·K)］、空调系统的季节能效比(seasonal energy efficiency ratio，SEER)、供热季节性能系数(heating season performance factor，HSPF)、综合部分负荷值(integrated part load value，IPLV)、能效比和 COP 等。

2. 性能性指标

性能性指标不具体规定建筑局部的热工性能，但要求在整体综合能耗上满足规定要求，某一节能目标可以通过各种手段和技术措施来实现。它允许设计师在某个环节上有一定的突破，从而为设计师提供了较大的自由发挥空间，鼓励了创新，满足了设计师在自由设计和建筑节能规范控制两方面的需求。此类指标对于围护结构有总传热值(overall thermal transfer value，OTTV)和周边全年负荷系数(perimeter annual load，PAL)等评价指标，对于空调系统则有空调能源消费系数(coefficient of energy consumption for air conditioning，CEC/AC)等评价指标。日本在建筑设备能效方面有一个完整的指标体系，除了针对空调系统的 CEC/AC 指标以外，还有 CEC/V(coefficient of energy consumption for ventilation)、CEC/L(coefficient of energy consumption for lighting)、CEC/HW(coefficient of energy consumption for hot water supply)和 CEC/EV(coefficient of energy consumption for elevator)等。

3. 年能耗评价指标

年能耗评价指标综合了影响建筑能耗的各个方面因素，包括围护结构、空调系统和其他建筑设备等。其中，最具有代表性的是美国暖通空调和制冷工程师协会提出的能量费用预算法(能耗准则数)。它根据实际设计的建筑物构造一个标准建筑物(参考建筑物)，然后通过能耗模拟计算软件分别计算设计建筑物的年能耗费用(design energy consumption，DEC)和标准建筑物的年能耗费用(standard energy consumption，SEC)，如果计算结果满足 DEC≤SEC 或量纲指标 E=DEC/SEC≤1 则认为达到了要求，否则就得采取一定的节能措施和节能设计方法，按照设计建筑物的现场条件修改设计建筑物，直到上式成立。

商业建筑一般指商场、写字楼、宾馆和酒店等，舒适性要求高，连续使用时间长，人员密度相对较高、室内各种发热设备多，单位面积能耗高，节能潜力大。现有的商业建筑总能耗指标主要有以下 4 个。

空调能量消费系数是由日本提出的建筑物空调系统的节能评价方法，通过比较空调设备(冷热源、冷却塔、风机、水泵等）全年运行的总能源消耗量和通过计算得到的假想的空调负荷全年累计值相比，来判断建筑物的节能性能和设备的能源利用效率。

全年空调区单位面积电耗指标 [the annual electricity consumption for air-conditioning each m^2 of the air-conditioned area，AEC($kW \cdot h/m^2$)]，是根据实际的电耗调查数据，拟合得到电耗和相关因素的关系式，包括窗户和墙的面积及传热系数、风机水泵的装机容量和运行方式(一次泵或二次泵、是否变频)、室内人员灯光散热量、室内设定温度等。以酒店类建筑为例，调查数据表明，美国为 $401kW \cdot h/m^2$，加拿大为 $688.7kW \cdot h/m^2$，英国为 $715kW \cdot h/m^2$。

用能强度指标(energy consumption intensity，EUI)，是建筑物单位面积的总能耗指标，以宾馆为例，EUI 受到宾馆星级、客房入住率、总建筑面积、建造年代、客房数、餐饮用房等多个因素的影响。EUI 可作为能耗评价的一个指标，但是很难由此数值单一地来判断能耗的使用情况和节能潜力。

能耗指标(energy consumption index，ECI)，是实际能源消耗和设计能耗的比值。ECI 要比 AEC 和 EUI 区分详细，具体有 4 个相关的指标，涉及总电耗、总热耗、制冷机电耗、制冷机以外设备电耗四项。

DEC 和 SEC 是 ASHRAE 90.1 提出的根据实际设计的建筑物构造标准建筑物，然后用能耗模拟计算软件分别计算 DEC 和 SEC。

商业建筑总能耗评价指标将确定性负荷和不确定性负荷对能耗的影响结合起来考虑计算，模糊了各个因素的影响。因此，可操作的能耗指标体系和评估方法应区别两类负荷，用定量计算和定性分析相结合的手段进行评价。

2.4.2 建筑能耗模拟

建筑环境是由室外气候条件、室内各种热源的发热状况及室内外通风状况所决定的。建筑环境控制系统的运行状况也必须随着建筑环境状况的变化而不断进行相应的调节，以实现满足舒适性及其他要求的建筑环境。由于建筑环境变化是由众多因素所决定的一个复杂过程，因此只有通过计算机模拟计算的方法才能有效地预测建筑环境在没有环境控制系统时和存在环境控制系统时可能出现的状况，如室内温湿度随时间的变化、采暖空调系统的逐时能耗及建筑物全年环境控制所需的能耗。建筑模拟主要在如下两方面得到广泛的应用：建筑物能耗分析与优化及空调系统性能分析和优化。

1. 建筑能耗模拟方法

进入20世纪90年代，模拟技术的研究重点逐渐从模拟建模(simulation modeling)向应用模拟方法(simulation method)转移，即研究如何充分地利用现有的各种模型和模拟软件，使模拟技术能够更广泛、更有效地应用于实际工程的方法和步骤，已经在建筑环境等相关领域得到了较广泛的应用，贯穿于建筑设计的整个寿命周期，包括设计、施工、运行、维护和管理等。建筑能耗模拟主要表现在以下几方面：建筑冷/热负荷计算，用于空调设备的选择；在设计或者改造建筑时，对建筑进行能耗分析；建筑能耗的管理和控制模式的制定，帮助制定建筑管理控制模式，以挖掘建筑的最大节能潜力；与各种标准规范结合，帮助设计人员设计出符合当地节能标准的建筑；对建筑进行经济性分析，使设计者对所设计的方案在经济上的费用有清楚的了解，有助于设计者从费用和能耗两方面对设计方案进行评估。

详细的建筑能耗模拟软件通常是逐时、逐区模拟建筑能耗，考虑了影响建筑能耗的各个因素，如建筑围护结构、HVAC(heating ventilation and air conditioning，供热通风与空气调节)系统、照明系统和控制系统等。详细的建筑能耗模拟软件按照系统模拟策略可分为两类：顺序模拟(图2.20)和同步模拟(图2.21)。

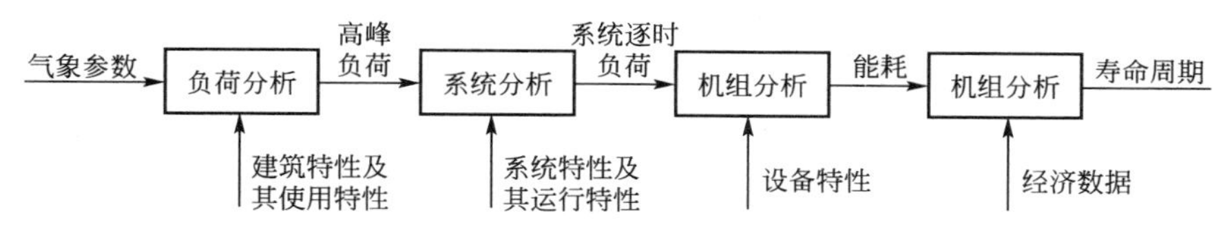

图2.20 顺序模拟法

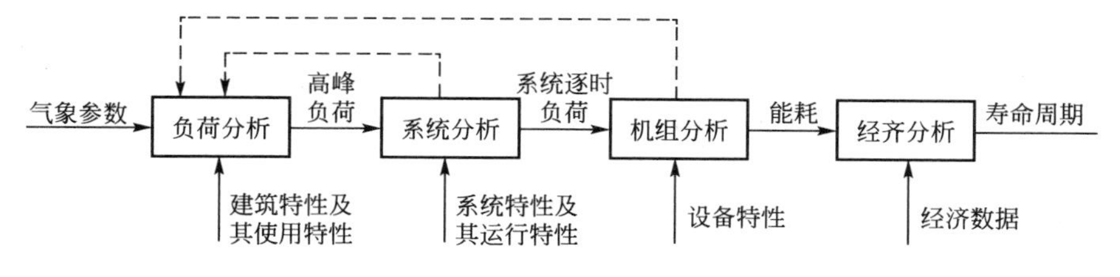

图2.21 同步模拟法

在顺序模拟方法中，首先计算建筑全年冷热负荷，其次计算二次空调设备的负荷和能耗，再次计算一级空调设备的负荷和能耗，最后进行经济性分析。在顺序模拟方法中，每一步的输出结果是下一步的输入参数。顺序模拟方法节约了计算机内存和计算时间，但是建筑负荷、空调系统和集中式空调机组三者之间缺乏联系；如果空调设备无法满足建筑冷热负荷的要求，就会产生错误。在同步模拟方法中，考虑了建筑负荷、空调系统和集中式空调机组之间的相互联系。同步模拟方法与顺序模拟方法不同，在每一时间段同时对建筑冷热负荷、空调设备和机组进行模拟、计算。同步模拟法提高了模拟的准确性，但需要更多的计算机内存和计算时间。

建筑能耗模拟软件有许多，但在全世界范围内有影响且可以免费获取的能耗软件只是少数。国外较常用的建筑能耗模拟软件有 DOE-2、BLAST、COMBINE、TRNSYS、ESP、HVACSIM+、EnergyPlus、SPARK、TRACE 等；国内较有影响的建筑能耗模拟软件是清华大学开发的 DeST。当然，除了详细的建筑能耗模拟软件外，还有相对简单的建筑能耗模拟软件。例如，美国得克萨斯州大学开发的建筑能耗模拟软件 ENER - WIN，ENE - RWIN 是用 FORTRAN 语言编写的，能够评估建筑全年能耗特性。如果是进行系统或方案比较、研究建筑能耗趋势，简单的能耗模拟软件已经足够。

2. 各种能耗模拟软件比较

(1) DOE - 2.1E 适用范围。逐时能耗分析，HVAC 系统运行的寿命周期成本(life cycle cost，LCC)。适用各类住宅建筑和商业建筑。有 20 种输入校核报告、50 种月度或年度综合报告、700 种建筑能耗逐时分析参数，用户可根据具体需要选择输出其中一部分。当前最强大的模拟软件，其 BDL 内核为类似多种软件使用。有非常详细的建筑能耗逐时分析报告，可处理结构和功能较为复杂的建筑。但是它是 DOS 操作界面，输入较为麻烦，须经过专门的培训；对专业知识要求较高。

(2) BLAST 适用范围。工业供冷，供热负荷计算，建筑空气处理系统及电力设备逐时能耗模拟。输入文件可由专门的模块 HBLC 在 Windows 操作环境下输入，也可在记事本中直接编辑。基于 Windows 的操作界面、结构化的输入文件，可分析热舒适度、高强度或低强度的辐射换热，进行变传热系数下能耗分析。只有对专业知识和工程实际有较深刻的理解，才能设计出符合要求的模型。

(3) EnergyPlus 适用范围。多区域气流分析，太阳能利用方案设计及建筑热性能研究。简单的 ASCII 输入、输出文件，可供电子数据表做进一步的分析。新版本的 EnergyPlus(Release 1.0.2)提供了即时的关键词解释，使得操作变得更加简单。但对建筑的描述简单，输出文件不够直观，需经过电子数据表做进一步处理。

(4) ENER-WIN 适用范围。瞬时热流计算，能耗分析，寿命周期成本分析，非空调区的浮动温度，大型商业建筑。提供了一个简单的画板输入建筑的基本布局、建筑围护结构的热工性能、室内逐时温度设定。表格和图像形式的月度、年度能耗报告。图形操作界面可用紧凑模式的气候资料做替代设计方案的快速测试，有较为合理的缺省值。建筑可超过 98 个分区，提供 20 多种墙、窗类型。但算法较为简单，只有 9 种 HVAC 系统可供选择。

(5) Energy-10 适用范围。方案设计阶段建筑能耗评价，逐时空调能耗分析和照明计算，住宅建筑和小型商业建筑。12 种 HVAC 系统选一。基于当前方案与标准方案(当前共有 12 种能量效率策略)之间比较的汇总图表(27 种图形表达方式)，也可生成详细的报表。易于操作，快速、准确。但建筑描述过于简单，只能用于小型建筑(建筑面积小于 $10000ft^2$，$1ft^2=9.290304\times10^{-2}m^2$)和小型 HVAC 系统。

(6) TRNSIS 适用范围。HVAC 系统和控制分析，多区域气流分析，太阳能利用方案设计及建筑热性能研究。基本输出格式为 ASCII，包括寿命周期成本、月度和年度能耗报告。频率曲线，绘出预期参数曲线。它是当前最灵活的模拟软件。用户可自定义标准库中没有的组件，有强大的帮助系统，可分时段模拟，可直接导入 CAD 生成的建筑布局作为热工模型的基础。但没有为建筑和 HVAC 系统设定合理的缺省值，用户必须逐项输入两者较为详细的信息。

(7) HOT2 XP 适用范围。能耗模拟，负荷计算，住宅建筑。输入包括建筑特性描述、HVAV 系统的详细说明、所消耗的燃料类型。有图形和文本两种格式的输出文件，可供电子数据表做进一步处理。为图形界面。考虑到了热桥的作用，有非常详细的空气渗透模型和热损失模型，提供了广泛的 HVAC 系统形式和多种燃料类型，但无法进行多区域 HVAC 系统的模拟。

(8) SPARK 适用范围。能耗模拟，复杂布局的住宅建筑和商业建筑。是用符号表示的计算模型(可自定义或者从列表中选取)，系统运行参数。图形输出分析后的结果。有复杂的建筑围护结构建模、复杂的 HVAC 系统建模，多样的时间间隔可供选择。图形编辑器简化了对建筑物的描述，预置了多种 HVAC 系统。需较高的电脑操作技巧，熟悉 HVAC 系统运行原理。

(9) ESP-r 适用范围。可对影响建筑能源特性和环境特性的因素做深入的评估。内置 CAD 绘图插件，或者直接导入 CAD 文件，HVAC 系统的详细描述。比较接近实际，能进行整体性的评价。可模拟和分析当前比较前沿或创新技术。操作人员需要有较强的专业知识，须对专业知识有较深入的理解。

2.5 BIM 技术在建筑节能规划设计中的应用

2.5.1 概述

BIM 是以三维数字技术为基础的，集成了建筑工程项目各种相关信息的工程数据模型，是对工程项目设施实体与功能特性的数字化表达。

一个完善的 BIM，能够连接建筑项目生命期不同阶段的数据、过程和资源，是对工程对象的完整描述，可被建设项目各参与方普遍使用。BIM 具有单一工程数据源，可解决分布式、异构工程数据之间的一致性和全局共享问题，支持建设项目生命期中动态的工程信息创建、管理和共享。BIM 同时又是一种应用于设计、建造、管理的数字化方法，这种方法支持建筑工程的集成管理环境，可以使建筑工程在其整个进程中显著提高效率和大量减少风险。BIM 一般具有以下特征。

(1) BIM 的完备性。除了对工程对象进行三维几何信息和拓扑关系的描述外，还包括完整的工程信息描述，如对象名称、结构类型、建筑材料、工程性能等设计信息；施工工序、进度、成本、质量及人力、机械、材料资源等施工信息；工程安全性能、材料耐久性能等维护信息；对象之间的工程逻辑关系等。

(2) BIM 的关联性。BIM 中的对象是可识别且相互关联的，系统能够对 BIM 进行统计和分析，并生成相应的图形和文档。如果模型中的某个对象发生变化，与之关联的所有对象都会随之更新，以保持模型的完整性和一致性。

(3) BIM 的一致性。在建筑生命期的不同阶段，BIM 是一致的，同一信息无须重复输入，而且 BIM 能够自动演化，模型对象在不同阶段可以简单地进行修改和扩展而无须重新创建，避免出现信息不一致的错误。

2.5.2 BIM主要功能分析

BIM支持建筑师和工程师在实际建造前使用数字设计信息分析和了解项目性能。通过同时制定和评估多个设计方案，建筑师和设计师即可轻松比较并制定更明智的可持续设计决策。Autodesk Revit Architecture设计模型专门用于可持续性分析，甚至在早期的概念设计阶段也可实现分析计算。建筑中墙体、窗体、屋顶、地板和室内隔断的布局确定后，设计师便可对创建Revit模型时采用的信息进行分析。在CAD工作流程中进行上述分析非常困难，用户必须导出并详细设置CAD模型，以供分析程序之用。使用Autodesk Ecotect Analysis分析来自Revit BIM流程的早期建筑设计，可以有效简化分析过程。

1. 整体建筑能耗、水耗和碳排放分析

Autodesk Ecotect Analysis用户能够在subscription维护暨服务合约有效期内使用Autodesk Green Building Studio基于Web的服务。该Web服务支持建筑师(大多数建筑师没有就这类分析接受过专门培训)能更快、更准确地分析整体建筑能耗、水耗和碳排放，轻松评估Revit建筑设计的碳排放。

2. 在线能耗分析

Autodesk Green Building Studio Web服务支持建筑师及其他用户在各自设计环境中，直接通过互联网对Revit建筑设计进行更加快速的分析。这有助于优化整个分析流程，并且使建筑师更及时地获得与各项设计方案有关的反馈，进而提高绿色设计的能效和成本效率。

根据建筑物的大小、类型和位置(这些因素均会影响水电成本)，该Web服务使用地区建筑标准和规范做出智能的假设，以此确定适当的材质、结构、系统和设备等默认属性。利用简单的下拉菜单，建筑师能够快速改变所有这些设置，以此定义具体的设计属性；不同的建筑朝向、K值更低的玻璃窗或四管制风机盘管的HVAC系统。该服务采用精确的每小时天气数据及历史雨水数据，这些数据能够精确到特定建筑周围9mile(1mile＝1.609344km)的范围内。

3. 分析结果

该服务在几分钟内便可计算出建筑的碳排放，并且支持用户在Web浏览器中查看输出结果，其中包括估算能耗和成本概述及建筑的潜在碳中性。用户可以更新这些服务所用的设置并重新进行分析，或在Revit系列软件中修改建筑模型后重新进行分析，以此评估各项设计方案。输出结果还可概述水耗和成本及电力和燃料成本；计算“能源之星”评分；评估可能的太阳能和风能；计算LEED采光评分及评估可能的自然通风情况。与大多数分析结果不同，Autodesk Green Building Studio报表更加简洁易懂，建筑师及其他用户可以充分利用其中的信息制定更加绿色的设计决策。

4. 使用环境因素设计

Autodesk Ecotect Analysis中的桌面工具提供了广泛的功能和仿真特性，能够帮助建筑师和其他用户在早期设计阶段了解环境因素对于建筑运营和性能的影响。

作为一款环境分析工具，Autodesk Ecotect Analysis 专门面向建筑师和建筑设计流程，支持设计师在概念设计流程早期对建筑项目的性能进行仿真。Autodesk Ecotect Analysis 具有广泛的分析功能，其中包括阴影、遮蔽、阳光、采光、供暖、通风和声音效果，并且能够以高度可视化的方式，交互地在建筑模型环境中直接显示分析结果。可视化效果使该软件能够更加高效地解读复杂的概念和广泛的数据集，帮助设计师快速处理多方面的性能问题，同时方便用户轻松高效地“塑造”和修改设计，减少建筑对环境的影响。

Revit 设计模型支持以 gbXML 格式导出，而且能够直接导入 Autodesk Ecotect Analysis，用以在整个设计流程中进行仿真和分析。在设计流程初期，设计师可结合使用早期 Autodesk Revit Architecture 实体模型及 Autodesk Ecotect Analysis 中的地址分析功能，根据基本环境因素(如光照、遮蔽、阳光入射和视觉影响)，决定建筑的最佳地点、外形和朝向。随着概念设计工作的持续进行，设计师可通过集成的 Autodesk Green Building Studio 对整个建筑的能耗、水耗和碳排放进行分析，使能耗符合标准并获知推荐的潜在节能区域。当这些基本设计参数确定后，设计师可根据环境因素，再次使用 Autodesk Ecotect Analysis 重新安排房间和区域，调整单个孔径的尺寸和外形，设计定制的遮蔽装置或选择特定的材质。Autodesk Ecotect Analysis 还可用于详细设计分析。

5. 可视化效果

以可视化和交互的方式显示分析结果是该软件的一项特色功能。传统建筑性能分析软件最大的缺陷是无法帮助设计师轻松解读分析结果。Autodesk Ecotect Analysis 能够通过基于文本的报表和可视化视图为设计师提供实用的反馈信息。这类可视化视图并不只是图表和图形，分析结果将直接在模型视图环境中显示出来——阴影动画由投影分析功能生成；入射阳光等曲面映射信息；房间内的采光或热舒适度分配等空间体积渲染信息。

这类可视化反馈信息能够帮助设计师更轻松地实时了解和交互使用分析数据。例如，设计师可以旋转曲面映射日光照射视图，查找其中各个表面的光照变化，或观看连续的阳光照射动画，以此了解阳光与专用导光板之间的交互效果。

借助 Autodesk Ecotect Analysis，建筑师能够查看建筑模型环境中的分析结果，如日光照射分析的曲面映射结果；Autodesk Ecotect Analysis 软件还能够通过空间体积渲染图显示分析结果，如图 2.22 所示为城市建筑环境日照分析结果。

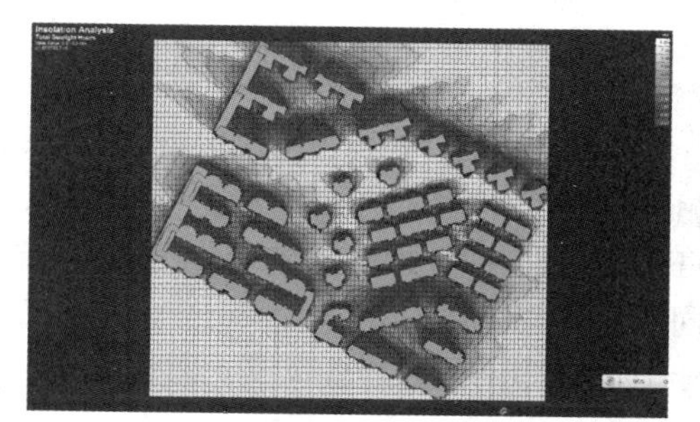

图 2.22 城市建筑环境日照分析结果

6. 实时建筑性能分析

在早期的概念设计流程中，Autodesk Ecotect Analysis 和 Autodesk Revit Architecture 可用于进行多种分析。例如，设计师可以进行遮蔽、日光入射和气流分析，以此反复设计外形和朝向，在不影响邻近建筑采光权的情况下最大化本建筑的性能。随着设计工作的进展及定义建筑导热区域所用元素(墙体、窗体、天花板、地板和室内隔断墙的布局)的确定，Revit 模型可用于房间相关的计算，如平均采光参数、回响时间及能够直接看到外部景色的楼层面积。

Revit 模型还能支持设计师在遮蔽、光照和声效等方面进行更细致的分析。例如，设计师可以结合使用 Autodesk Ecotect Analysis 及 Autodesk Revit Architecture 创建的遮板设计模型，对建筑设计在全年不同环境中的性能进行仿真。建筑师还能使用 Autodesk Ecotect Analysis 评估 Revit 设计的声适度，然后调节声源的位置、室内墙体布局或声音反射器的几何图形，以此实现最佳的声适度。

2.5.3 基于 BIM 技术的建筑节能设计

利用 BIM 技术，建筑师在设计过程中创建的虚拟 BIM 已经包含了大量设计信息，包括几何信息、材料性能、构件属性等，只要将 BIM 导入相关的能量分析软件，就可以得到相应的能量分析结果。原本需要专业人士花费大量时间输入大量专业数据的过程，如今利用先进的计算机技术就可以自动完成，建筑师不需要额外花费精力。

在建筑设计的方案阶段，能充分利用 BIM 和能量分析工具，简化能量分析的操作过程，是建筑师进行绿色建筑设计迫切需要解决的问题。目前，美国的 Green Building Studio 可以满足建筑师的这一需求。Green Building Studio 直接从 BIM 软件中导入 BIM，利用其中包含的大量建筑信息来建立一个准确的热模型，并将其转换成 XML 格式，并根据当地建筑标准和法规，对不同的建筑空间类型进行智能化的假定。最后结合当地典型的气候数据，采用 DOE - 2.2 模拟引擎进行逐时模拟。每年能量消耗、费用及一系列建筑采暖制冷负荷、系统数据都能立刻展现出来。而整个过程中，建筑师只需在 Green Building Studio 中手动输入建筑类型和地理位置即可。Green Building Studio 还能输出 gbXMl、3D-VRML、DOE-2.2 等文件格式，可以利用其他工具诸如 Trane 的 Trace-700，或 eQuest、EnergyPlus 等对建筑能效进行进一步的分析。

在建筑设计基本完成之后，需要对建筑物的能效性能进行准确的计算、分析与模拟。在这方面，美国的 EnergyPlus 软件是其中的佼佼者。EnergyPlus 是一个建筑全能耗分析(whole building energy analysist)软件，是一个独立的没有图形界面的模拟软件，包含上百个子程序，可以模拟整个建筑的热性能和能量流、计算暖通空调设备负荷等，并可以对整个建筑的能量消耗进行分析。

在 CAD 的二维建筑设计环境下，运行 EnergyPlus 进行精确模拟需要专业人士花费大量时间，手工输入一系列大量的数据集，包括几何信息、构造、场地、气候、建筑用途及 HVAC 的描述数据等。然而在 BIM 环境中，建筑师在设计过程中创建的 BIM 可以方便地同第三方设备结合，从而将 BIM 中的 IFC 文件格式转化成 EnergyPlus 的数据格式。另外，通过 Green Building Studio 的 gbXML 也可以获得 EnergyPlus 的 IDF 格式。

BIM 与 EnergyPlus 相结合的一个典型实例是位于纽约“9·11”遗址上的世界贸易中心一号大楼。在世界贸易中心一号大楼的能效计算中，美国能源部主管的加利福尼亚大学“劳伦斯伯克利国家实验室”(Lawrence Berkeley National Laboratory，LBNL)充分利用了 Archi - CAD 创建的虚拟建筑模型和 EnergyPlus 能量分析软件。世界贸易中心一号大楼设计的一大特点是精致的褶皱状外表皮。LBNL 利用 Archi CAD 软件将这个高而扭曲的建筑物的中间(办公区)部分建模，将外表几何形状非常复杂的模型导入了 EnergyPlus，模拟了选择不同外表皮时的建筑性能，并且运用 EnergyPlus 来确定最佳的日照设计和整个建筑物的能量性能，最后建筑师根据模拟结果来选择最优化的设计方案。

除以上软件以外，芬兰的 Riuska 软件等，都可以直接导入 BIM，方便快捷地得到能量分析结果。

BIM 的广泛应用，推动了设计方法的革命，其变化主要体现在以下几个方面：从二维设计转向三维设计；从线条绘图转向构件布置；从单纯几何表现转向全信息模型集成；从各工种单独完成项目转向各工种协同完成项目；从离散的分步设计转向基于同一模型的全过程整体设计；从单一设计交付转向建筑全生命周期支持。BIM 技术与协同设计(协同设计是指为了完成某一设计目标，由两个或两个以上设计主体，通过一定的信息交换和相互协同机制，分别以不同的设计任务共同完成这一设计目标)技术将成为互相依赖、密不可分的整体。BIM 带来的不仅是技术，也将是新的工作流程及新的行业惯例。

本章小结

本章主要讲述建筑节能规划设计的基本概念、设计方法与流程，对住宅节能设计的主要因素进行了计算分析，并介绍了建筑节能评价指标与能耗模拟方法，结合 BIM 技术分析了建筑节能协同设计的发展特点。

本章的重点是建筑全过程节能设计的内容及方法。

思考题

1. 什么是建筑节能规划设计？在建筑寿命周期中，建筑节能规划设计处于什么地位？
2. 建筑气候与建筑节能规划设计有何联系？不同气候地区建筑节能规划设计的重点是什么？
3. 居住建筑节能设计主要考虑哪些因素？
4. 节能建筑评价方法有哪些？其含义是什么？
5. 建筑节能评价指标有哪些？目前国内主要采用的指标体系是什么？
6. 国内外主要的建筑能耗模拟软件有哪些？简要叙述其各自优缺点、主要适用范围。
7. 什么是 BIM 技术？在建筑节能设计中，BIM 技术如何影响协同设计？
8. 请查阅文献，通过某建筑节能设计案例，具体说明 BIM 技术手段的应用途径和功能实现方法。

第3章
建筑节能材料与围护结构体系

教学目标

本章讲述建筑节能材料及围护结构体系的主要种类及技术特征。通过学习，学生应达到以下目标：

(1) 熟悉建筑节能材料热物理性能的主要指标；

(2) 了解不同气候地区建筑节能墙体、门窗和屋顶种类及主要技术措施；

(3) 了解建筑绿化和遮阳对建筑围护结构节能的影响；

(4) 掌握建筑合理保温隔热的原则与要求。

教学要求

知识要点	能力要求	相关知识
建筑节能材料热物理性能	(1) 熟悉建筑材料热物理指标的概念 (2) 了解指标计算方法	(1) 导热系数、热阻及传热系数 (2) 吸收率、反射率及辐射率 (3) 表面热转移系数 (4) 比热容
建筑节能墙体	(1) 了解墙体保温隔热方法 (2) 掌握不同类型墙体保温的特点	(1) 内保温复合墙体 (2) 外保温复合墙体 (3) 中间保温复合墙体与自保温体系
建筑节能门窗	(1) 了解建筑节能门窗的种类 (2) 熟悉新型节能玻璃的特点	(1) 吸热玻璃、热反射玻璃 (2) 真空玻璃、普通贴膜玻璃 (3) 低辐射玻璃、中空玻璃
建筑节能屋顶	(1) 了解节能屋顶的种类及构造 (2) 掌握不同类型屋顶的适用性	(1) 倒置屋面 (2) 通风屋面 (3) 种植屋面 (4) 蓄水屋面
建筑绿化与遮阳	(1) 了解建筑绿化的节能影响 (2) 熟悉不同的建筑遮阳方式	(1) 建筑绿化 (2) 建筑遮阳
合理保温隔热及建筑节能技术的地域性	(1) 掌握建筑合理保温隔热的原则与要求 (2) 了解建筑节能技术地域性的内涵	(1) 合理保温隔热 (2) 建筑节能技术地域性

基本概念

导热系数、热阻及传热系数，与辐射有关的表面特性：吸收率、反射率及辐射率，表面热转移系数，比热容，内保温复合墙体，外保温复合墙体，中间保温复合墙体与自保温体系，吸热玻璃，热反射玻璃，低辐射玻璃，中空玻璃，真空玻璃，普通贴膜玻璃，倒置屋面，通风屋面，种植屋面，蓄水屋面，建筑绿化，建筑遮阳，合理保温隔热，建筑节能技术地域性，合理保温隔热系数

引例

中国建筑多以混凝土结构、砌体结构及混合结构体系为主，由于这些结构形成的建筑自身特点，在实施建筑节能时通常采用外墙附贴保温隔热系统构造的方式。进入21世纪以来，随着国外先进建筑节能技术被引进，结合国内实际情况开发出了多种外保温节能技术，如：模塑聚苯乙烯泡沫塑料板(简称EPS)薄抹灰外墙外保温系统，机械固定发泡聚苯板钢丝网架板外墙外保温系统，胶粉聚苯颗粒外墙外保温系统，发泡聚苯板现浇混凝土外墙外保温系统。这些技术系统存在以下问题：防火性能较差，一般均低于B1级；耐久性、耐候性不足，保温材料使用寿命往往达不到建筑主体使用寿命的一半甚至三分之一；保温材料与主体结构结和性较差；外保温系统大大增加了外墙厚度，增加了户型的公摊建筑面积，降低了住宅的使用系数，加大了购房者的购房成本；再者，该系统现场受气候等外界影响因素较大，施工条件局限性强；该保温系统外贴面砖的耐久性和安全性，以及外挂石材导致保温系统产生的热桥等问题已充分地显现了出来。2010年11月15日，上海市静安区胶州路728号公寓大楼发生特别重大火灾事故，造成58人死亡，71人受伤，建筑物过火面积12000m^2，直接经济损失1.58亿元。据官方报道事故的直接原因是：在该公寓大楼节能综合改造项目施工过程中，施工人员违规在10层电梯前室北窗外进行电焊作业，电焊溅落的金属熔融物引燃下方9层位置脚手架防护平台上堆积的聚氨酯保温材料碎块、碎屑，造成在极短时间内形成大面积立体式大火。2011年2月3日，沈阳皇朝万鑫大厦发生火灾。该建筑是沈阳第一高楼，由三个塔楼构成，主楼A座顶尖高度219m，B、C座顶尖高度152m。火灾中B座公寓楼几乎完全烧光，只剩下主体框架，火势一度延烧至A座顶层。据沈阳市公安局通报，烟花引燃11层外阳台的塑料草坪，塑料草坪被引燃后，引燃铝塑板结合处可燃胶条、泡沫棒、挤塑板，火势迅速蔓延扩大，致使建筑外窗破碎，引燃室内可燃物，形成大面积立体燃烧。可见，从发生火灾危险源识别的角度来看，外墙保温工程的立体燃烧是一个新的危险源。

随着各地开始执行住宅建筑节能率达65%的建筑节能标准，结合新型外墙保温系统，如挤塑聚苯乙烯泡沫塑料板(简称XPS)外保温技术、胶粉聚苯颗粒复合型外保温技术(EPS系列)以及聚氨酯(简称PU)高效外保温技术，这些技术在很大程度上改善了先前保温系统的一些弊端，但仍有部分问题没能从根本上得到解决，反而使工程造价大大提高。针对上述问题，近几年出现了以加气混凝土墙体、保温夹心墙系统、现浇砌模墙体为代表的结构墙体保温隔热系统，系统以普通混凝土小型空心砌块，内填轻质保温材料，制成热工性能符合建筑节能设计标准的保温混凝土砌块，实现了普通混凝土砌块自保温、能满足单一材料作为建筑外墙的保温技术要求，由于隔热芯材单独存在于砌块中，在生产过程中不会被随意削减，砌块的隔热性能容易保证。因此，在较好地解决外保温系统各种弊端的同时，由于隔热隔音抗渗规格齐全、与建筑主体同寿命、施工便捷和技术规程配套而节约成本，现正被广泛应用于建筑领域，但该种材料在对于异形建筑和建筑尺度上局限性较大。

本章主要对建筑围护结构保温隔热体系进行介绍，以外墙、屋顶、外窗等外围护结构热工性能为基础，分析其节能特性，同时分析不同保温隔热技术的特征。

3.1 建筑材料的热物理性能

在建筑中，热量的转移可通过导热、对流、辐射及蒸发(或凝结)等4种方式产生。在建筑传热过程中，不同传热途径同时存在，如太阳能以辐射的方式射至墙面，在外表面被吸收并以导热的方式通过墙体材料，如果墙中有一个空气间层，热量即以对流及辐射的方式通过空气间层，继而再以导热的方式通过另一部分墙体，最后又靠对流传至室内空气并通过辐射传至室内其他物体的表面上。

影响室内热状况及居住者舒适感的建筑材料热物理性能有导热系数、热阻及传热系数；与辐射有关的表面特性：吸收率、反射率及辐射率；表面热转移系数；比热容等。

3.1.1 导热系数、热阻及传热系数

导热系数是材料的一种热物理性能，它决定着当材料的单位厚度内温度梯度为一单位时，在单位时间内以导热的方式通过单位面积材料的热流量。导热系数以λ表示，单位为W/(m·K)。导热系数的倒数($1/\lambda$)为材料的热阻率，导热系数和热阻率均与建筑构件的面积及厚度无关。通过一定的建筑构件(墙或屋面)的实际热流量不但取决于材料的导热系数，而且取决于该构件的厚度d。厚度愈大，热流量愈小。所以，构件的热阻r可表示为

$$r=\frac{d}{\lambda} \tag{3-1}$$

同理，构件的传热系数k可为

$$k=\frac{\lambda}{d} \tag{3-2}$$

设墙表面积为A，厚度为d，材料的导热系数为λ，如其温度梯度为t_2-t_1，则在稳定传热条件下，通过此墙体的热流量可照下式计算：

$$q_{s-s}=A\frac{\lambda}{d}(t_2-t_1) \tag{3-3}$$

式中，q_{s-s}—由较热表面传至较冷表面的热流量，W。

在计算由室内空气经过墙体传至室外空气的热流量时，与墙体表面相邻的空气边界层的热阻也必须加以考虑。在任何表面上形成的层流边界层，其厚度随着相邻空气的流速的增加而减薄。由于空气的导热系数很低，因而其热阻率就高，这样，附着于材料表面的空气膜就对通过该表面的热流施加相当的阻力。空气膜热阻的倒数称为表面热转移系数，以h_i表示内表面热转移系数，h_e表示外表面热转移系数。此系数决定着当温度梯度为一个单位时，在单位时间内通过单位表面积转移至周围空气中的热流量，其单位为W/(m^2·K)。

当计算室内与室外空气之间的热流量时，必须给墙本身的热阻r加上两个表面的热阻(表面热转移系数的倒数)。这样，单层墙对于其两侧空气间的热流的总热阻R为

$$R=\frac{1}{h_i}+\frac{d}{\lambda}+\frac{1}{h_e} \tag{3-4}$$

此热阻的倒数称为传热系数，它决定着通过建筑构件的热流量，以 K 代表，即 $K=1/R$。在稳定传热的条件下，由室内空气通过单位面积传至室外空气的热流强度 q 可由下式求出：

$$q=K(t_i-t_o) \tag{3-5}$$

式中，t_i—室内的气温；t_o—室外的气温。

当墙体由几层不同厚度、不同导热系数的材料所组成时，此组合墙的总热阻为各分层热阻之和。例如，三层墙的总热阻为

$$R=\frac{1}{h_i}+\frac{d_1}{\lambda_1}+\frac{d_2}{\lambda_2}+\frac{d_3}{\lambda_3}+\frac{1}{h_e} \tag{3-6}$$

而传热系数为

$$K=\frac{1}{R}=\frac{1}{1/h_i+d_1/\lambda_1+d_2/\lambda_2+d_3/\lambda_3+1/h_e} \tag{3-7}$$

3.1.2 与辐射有关的表面特性

任何不透明材料的外表面均具有决定辐射热交换特性的3种性能，即吸收性、反射性与辐射性。照射到不透明材料表面上的辐射，可能被吸收，也可能被反射。如果表面为完全黑色，则完全被吸收；如表面为完全反射面，则辐射将完全被反射。但是，多数表面均是吸收一部分入射辐射，其余的则被反射回去。如以 a 表示吸收率，r 表示反射率，则

$$r=1-a \tag{3-8}$$

辐射率 ε 是材料放射辐射能的相对能力。对于任意特定波长，吸收率和辐射率在数值上是相等的，即 $a=\varepsilon$，但二者的值对于不同波长则可能是不同的。

完全黑表面的辐射率 ε 为1.0；对于其他表面，辐射率的范围从高度抛光的金属表面的0.05到一般建筑材料的0.95。

材料对辐射的吸收是有选择的，视投射到表面的辐射波长而定。刚用白灰粉刷的表面对短波太阳辐射(最大强度的波长为0.4μm)的吸收率约为0.12，但对于具有一般温度的另一表面所放射的长波辐射(最大强度的波长为10μm)，则其吸收率约为0.95。因此，此表面对长波的辐射率为0.95，并且是一个良好的散热体，容易向较冷的表面散热；与此同时，它对于太阳辐射又是一个良好的反射体。另外，抛光的金属面对于长波和短波辐射的吸收率及辐射率均很低。因此，它在作为一个良好的辐射反射体的同时，又是一个不良的散热体，很难通过辐射散热而使其自身降温。

表面的色泽是说明对太阳辐射吸收特性的一个良好标志。颜色浅表明吸收率低而反射率高。但对于长波辐射来说，表面的颜色并不能表明表面的特性。因此，黑、白色的两个表面对于太阳辐射有着极不相同的吸收率，在日光暴晒下，黑色表面较白色表面要热得多。但这两种颜色的长波辐射率则相同，故在夜间，二者均通过向天空放射辐射而等效地降温。

每一表面均同时地吸收和放射辐射。表3-1为各种类型及不同颜色的表面的短波吸收率与长波辐射率的典型值。但是，表面蒙上灰尘后，吸收率会显著增加。

表 3-1　各种表面的吸收率与辐射率

材料或颜色	短波吸收率	长波吸收率	材料或颜色	短波吸收率	长波吸收率
铝箔(光亮)	0.05	0.05	浅灰色	0.40	0.90
铝箔(已氧化)	0.15	0.12	深灰色	0.70	0.90
镀锌铁皮(光亮)	0.25	0.25	浅绿色	0.40	0.90
铝粉涂料	0.50	0.50	深绿色	0.70	0.90
白灰粉刷(新)	0.12	0.90	一般黑色	0.85	0.90
白漆	0.20	0.90			

3.1.3　表面热转移系数

表面热转移系数决定着表面与其周围空气之间的对流热交换，以及表面与其他表面之间或表面与天空之间的辐射热交换。因此，表面热转移系数包括两种因素，即辐射传热系数与对流传热系数。辐射传热系数主要取决于表面的辐射率，在一定程度上也决定于进行辐射传热的两个表面的平均温度。对流传热系数主要取决于表面附近的气流速度。

辐射率为 ε 的表面，其表面辐射传热系数 h_r 为

$$h_r = \varepsilon H_r \tag{3-9}$$

表面的对流热转移又可分为两部分：自然对流与强迫对流。

自然对流起因于表面与周围空气的温差，并决定于温差值的大小及表面的位置。

根据德赖弗斯的意见，黑色表面的辐射传热系数 H_r 的近似值见表 3-2。

表 3-2　不同温度下黑色表面的辐射传热系数近似值

平均温度/℃	20	30	40	50
辐射传热系数 H_r/[W/(m² · K)]	5.8	6.3	3.5	8.2

德赖弗斯按照表面与空气的温度差给出垂直表面的自然对流传热系数值，见表 3-3。

表 3-3　不同温差下垂直表面的自然对流传热系数值

温度差值/℃	2	10	30
自然对流传热系数/[W/(m² · K)]	2.3	3.5	4.6

对于水平表面(平屋面或顶棚)，当热流向上时，表 3-2 和表 3-3 各值应乘以系数 1.33；当热流向下时，应乘以系数 0.67。

表面受到风吹时，强迫对流是占支配地位的因素。它主要取决于邻近表面处的气流速度及表面的粗糙程度。为了得到平均值，德赖弗斯建议在有风的情况下，按照式(3-10)计算对流传热系数 h_c：

$$h_c = 3.6V \tag{3-10}$$

式中，h_c 的单位为 W/(m² · K)，V 的单位为 m/s。

实际的表面热转移系数为辐射传热系数与对流传热系数之和，以 h 表示；或以 h_i 为内

表面热转移系数，h_e为外表面热转移系数。

3.1.4 空气间层的传热

在建筑构件内部常包括空气间层。这种空气间层起着对热流的阻碍作用，而其热阻值又取决于空气间层厚度及封闭空间的内表面性质。在空气间层内，通过热表面与冷表面间的辐射换热、两个表面的空气边界层的导热及封闭空间内空气的对流而进行热传递。

热转移中的辐射部分取决于有关表面的有效辐射率而不受热流方向及两个表面距离(空气间层厚度)的影响。普通建筑材料的辐射率约为0.90，由普通材料所构成的封闭空气间层的有效辐射率为

$$E=\frac{1}{1/0.9+1/0.9-1}\approx\frac{1}{1.22}\approx0.82$$

如空气间层内的一个表面上覆以反射性强的铝箔，则

$$E=\frac{1}{1/0.05+1/0.9-1}\approx\frac{1}{20.11}\approx0.05$$

如间层的两个内表面上均覆盖铝箔，则有效放射率可降至0.03。

通过表面空气边界层的导热及在空气间层中的对流传热，取决于间层的位置(水平或是垂直)、厚度及热流的方向(向上、向下或水平方向)，因为这些因素影响着与各个表面相邻的空气层的稳定性。当为水平间层且其下界面较上界面为热时(热流向上)，则与底表面接触的空气变热，密度变稀并在间层内上升，遂将低处的热量带至上表面。在此情况下，自然对流最强烈。

另外，如果水平空气间层内的上表面较热(热流向下)，则接触上表面的热气密度小，底表面附近冷空气的密度较间层内其他部分的密度大。因而这种状态就较为稳定，自然对流即受到抑制而形成一定厚度的静止空气层。此时，自然对流最弱。当空气间层为竖直方向时，自然对流介于中间状况。

按照空气间层的位置、厚度及有效放射率，可给出间层的传热率。表3-4是有关垂直的及水平的封闭空气间层传热率的平均近似值。

表3-4 空气间层的传热率 单位：W/(m^2·K)

空气层位置及热流的方向	一边有反射材料	两边均为普通材料
垂直，各个方向	2.8	5.8
水平，热流向上	3.2	6.2
水平，热流向下	1.4	4.7

从表3-4中可以看到，只要在一个表面上衬一层反射材料，其热阻即将增大2～3倍。将铝箔置于水平空气间层之上，对表面特别有利，因为这样可以大大减少灰尘土积聚；如将铝箔置于下方，则效果最差，其反射能力会因积尘而显著降低。

对于垂直的空气间层，如将反射层固定于其中部，即可得到最大的热阻值。在此情况下，便等于提供了两个反射的附加表面，而与之接触的空气膜又增添了空气间层的总热阻。

3.1.5 比热容

墙(或屋面)的比热容是指单位体积或单位表面积的墙，其温度每提高1℃时所需的热量。第一类称为材料的体积比热容 C_V，第二类称为墙的比热容 C_W。前者是说明构件材料的热性能，后者用于说明建筑构件的热性能。同样的热量可使各种材料得到不同的加热程度，由材料的比热容与密度的乘积而定。表3-5给出了一些不同材料的有关数值。

表3-5 各种建筑材料的热物理性质

材　料 (干燥状态)	导热系数 λ /[W/(m·K)]	密度 ρ /(kg/m³)	比热容 c /[J/(kg·K)]	热扩散率 $\lambda/(\rho c)$ /(m²/h)
普通混凝土	1.28	2300	1.01	0.002
灰浆	0.70	1800	1.01	0.0013
轻质混凝土	0.32	600	1.05	0.0018
砖	0.82	1800	0.92	0.0018
木材	0.13	500	1.43	0.00065
木材	0.20	800	1.43	0.00062
保温木纤维板	0.04	230	1.47	0.00049
保温木纤维板	0.20	800	1.43	0.00062
矿棉毡	0.06	450	0.80	0.00059
膨胀聚苯乙烯	0.04	50	1.68	0.0015

只有当热条件在波动时，材料的比热容才有意义。在接近稳定传热的条件下，如当室外与室内的温差很大时，则比热容对室内热条件的影响甚微。在此情况下，热流及温度分布主要取决于建筑围护结构的传热系数和供热(或冷)量。但在温度波动的情况下，当建筑结构由于室外温度及太阳辐射的变化，或由于室内间歇性采暖或空调器而形成周期性的加热或冷却时，则比热容在决定室内热条件方面起着决定性的作用。

3.1.6 基本热物理性能的组合

材料的导热系数及比热容，如同建筑构件的厚度及组合构件中材料层的安排顺序一样，可有各种不同的组合方法，每一种组合均在某种条件下有其重要性。

1. 热扩散率

热扩散率 a 是最先推导出的一种材料热特性指标，它是导热系数 λ 与体积热容 C_V 之比，即

$$a=\frac{\lambda}{C_V}=\frac{\lambda}{\rho c} \tag{3-11}$$

式中，ρ—密度；c—比热容。

热扩散率是材料的一种性能而非构件的性能。它主要应用于周期性作用条件下的热流

及温度变化的理论计算。

2. 热阻与比热容的乘积——时间常数

热阻与构件比热容的乘积为建筑构件的一种性能，它具有时间的量，故称为构件的时间常数，用 RC_w 表示。量纲分析：

$$[RC_w]=(m^2\cdot h\cdot K/kJ)\ [kJ/(m^2\cdot K)]\ =h$$

在数学上，时间常数等于材料厚度的平方与热扩散率之比，即

$$RC_w=(d/\lambda)(d\rho c)=d^2\rho c/\lambda=d^2/a \tag{3-12}$$

当外部因素(气温及太阳辐射)仅直接作用于外表面上时，墙的时间常数影响着室外与室内条件之间的相互关系。在此情况下，墙的时间常数决定着在给定的外表面平均温度振幅条件下的室内温度的振幅，还影响着室外、室内最高温度之间的时间延迟值。

3. 导热系数与比热容的乘积

在建筑物内部起着作用的因素，如在通过窗户射入室内的太阳辐射，通风时气流的温度与速度，以及诸如内部的热源、冷源、间歇性采暖等这些室内因素的影响下，导热系数与体积热容的乘积 $\lambda_{\rho c}$ 对于室内条件有极大的影响。保温材料主要性能指标见表 3－6。

表 3－6　保温材料主要性能指标

材料名称 指标 项目	EPS 板	XPS 板	硬质聚氨酯	水泥基复合保温砂浆			保温装饰板（适用于保温层材料为 EPS、XPS 板）
				外保温		内保温	
表观密度	18～22 kg/m³	25～35 kg/m³	≥35 kg/m³	≤400 kg/m³（干）	≤250 kg/m³（干）	≤450 kg/m³（干）	≤20kg/m²
抗压强度/MPa	≥0.10	≥0.15	≥0.15	≥0.60	≥0.25	≥0.60	—
抗拉强度/MPa	≥0.10	≥0.25	≥0.20	≥0.20	≥0.15	—	—
水蒸气透湿系数/［ng/(Pa.m.s)］	≤4.50	≤3.50	≤5.00	—	—	—	—
尺寸稳定性	≤0.3%	≤0.3%	≤2.0%（80℃） ≤1.0%（−30℃）	—	—	—	≤0.3%
线性收缩率	—	—	—	≤0.20%	≤0.20%	≤0.30%	—
吸水率(V/V)	≤4.0%	≤1.5%	≤4.0%	≤8.0%	≤10%	—	—
软化系数	—	—	—	≥0.70	≥0.70	—	—
燃烧性能	B2	B2 或 B1	B2	B1	B1	A	B2
导热系数/［W/(m·K)］	≤0.041	≤0.030	≤0.023	≤0.080	≤0.060	≤0.085	热阻满足设计要求

围护结构节能设计主要包括围护结构材料和构造的选择，各部分围护结构传热系数的调整和确定，外墙在周边热桥影响条件下其平均传热系数的计算，围护结构热工性能指标及保温层厚度的计算等。

3.2 建筑节能墙体

外墙按其保温层所在位置分为单一保温外墙、内保温外墙、外保温外墙和夹心保温外墙 4 种类型。外墙按主体结构所用材料分为加气混凝土外墙、黏土空心砖外墙、黏土实心砖外墙、混凝土空心砌块外墙、钢筋混凝土外墙、其他非黏土砖外墙等。

保温复合墙体由绝热材料与传统墙体材料或某些新型墙体材料复合构成，其结构如图 3.1所示。绝热材料包括聚苯乙烯泡沫塑料、岩棉、玻璃棉、矿棉、膨胀珍珠岩、加气混凝土等。根据绝热材料在墙体中的位置，这类墙体又可分为内保温、外保温和中间保温 3 种复合墙体形式。与单一材料节能墙体相比，保温复合墙体由于采用了高效绝热材料而具有更好的热工性能，但其造价也要高得多。

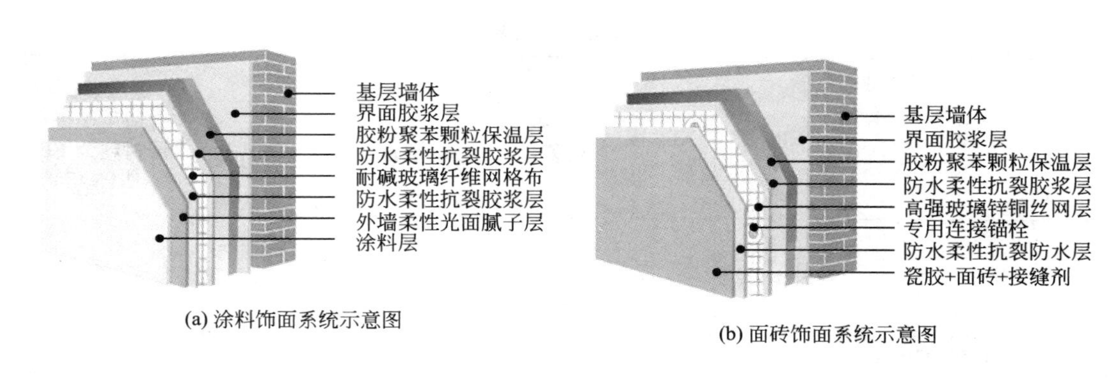

图 3.1　保温复合节能墙体构造示意图

1. 内保温复合墙体

如图 3.2 所示，在内保温复合墙体中，绝热材料复合在建筑物外墙内侧，同时以石膏板、建筑人造板或其他饰面材料覆面作为保护层。结构层为外围护结构的承重受力墙体部分，它可以是现浇或预制混凝土外墙、内浇外砌或砖混结构的外砖墙及其他承重外墙(如承重多孔砖外墙)等。空气层的主要作用是切断了液态水分的毛细渗透，防止保温材料受潮，同时，外侧墙体结构层有吸水能力，其内侧表面由于温度低而出现的冷凝水，被结构材料吸入并不断地向室外转移、散发。另外，设置空气间层还可增加一定的热阻，而且造价比专门设置隔汽层要低。空气间层的设置对内部孔隙连通、易吸水的绝热材料是十分必要的。绝热材料层(保温层、隔热层)是节能墙体的

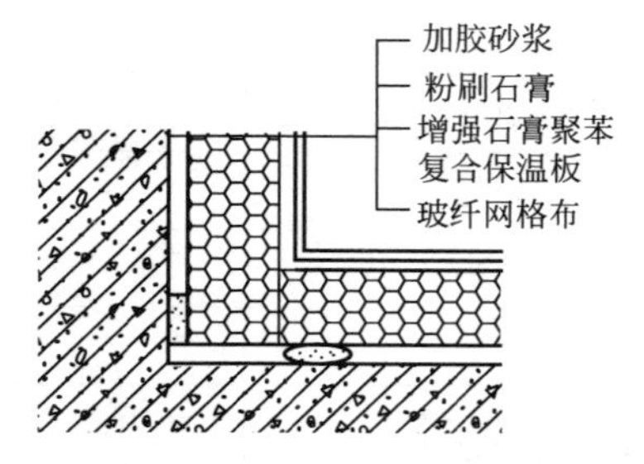

图 3.2　内保温复合墙体结构示意

主要功能部分，可采用高效绝热材料(如岩棉、各种泡沫塑料等)，也可采用加气混凝土块、膨胀珍珠岩制品等材料。覆面保护层的主要作用是防止保温层受破坏，同时在一定程度上阻止室内水蒸气浸入保温层。内保温节能墙体的应用特点如下。

(1) 施工方便，室内连续作业面不大，多为干作业施工，较为安全方便，有利于提高施工效率、减轻劳动强度，同时保温层的施工可不受室外气候(如雨季、冬季)的影响。但施工中应注意避免保温材料受潮，同时要待外墙结构层达到正常干燥时再安装保温隔热层，还应保证结构层内侧吊挂件预留位置的准确和牢固。

(2) 设计中不仅要注意采取措施(如设置空气层、隔汽层)，避免由于室内水蒸气向外渗透，在墙体内产生结露而降低保温隔热层的热工性能，还要注意采取措施消除一些保温隔层覆盖不到的部分产生热桥而在室内产生结露现象，这些部位一般是内外墙相交的节点、外窗梁、外窗楣、窗台板等处。

(3) 由于这种节能墙体的内侧保温层密度小、蓄热能力小，因此采用这种墙体时，室温波动相对较大。供暖时升温快，不供暖时降温也快，在冬季时，宜采取集中连续供暖方式以保证正常的室内热环境；在夏季时，由于绝热层置于内侧，晚间墙内表面温度随空气温度的下降而迅速下降，减少闷热感。这种节能墙体用在礼堂、俱乐部、会场等非连续性使用的公共建筑上较为有利。建筑一旦需要使用这种节能墙体，供暖后，室温可以较快上升。

(4) 由于这种节能墙体的绝热层设在内侧，会占据一定的使用面积，若用于旧房节能改造，在施工时会影响室内住户的正常生活。

2. 外保温复合墙体

如图 3.3 所示，在这类墙体中，绝热材料复合在建筑物外墙的外侧，并覆以保护层。建筑物的整个外表面(除外门、窗洞口外)都被保温层覆盖，有效抑制了外墙与室外的热交换。外保温基本构造包括：①砌筑墙体；②墙体与 EPS 板(聚苯乙烯泡沫板)之间的聚合物改性黏结砂浆；③EPS 板；④聚合物改性罩面砂浆(保护层)；⑤嵌入保护层的纤维网格布；聚合物改性罩面砂浆(保护层)；涂料饰面或彩色/浮雕抹灰饰面。

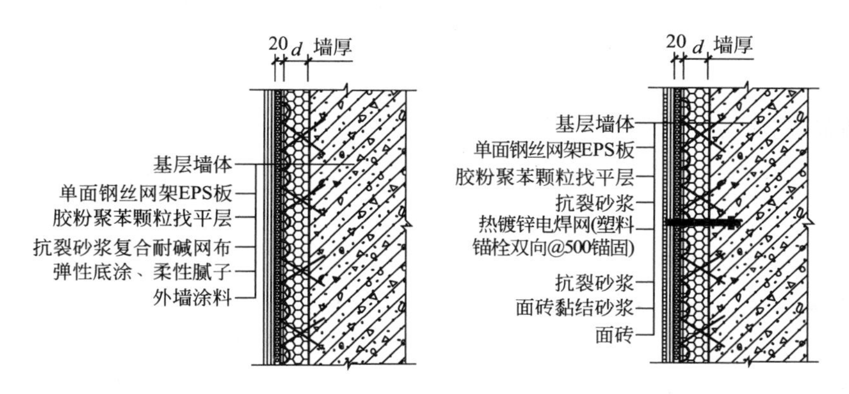

图 3.3 有网 EPS 板现浇外墙外保温体系基本构造

1) 外墙外保温特点

(1) 适用范围较广。外保温不仅适用于北方需要冬季保温地区的采暖建筑，也适用于南方需要夏季隔热地区的空调建筑；既适用于新建建筑，也适用于既有建筑的节能改造。

(2) 保温效果明显。由于保温材料置于建筑物外墙的外侧，基本上可以消除在建筑物各个部位的热桥影响。

(3) 主体结构受温度影响较小。由于保温层在建筑物的外侧，大大减少了自然界对主体结构的影响。随着建筑物层数的增加，特别是高层建筑温度对建筑竖向的影响很大。建筑物竖向的热胀冷缩能引起建筑物内部一些非结构构件的开裂，外墙采用外保温技术可以降低在结构内部产生温度应力。

(4) 有利于改善室内环境。外保温既提高了墙体的保温隔热性能，同时又增加了室内热稳定性。在一定程度上阻止了雨水等对墙体的侵蚀，提高了墙体的防潮性能，可避免室内的结露、霉斑等现象，因而创造了舒适的室内居住环境。

(5) 有利于旧房改造。目前，全国有许多既有建筑由于外墙保温效果差，既消耗了大量能源，污染了环境，冬季室内墙体还容易结露发霉，居住环境质量差。采用外墙外保温进行节能改造时，不会影响居民在室内的正常生活和工作。

2) 外墙外保温系统

《外墙外保温工程技术规程》(JGJ 144—2004)中推荐以下5种外墙外保温系统。

(1) EPS板薄抹面外保温系统：以EPS板为保温材料，玻璃纤维网(以下简称玻纤网)增强聚合物砂浆抹面层和饰面涂层为保护层，采用黏结方式固定，抹面层厚度小于6mm的外墙外保温系统。

(2) 胶粉EPS颗粒保温浆料外保温系统：以矿物胶凝材料和EPS颗粒组成的保温浆料为保温材料，并以现场抹灰方式固定在基层上，以抗裂砂浆玻纤网增强抹面和饰面层的外墙外保温系统。

(3) 现浇混凝土复合无网EPS外保温系统：用于现浇混凝土剪力墙体系。以EPS板为保温材料，以玻纤网增强抹面层和饰面涂层为保护层，在现场浇灌混凝土时将EPS板置于外模板内侧，保温材料与混凝土基层一次浇筑成型的外墙外保温系统。

(4) 现浇混凝土复合EPS钢丝网架板外保温系统：用于现浇混凝土剪力墙体系。以EPS单面钢丝网架板为保温材料，在现场浇灌混凝土时将EPS单面钢丝网架板置于外模板内侧，保温材料与混凝土基层一次浇筑成型，钢丝网架板表面抹水泥抗裂砂浆并可粘贴面砖材料的外墙外保温系统。

(5) 机械固定EPS钢丝网架板外保温系统：采用锚栓或预埋钢筋机械固定方式，以EPS钢丝网架板为保温材料，后锚固于基层墙体上，表面抹水泥抗裂砂浆并可粘贴面砖材料的外墙外保温系统。

3. 中间保温复合墙体

如图3.4所示，墙体内外两侧均为结构墙，中间设置保温、隔热材料，安全性较好。中间保温复合墙体(外墙夹心保温墙体)是将保温材料置于同一外墙的内、外侧墙片之间，内外侧墙片均可采用混凝土空心砌块等新型墙体材料。这些外墙材料的防水、耐候等性能良好，对内侧墙片和保温材料形成有效的保护，对保温材料的选材要求不高，聚苯乙烯、玻璃棉、岩棉、膨胀珍珠岩等各种材料均可使用；同时对施工季节和施工条件的要求不高。由于在非严寒地区，此类墙体与传统墙体相比要偏厚，且内外侧墙片之间需要有连接件连接，构造较复杂，以及地震区建筑中圈梁和构造柱的设置，尚有热桥存在。保温材料的效率仍然得不到充分的发挥，同时施工速度慢，故较少采用。

夏热冬冷地区围护结构节能技术与北方严寒和寒冷地区的具有明显的差别，不能完全沿用北方的技术模式。通过对3种保温体系的内表面温度和热桥的热流损失进行定量计算(表3-7)，可以得出在该地区围护结构热桥的影响因素是有限的；把外保温体系作为最重要的技术措施，自保温隔热和内保温技术同样是适合于夏热冬冷地区的节能围护结构技术，也应得到推广和应用。

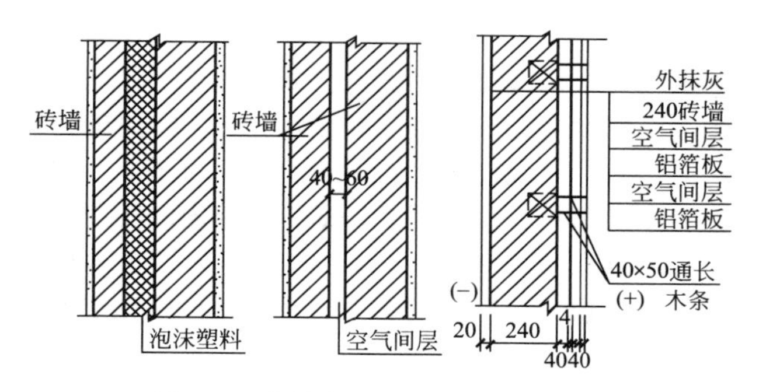

图3.4 外墙中间保温体系基本构造

表3-7 不同保温系统的计算对比结果

保温形式	内表面最低温度/℃	总热流量/W	热桥附加热流量/W	传热面积/m^2	单位面积热流量/(W/m^2)	单位面积热桥附加热流量/(W/m^2)	平均传热系数/[$W/(m^2 \cdot K)$]	相对比
外保温	13.1	59.790	1.796	3.19	18.743	0.563	0.937	3%
内保温	13.3	68.289	10.295	3.19	21.407	3.228	1.070	18%
自保温	13.9	63.644	8.650	3.19	20.892	2.712	1.041	15%

加气混凝土墙的温度最高、最低值及振幅比见表3-8。

表3-8 加气混凝土墙的温度最高、最低值及振幅比

	外表面颜色	通风条件	12cm				17cm				22cm			
			Δt_{max}	Δt_{min}	$\Delta t_{(i)}$	$\frac{\Delta t_{(i)}}{\Delta t_{(o)}}$	Δt_{max}	Δt_{min}	$\Delta t_{(i)}$	$\frac{\Delta t_{(i)}}{\Delta t_{(o)}}$	Δt_{max}	Δt_{min}	$\Delta t_{(i)}$	$\frac{\Delta t_{(i)}}{\Delta t_{(o)}}$
室内气温	灰色	不通风	6.2	1.9	10.5	1.64	4.6	3.7	7.1	1.11	3.6	5.3	4.6	0.72
		通风	0.9	0.5	7.7	1.15	0.3	1.0	6.5	0.97	0.4	1.5	6.0	0.90
	白色	不通风	−2.6	2.5	4.3	0.46	−3.1	3.6	2.7	0.29	−3.6	4.3	1.5	0.16
		通风	−0.9	−0.4	5.1	0.91	−1.1	−0.1	4.7	0.84	0.9	0.3	4.6	0.82
内表面温度	灰色	不通风	10.4	0.0	16.2	0.46	6.4	3.0	9.6	0.30	4.4	4.5	6.1	0.20
		通风	6.0	1.0	11.7	0.33	4.5	2.6	8.6	0.27	3.5	4.8	5.4	0.18
	白色	不通风	−2.7	0.7	6.0	0.56	—	—	—	—	−4.1	2.1	3.2	0.34
		通风	−0.8	−0.7	5.5	0.64	—	—	—	—	−2.1	0.4	3.9	0.56

注：1. 温度最高值、最低值用与相应的室外气温的差值表示。
2. 室内温度振幅比以室外气温为依据，内表面温度振幅比以外表面温度为依据。

表3-8给出了对于不同厚度的加气混凝土墙所测得的室内气温及内表面温度的最高值、最低值(用与相应的室外气温的差值表示)，以及根据实测的外表面温度与气温而计算

的温度振幅比。可以看到：当外表面为灰色而室内不通风时，墙厚对内部温度的作用是指数函数的关系，即符合于理论公式的推导。当进行通风时，墙厚对室内气温的作用很小，而内表面温度仍然受着墙厚的影响。在不通风的建筑内，如外表面为白色，虽然作用量较小，但指数关系的趋势仍然保持着。但对于白色表面、有通风的情况，则内部温度事实上不受墙厚的影响。这是因为，通风建筑内的温度实际上取决于两种因素的综合作用，即通过墙身的热流及由室外进入室内的空气。当外表面为白色时，通风起着主导的作用而掩盖了墙厚的影响；而当外表面为暗色时，可能通过墙体热流就大大增加，墙厚对温度的影响就很显著了。

3.3 建筑节能门窗

3.3.1 门窗在建筑节能中的特殊意义

窗户是建筑外围护结构的开口部位，是阻隔外界气候侵扰的基本屏障。窗户是建筑保温、隔热的薄弱环节，是建筑节能的关键部位和重中之重。

在建筑围护结构的门窗、墙体、屋面、地面四大围护部件中，门窗的绝热性能最差，是影响室内热环境质量和建筑节能的主要因素之一。就国内目前典型的围护部件而言，门窗的能耗约为墙体的 4 倍、屋面的 5 倍、地面的 20 多倍，占建筑围护部件总能耗的 40%～50%。据统计，在采暖或空调器的条件下，冬季单玻窗所损失的热量约占供热负荷的 30%～50%，夏季因太阳辐射热透过单玻窗射入室内而消耗的冷量约占空调负荷的 20%～30%。因此，增强门窗的保温隔热性能，减少门窗能耗，是改善室内热环境质量和提高建筑节能水平的重要环节。另外，建筑门窗承担着隔绝与沟通室内外两种环境两个互相矛盾的任务，不仅要求它具有良好的绝热性能，同时还应具有采光、通风、装饰、隔音、防火等多项功能，因此，在技术处理上相对于其他围护部件，难度更大，涉及的问题也更为复杂。

随着建筑节能工作的推进及人们经济实力的增强，人们对节能门窗的要求也越来越高，使节能门窗呈现出多功能、高技术化的发展趋势。人们对门窗的功能要求从简单的透光、挡风、挡雨到节能、舒适、安全、采光灵活等，在技术上从使用普通的平板玻璃到使用中空隔热技术和各种高性能的绝热制膜技术等。在建筑门窗的诸多性能中，门窗的隔热保温性能、空气渗透性能、雨水渗漏性能、抗风压性能和空气声隔声性能是其主要的 5 个性能，其中前两个性能是直接影响建筑门窗节能效果的重要因素。

3.3.2 玻璃的热工性能与节能要求

门窗的节能性能指标主要有 3 个部分组成：窗框、玻璃及窗框与玻璃结合部位的性能。外窗保温性能是指外窗阻止由室外温差引起的传热的能力，可用外窗的传热系数 K 值，或传热阻 R_0 值来表示。外窗隔热性能是指外窗阻止太阳辐射热通过窗户进入室内的能力，用外窗的遮阳系数或外窗的综合遮阳系数来表示。遮阳系数或综合遮阳系数愈大，表示通过的太阳辐射愈多，隔热性能愈差。

窗户传热系数的正确评估应综合考虑影响窗户热传递系数的各因素，包括玻璃类型、玻璃层数、玻璃之间的空气间隔距离、玻璃之间的气体种类、中空玻璃间隔条、窗户的设计、窗户框材料等。在评估窗户的性能时，应是整窗的性能，而不是评估窗户组件的功能。节能窗技术发达的国家，窗户的节能手段主要包括低辐射玻璃(又称 Low－E 玻璃)、稀有气体、暖边技术和阳光控制镀膜玻璃，并将节能的重点放在整窗上。

太阳辐射热在不同玻璃上的传递特性如图 3.5 所示。玻璃及某些透明塑料的独特性能形成它们的特殊热作用，对短波及长波辐射有不同透明性。大部分波长在 0.4～2.5μm 范围内的辐射可以透过玻璃，这种波长和太阳光谱的范围较一致，但玻璃对于波长 10μm 以上的辐射则是完全不可透过的。玻璃是使用一种有选择性的方式传递辐射，它允许太阳辐射透射到室内，被内部的表面及其他物体吸收而提高其温度。但被加热的表面又放射出辐射强度峰值位于波长约为 10μm 以上的辐射，却不能通过玻璃射向室外，因为玻璃对此种波长的辐射线是不可透过的。通过这种“温室”效应过程，被太阳照射的玻璃面造成室温升高，即使把通风的作用都考虑在内，也比开窗情况下太阳照射入室所造成的增温更高。

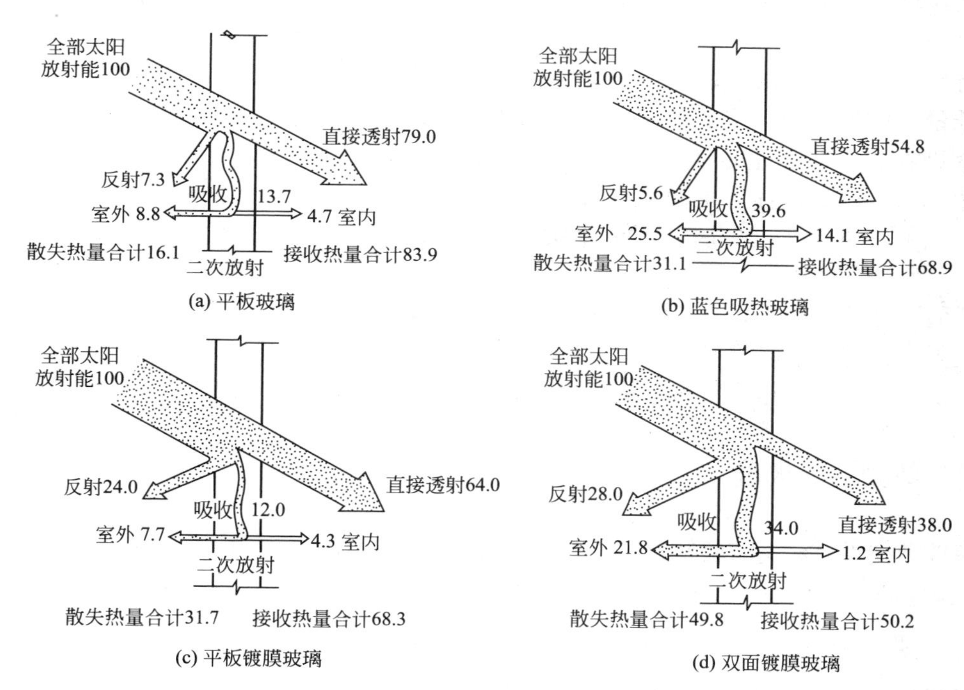

图 3.5 太阳辐射热在不同玻璃上的传递特性

太阳光谱可粗略地分成两部分，即光(波长为 0.4～0.7μm)和热(波长在 0.7μm 以上)，光最终也会转变为热。所有的窗玻璃，其功能就是使日光能够入室，天然地要传递热量。光和热的绝对透过率和相对透过率随玻璃品种而异。因此，用于建筑的玻璃按照其对光谱的透过、吸收与反射等特性，可分为多种类型，主要有透明玻璃、吸热玻璃、热反射玻璃、有色玻璃。实际上，各种类型的玻璃都吸收和反射太阳辐射，只是吸热玻璃吸收红外线辐射的能力、热反射玻璃反射红外线辐射的能力都比普通透明玻璃强得多；有色玻璃吸收太阳光谱中大量的可见光部分，按照所吸收的可见光成分而呈灰色或其他色泽。

表 3-9 列举了通过不同类型玻璃的典型得热量，分为通过玻璃的直接透热量及由于玻璃吸收辐射转而造成的增热两部分，且指光线入射角为 0°～45°的情况。对于较大的入射角，应计及反辐射量部分的增加情况。

表 3-9　通过各种玻璃得热量为垂直入射辐射量的百分数

玻璃类型	直接透过	由吸收的辐射中转移的部分	总透热量
透明玻璃	74%	9%	83%
窗玻璃	85%	3%	88%
浅色吸热玻璃	20%	25%	45%
有色玻璃	30%	30%	60%
玻璃涂蜡克漆	38%	17%	55%

总透热量与透光量之比率随玻璃种类的不同而异。对热反射玻璃而言，此比值最低；对于有色玻璃而言，此比值最高。在普通玻璃上加罩面层，也可以改变玻璃表面的光谱特性。此种罩面层吸收太阳光谱中很大一部分可见光，从而对光的降低量大于对热的降低量。任何一种特定的玻璃对辐射的吸收量，都取决于其吸收系数与厚度的乘积。反射率则在很大程度上取决于照射在玻璃表面上的光的入射角(光线与玻璃表面法线的夹角)，当光线垂直于玻璃表面时，反射率最小；光线逐渐倾斜，反射率即增加。入射角由 0°增加到约 60°时，反射率缓缓增加；入射角再进一步增大，反射率便迅速增加。

任何一种间隔条，只要其导热系数低于铝金属的导热系数就称为暖边。暖边可采用 3 种方法得到：①非金属材料，如超级间隔条、玻璃纤维条；②部分金属材料，如断桥间隔条；③低于铝金属导热系数的金属间隔条，如不锈钢间隔条。

3.3.3　新型节能玻璃

目前节能玻璃种类有吸热玻璃、热反射玻璃、低辐射玻璃、中空玻璃、真空玻璃和普通贴膜玻璃等。

1. 吸热玻璃

吸热玻璃的特性为允许太阳光谱中大量可见光透过的同时，又对红外线部分具有高的吸收性。这种对红外线的选择吸收性之所以得到提高，是由于玻璃的配料中氧化铁含量较高的缘故。玻璃吸热的结果是使室内温度较室外气温高得多。室内通过吸热玻璃所获得的太阳辐射热包括两部分：一部分是直接透射过来的可见光短波辐射及红外线辐射；另一部分是从加热了的玻璃表面向室内转移的对流热及长波辐射热。吸热玻璃一般可减少进入室内的太阳热能的 20%～30%，降低了空调负荷。吸热玻璃的特点是遮蔽系数比较低，太阳能总透射比、太阳光直接透射比和太阳光直接反射比都较低，可见光透射比、玻璃的颜色可以根据玻璃中的金属离子的成分和浓度变化。可见光反射比、传热系数、辐射率则与普通玻璃差别不大。

2. 热反射玻璃

热反射玻璃是在玻璃表面上镀一薄层精细的半透明金属罩面，它可以有选择地反射大部分红外线辐射。由于此罩面易受机械作用的损伤，故宜用带有空气间层的双层玻璃或薄金属片加以保护。热反射玻璃是对太阳能有反射作用的镀膜玻璃，其反射率可达20%～40%，甚至更高。它的表面镀有金属、非金属及其氧化物等各种薄膜，这些膜层可以对太阳能产生一定的反射效果，从而达到阻挡太阳能进入室内的目的。在低纬度的炎热地区，夏季可节省室内空调器的能源消耗。热反射玻璃的遮蔽系数、太阳能总透射比、太阳光直接透射比和可见光透射比都较低，太阳光直接反射比、可见光反射比较高，而传热系数、辐射率则与普通玻璃差别不大。

3. 低辐射玻璃

低辐射玻璃是一种对波长在4.5～25μm范围的远红外线有较高反射比的镀膜玻璃，它具有较低的辐射率。在冬季，它可以反射室内暖气辐射的红外热能，辐射率一般小于0.25，将热能保护在室内。在夏季，马路、水泥地面和建筑物的墙面在太阳的暴晒下，吸收了大量的热量并以远红外线的形式向四周辐射。低辐射玻璃的遮蔽系数、太阳能总透射比、太阳光直接透射比、太阳光直接反射比、可见光透射比和可见光反射比等都与普通玻璃差别不大，其辐射率、传热系数比较低。

4. 中空玻璃

中空玻璃是将两片或多片玻璃以有效支撑均匀隔开并对周边粘接密封，使玻璃层之间形成有干燥气体的空腔，其内部形成了一定厚度的被限制流动的气体层。由于这些气体的导热系数大大小于玻璃材料的导热系数，因此具有较好的隔热能力。中空玻璃的特点是传热系数较低，与普通玻璃相比，其传热系数至少可降低40%。中空玻璃是目前最实用的隔热玻璃。我们可以将多种节能玻璃组合在一起，以产生良好的节能效果。

采用高性能中空玻璃配置，即低辐射玻璃、超级间隔条和氩气，能从三方面同时减少中空玻璃的传热，与普通中空玻璃相比，节能效果改善44%。节能窗的配置普遍使用低辐射玻璃、稀有气体和暖边间隔条技术。高性能中空玻璃中常用的气体为氩气及氪气。这些气体的相对密度比空气大，在间层内不易流动，能进一步降低中空玻璃的传热系数值。其中氩气在空气中的相对密度很高，提取容易而且价格也相对便宜，应用较多。在高性能中空玻璃的配置中，低辐射玻璃、氩气和暖边间隔条是必备的3个基本条件。

5. 真空玻璃

真空玻璃的结构类似于中空玻璃，所不同的是真空玻璃空腔内的气体非常稀薄，近乎真空，其隔热原理就是利用真空构造隔绝热传导，传热系数很低。根据有关资料数据，同种材料真空玻璃的传热系数至少比中空玻璃低15%。

6. 普通贴膜玻璃

普通玻璃可以通过贴膜达到吸热、热反射或低辐射等效果。由于节能的原理相似，贴膜玻璃的节能效果与同功能的镀膜玻璃类似。由玻璃材料和贴膜两部分组成，贴膜是由特殊的聚酯薄膜作为基材，镀上各种不同的高反射率金属或金属氧化物涂层。它不仅能反射较宽频带的红外线，还具有较高的可见光透射率，而且具有选择性透光性能。例如，可见光透射率高达70%，而对红外线和紫外线的反射率在75%以上，在3mm厚的普通玻璃上贴一层隔热膜片后，太阳热辐射透过减少82.5%，其传热系数降为3.93W/(m^2·K)。而且这种玻璃膜直接贴在玻璃表面，具有极强的韧性，不同种类的膜和玻璃配合使用，可达到不同要求的安全和节能效果。

窗户节能的主要途径：①加强窗户的气密性，减少缝隙渗入的冷空气量，降低冷风渗透耗热量；②在获得足够采光的条件下，控制窗户在有太阳光照射时合理得到热量，而在没有太阳光照射时减少热量损失。

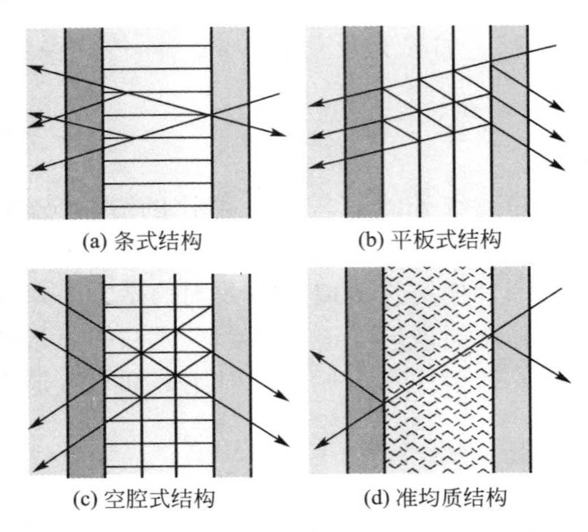

图3.6 夹层玻璃的构造示意图

提高门窗性能的措施：根据不同的使用地点，选择合理的阳光遮阳玻璃，控制通过门窗的辐射传热，加大中空玻璃间隔层内气体的相对密度，降低对流传热、选择低传导的中空玻璃边部间隔材料和隔热窗框材料，控制通过门窗的传导传热，提高门窗安装水平和正确的节点设计等。夹层玻璃的构造如图3.6所示，采用中空玻璃，在玻璃间层内填充导热性能低的气体、镀低发射率涂层、开发导热性能低的间隔条、降低窗框传热、使用性能良好的密封条等。

如果窗框周边和洞口之间没有很好地堵缝或者使用泡沫材料绝缘密封，会有热桥发生。节能建筑中应用的复合保温墙体有效地切断了楼板、梁、纵墙、柱等结构性热桥，但由于窗构造上的不同，窗洞口的左右侧、上下侧具有不同的传热特点，应根据墙体构造确定窗的安装位置，否则窗洞口四周的传热损失也会很大，产生热桥。通过计算窗洞口内表面最低温度和窗周边的附加线性传热系数，外墙外保温墙体中靠近保温层安装时，窗周边附加线性传热量小，且内表面最低温度较低。结果表明，在任何一种墙体中安装窗时，以窗的安装位置靠近保温层时保温效果为最好。

3.3.4 建筑幕墙节能技术

建筑幕墙节能措施有主动式节能和被动式节能两种方式。主动式节能是指不仅改进材料，更积极地对风、太阳能等加以收集和利用，节约能源。被动式节能是指选用合适的材料和构造措施来减少建筑能耗，提高节能效率。

1. 幕墙主动式节能技术

幕墙主动式节能主要有幕墙与建筑采光照明、幕墙与通风、幕墙与光电技术3个方面的措施。

幕墙与建筑采光照明主要是指利用幕墙本身通透性的特点进行结构设计，使建筑可以利用尽可能多的室外光源，减少市内照明所需要的能耗。

幕墙与通风主要是利用热通道玻璃幕墙对空气的不同组织方式，使通道内的温度维持在所需要的温度上，从而减少室内取暖或制冷的能源消耗。以外循环为例来说明热通道玻璃幕墙的工作原理：外循环式双层玻璃幕墙(double - skin facade，DSF)的一般构造是外层幕墙采用固定的单层玻璃，上下设有进出风口，有的不可关闭，有的可电动开闭和调节开启率；内层幕墙一般采用双层保温隔热玻璃窗扇，通常每两扇门窗设一个可开启扇，也有只设个别维护用开启扇的。在冬季，外层幕墙的进出风口和内层幕墙的窗扇都保持关闭，这时通道就形成了一个缓冲层(buffer zone)，其中的气流速度远低于室外，而温度则高于室外，从而减少了内层幕墙的向外传热量，从而降低了室内采暖能源消耗，达到节能的效果。

幕墙与光电技术主要是指在幕墙上安装太阳能电池板，在幕墙作围护结构的同时收集太阳能，再转化为建筑物所能利用的电能，供给建筑物使用。

2. 幕墙被动式节能技术

幕墙被动式节能主要是指在节能玻璃和幕墙遮阳这两方面的应用。现在主要利用的节能玻璃有中空玻璃、夹层玻璃和真空玻璃 3 种。幕墙遮阳包括固定遮阳与活动遮阳、外遮阳与内遮阳、双层幕墙的中间遮阳等。建筑遮阳是采用建筑构件或安置设施以遮蔽太阳辐射，其中，固定遮阳装置指固定在建筑物上，不能调节尺寸、形状或遮光状态的遮阳装置；活动遮阳装置指固定在建筑物上，能够调节尺寸、形状或遮光状态的遮阳装置。外遮阳装置指安设在建筑物室外侧的遮阳装置；内遮阳装置指安设在建筑物室内侧的遮阳装置。中间遮阳装置指位于两层透明围护结构之间的遮阳装置。建筑幕墙的遮阳形式如图 3.7所示。

图 3.7 玻璃幕墙的遮阳

由于玻璃幕墙由玻璃和金属结构组成，而玻璃表面传热性强，热透射率高，故对室内热条件有极大的影响，在夏季，阳光透过玻璃射入室内，是造成室内过热的主要原因。特别在南方炎热地区，如果人体再受到阳光的直接照射，将会感到炎热难受。遮阳对玻璃幕墙的影响表现在以下几个方面。

(1) 遮阳对太阳辐射的作用。一般来说，遮阳系数受到材料本身特性和环境的控制。遮阳系数就是透过有遮阳措施的围护结构和没有遮阳措施的围护结构的太阳辐射热量的比值。遮阳对遮挡太阳辐射热的效果是相当大的，玻璃幕墙建筑设置遮阳措施更是效果明显。

(2) 遮阳对室内温度的作用。遮阳对防止室内温度上升有明显作用，遮阳对空调房间可减少冷负荷，所以对空调建筑来说，遮阳更是节约电能的主要措施之一。

(3) 遮阳对采光的作用。从天然采光的观点来看，遮阳措施会阻挡直射阳光，防止眩光，使室内照度分布比较均匀，有助于视觉的正常工作。对周围环境来说，遮阳可分散玻璃幕墙的玻璃(尤其是镀膜玻璃)的反射光，避免了大面积玻璃反光造成光污染。在遮阳系统设计时要有充分的考虑，尽量满足室内天然采光的要求。

(4) 遮阳对建筑外观的作用。遮阳系统在玻璃幕墙外观的玻璃墙体上形成光影效果，体现出现代建筑艺术美学效果。

(5) 遮阳对房间通风的影响。遮阳设施对房间通风有一定的阻挡作用，在开启窗通风的情况下，室内的风速会减弱 22%～47%，具体视遮阳设施的构造情况而定。

此外，遮阳系统为改善室内环境而设，遮阳系统的智能化将是建筑智能化系统最新和最有潜力的一个发展分支。建筑幕墙的遮阳系统智能化就是对控制遮阳板角度调节或遮阳帘升降的电动机的控制系统采用现代计算机集成技术。目前国内外的厂商已经成功开发出以下几种控制系统：①时间电动机控制系统。这种时间控制器储存了太阳升降过程的记录，而且，已经事先根据太阳在不同季节的不同起落时间做了调整。因此，在任何地方，控制器都能很准确地使电动机在设定的时间进行遮阳板角度调节或窗帘升降，并且还能利用阳光热量感应器(热量可调整)，进一步自动控制遮阳帘的高度或遮阳板角度，使房间不被太强烈的阳光所照射。②气候电动机控制系统。这种控制器是一个完整的气候站系统，装置有太阳/风速/雨量/温度感应器。此控制器在制造完成后已经输入基本程序，包括光强弱/风力/延长反应时间的数据。这些数据可以根据地方和所需而随时更换。而“延长反应时间”这一功能使遮阳板或窗帘不会因为太阳光的微小改变而立刻做出反应。遮阳系统能够实现节能的目的，需要靠它的智能化控制系统，这种智能化控制系统是一套较为复杂的系统工程，是从功能要求到控制模式，从信息采集到执行命令再到传动机构的全过程控制系统。这涉及气候测量、制冷机组运行状况的信息采集、电力系统配置、楼宇控制、计算机控制、外立面构造等多方面的因素。

3.4 建筑节能屋顶

屋面是承受气候要素作用最强的建筑构件。屋面对室内气候和能耗的影响在于它是造成室内冷热损失的主要通路之一，冷热损失量的多少决定于屋面的热工性能。

3.4.1 重质实体屋面

重质实体屋面通常为平屋面，有时也可为坡屋面。由比热容相对较高的混凝土建成。决定实体屋面热工性能的主要因素是其表面颜色、热阻及比热容。

1. 外表面颜色

屋面外表面的性质及颜色，决定着屋面结构在白天对于太阳辐射的总吸收量，以及在夜间向空际的长波辐射的散热总量，因而也就决定着屋面外表面温度及室内与屋面的热交换。外表面颜色对于屋面内表面温度的影响与屋面结构的热阻及比热容有关。当屋面的热阻及比热容增加时，外表面颜色对降低屋面内表面最高温度的作用就减小，而对降低其平均温度的作用仍是很显著的。

在有空调器的建筑物中，外表颜色在很大程度上决定着屋面部分造成的冷负荷。在没有空调器的建筑中，它是决定屋面内表面温度的主要因素，因而也是决定人们舒适条件的主要因素。实测发现，深色外表面的最高温度高于室外最高气温约32℃；白色外表面相应的增高量仅为1℃左右。

重质实体屋面外表颜色的变化，也影响着在顶棚下方及生活区域内的空气温度。表3-8表明，在混凝土屋面外表面分别为灰色及白色的室内，灰色屋面的内表面温度比室内上层的气温高，说明热流由屋面进入室内。相反，刷白的屋面在全天的多数时间内，其内表面温度则低于室内上层的气温，表明热流方向为由室内至屋面。这是由于刷白屋面的平均外表面温度低于室外平均气温的缘故。但要注意刷白屋面在积尘后会变成灰色屋面。

2. 厚度与热阻

重质实体屋面的厚度及热阻对于室内气候的影响与外表面颜色的作用是有关联的，并取决于室外气温的日变化。与外表面温度的波动相比，内表面的温度波动由于屋面结构的隔热作用而得到缓和，且其调节作用随着厚度及热阻而增加。防止屋面过热的措施主要有：①刷白以反射太阳辐射；②用诸如海贝壳、蛭石混凝土、烧结黏土砖之类的隔热材料层以增加热阻；③在屋面2.5cm以上的位置设置木板遮阳；④以上三项措施的结合应用。

表3-8表明，所有各种防热系统对于屋面内表面最高温度所产生的影响均极为类似，与未采取防热措施的屋面相比，最高温度可降低约5℃。就最低温度而言，刷白的方法被证明是较有效的，具有与未采取防热措施的屋面一样的最低温度。由于隔热材料使屋面在夜间的冷却率降低，故此类屋面内表面最低温度值较高。当屋面的热阻增大后，颜色的影响就很小了。但隔热层的作用并不与其厚度成正比，内表面温度随着外加的隔热层厚度的增加而逐渐地降低着。例如，海贝壳隔热层，当厚度为6cm时，最高温度值降低4.1℃；厚度为12cm时，降低值为4.6℃；隔热层厚度增加1倍，其隔热作用仅提高1/8。

3. 隔热层的位置

在组合式混凝土屋面中，特别是当外表面为暗色时，隔热层的位置影响着夏季的隔热效果，也影响着材料的耐用性。当隔热层置于混凝土承重层的上面时，在白天它可以大大减少透过这一构造层的总热量，而透入的热量又被大块的混凝土所吸收，这样，内表面温度的提高就有限了。反之，如将隔热层置于混凝土层的下面，混凝土层会吸收大量的热。由于混凝土的热阻较低，底面温度就紧随外表面温度而变动。因此，就使隔热层上表面的温度大大高于室内气温。保温屋面的构造如图3.8所示。虽然隔热材料本身提供了一定的热阻，但由于它的比热容很低且隔热层下面所附加的热阻是由附着于它的静止空气膜所提供的，因而尚有相当的热流通过隔热层而可观地提高着内表面温度。所以，当隔热层置于屋面结构层下方时，内表面最高温度与进入室内的热流最高值均要比将隔热层置于屋盖上方时高些。

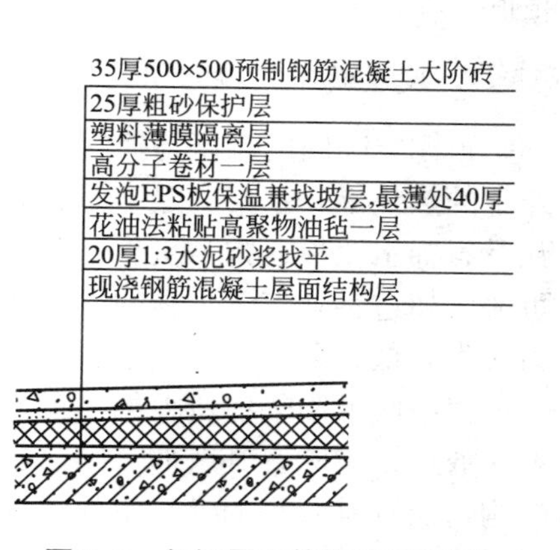

图3.8 保温屋面的构造示意图

将隔热材料置于屋面结构层的上方及暗色的防水层下方，会使防水层产生过热，因其底面的散热受阻，这就造成沥青的膨胀、起泡及其挥发油的蒸发。如果隔热层是透气性材料，如矿棉或泡沫混凝土，则水蒸气可在其上方与防水材料层的下方之间积聚。湿气在夜间凝结而在白天又蒸发，这就产生向上的压力并形成鼓包，撕裂防水层而与下面的基板相脱离。可见，在夏热冬冷地区，即使屋面有良好的隔热效果，仍需对外表做浅色处理。

4. 蒸发降温

蒸发降温可利用设置在屋面上固定式水池或喷洒装置来防止屋面受热。外表面为白色的防水屋结合喷水，可能使外表面的温度大大降低到室外气温以下。用蒸发降温的方法与屋面遮阳措施相结合，也可得到相同的效果。喷水降温不但可应用于平屋顶，也可用于坡顶。从实用的观点来看，这种方法尚存在着若干缺点：喷洒系统需要维护，固定水池则易成为蚊虫等的繁殖基地。

3.4.2 轻质屋面

轻质屋面可以是单层的或是由屋面及顶棚中间隔以由空气层组成的双层结构。屋面外层所吸收的太阳辐射热，部分通过对流与辐射方式散失于周围环境中，其余的则主要通过辐射方式转移至顶棚。影响双层屋面热工性能的因素：①外层屋面的材料及外表面颜色；②中间间层的通风条件；③上下两层的热阻。

1. 外表面颜色

如同实体平屋面一样，双层轻质屋面的外层表面颜色决定着该层所吸收的太阳辐射量。但是，对于双层屋面，不同外表颜色的作用有些差别。当屋面层很薄时，其底面的温度紧随外表面的温度而变动，并相应地受到外表面颜色的影响。但在屋面及顶棚之间的空气间层，则起着隔热层的作用，缓和了外表面颜色对顶棚温度及室内气候的影响量；其缓和程度取决于空气间层中的条件。根据表 3-8 得知，如果应用刷白的水泥瓦屋面及粉刷顶棚，在白天，顶棚温度比屋面不刷白时可降低约 3℃。

2. 坡屋面下顶棚空间的通风

顶棚空间内的温度与换气率，即由固定式的或用机械方法操作的特殊开口进行通风所产生的热效果，主要决定于屋面的材料及外表颜色。坡屋面常用的材料，如水泥瓦、黏土瓦及石棉水泥板通常为灰色。这种屋面可吸收大量入射的太阳辐射而使自身加热，其温度可大大超过室外气温。新的镀锌铁皮及铝板等金属材料的辐射率低，但陈旧以后，反射能力大大降低，因而其增热量也很可观。

由吸收太阳辐射所得的热量，一部分通过对流又散失于周围空气中，另一部分通过辐射又放射回空际，其余部分则通过屋面材料转移而提高其底面的温度。由于坡屋面为较薄的构造层且具有高的导热系数，故温度提高量相当可观。由屋面底面转移至天棚的热量是以对流及长波辐射方式进行的，即使底面的温度保持不变，顶棚空间的通风对于此对流热转移也有着直接的影响；如屋面温度随着改变，则间接地影响着辐射换热。

顶棚空间即使没有专设的通风装置，也可能有可观的气流通过，特别是空气可通过瓦缝渗入。架设通风隔热层屋面示意图如图 3.9 所示。如屋面用板材构成，此种气流会减少。当灰色的屋面覆盖层密闭性好、厚度薄且材料的导热系数较高时，为防止顶棚过热而在顶棚空间内采用特殊的开口或装置以组织通风，效果特佳；如上述的屋面面层的条件相反，则此种有组织的通风的降温效果就不明显了。

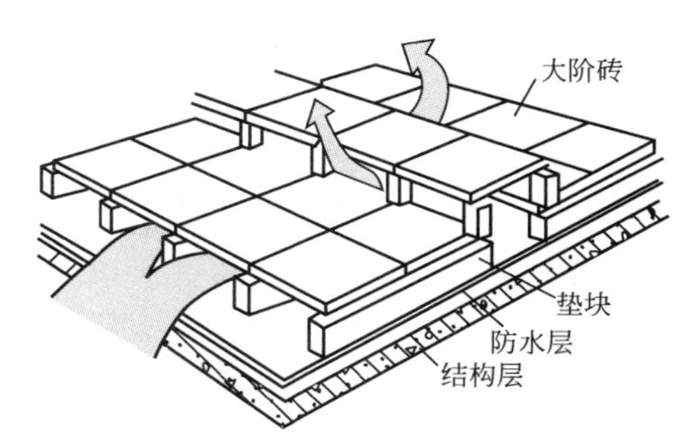

图 3.9 架设通风隔热层屋面示意图

有人分别就屋面材料与顶棚空间通风作用之间的关系，在试验房屋内进行过两项试验研究。其中的一项试验是，屋面的面层是红色水泥瓦，顶棚是钢丝网粉刷。供顶棚空间通风用的开口沿着建筑物纵墙设置，高度为 17cm，在屋脊以下两侧设有高度为 7cm 的开口，在两端山墙上各有一个直径为 15cm 的圆形开口。在全部开口均打开或全部关闭的情况下分别进行了观察。当不通风时，瓦底面的温度高于室外气温约 14℃，顶棚空间内的气温高出约 2～3℃，顶棚上、下表面高 1～2℃，室内气温低于室外 2～3℃。通风时会在以下几方面对温度产生影响：①瓦底面温度在午前可降低约 1℃，在午后，当风速最大时可降低约 2℃；②顶棚空间的气温可降低约 1℃；③顶棚上、下表面均可降低约 0.5℃；④对于室内气温的影响，因在试验误差的范围内，故未能确定。

在这个试验中还发现，当屋面瓦刷白时，即使顶棚空间不通风，瓦的底面温度及顶棚空间内的气温也仅高于室外气温 3～4℃，而顶棚表面温度可低于室外温度约 2℃。由此可见，在此情况下，顶棚空间的通风并无多大的降温效果。

另一项实验中，观测对象的构造为波形镀锌铁皮的坡屋面，顶棚为石棉水泥板。试验时，顶棚空间采取自然通风及机械通风。试验表明，在白天，顶棚空间的温度在自然通风时可降低 7.8℃，采用机械通风时可降低 10℃；室内气温在自然条件下可降低 0.6～1.1℃，有机械通风时可降低 0.8～1.6℃；通风可降低顶棚温度约 2～3℃。在夜间，通风的顶棚空间内温度较高一些。

上述两项试验结果的差别可由屋面覆盖层的不同而得到解释。在覆盖波形镀锌铁皮的条件下，由于面屋相对地透风，因而屋面下的气温较室外气温高得多。在瓦屋面情况下，即使设有特设的通风口，经由瓦屋面缝隙的通风也可减弱顶棚空间气体被加热的程度。

3. 双层轻质屋面的隔热作用

试验房屋的墙体均为重质砖墙，屋面面层为波形镀锌铁皮，顶棚为 6mm 石膏板。其中一幢未另设隔热材料。其他的采用了多种隔热形式：用铝箔反射材料固定在屋面檩条的底面；松填矿棉，厚度分别为 50mm、100mm 及 150mm；膨胀蛭石厚度为 50mm 及 100mm。以上各种材料均分别直接铺在顶棚上面。

松散材料的隔热作用随其厚度而增加，但 50mm 厚材料的作用约为 150mm 厚材料的 65%，而 100mm 和 150mm 的作用差别不大。反射材料的隔热效果相当于 75mm 厚的矿棉的作用。加设隔热层使室内最低温度稍有提高，但与其降低最高温度的作用相比，则微不足道。

反射隔热材料面积灰的问题应该充分引起重视。凡直接放在顶棚上的反射材料，由于易积上灰尘，辐射率就迅速增加，降低了隔热效果。把铝箔固定于顶棚以上 25mm 高度时，铝箔底面上的积灰速度很慢从而可以更好、更长久地保持其反射隔热性能。

3.4.3 倒置屋面

1. 倒置屋面的特点

倒置屋面就是将传统屋面构造中保温隔热层与防水层“颠倒”，将保温隔热层设在防水层上面，故有“倒置”之称，所以称倒置屋面或侧铺屋面，如图 3.10 所示。由于倒置屋面为外隔热保温形式，外隔热保温材料层的热阻作用对室外综合温度波首先进行了衰减，使其后产生在屋面重实材料上的内部温度分布低于传统保温隔热屋顶内部温度分布，屋面所蓄有的热量始终低于传统屋面保温隔热方式，向室内散热也少。因此，倒置屋面是一种隔热保温效果更好的节能屋面构造形式，其特点有以下4个。

图 3.10 倒置屋面示意图

(1) 可以有效地延长防水层使用年限。倒置屋面将保温层设在防水层之上，大大减弱了防水层受大气、温差及太阳光紫外线照射的影响，使防水层不易老化，因而能长期保持其柔软性、延伸性等性能，有效延长使用年限。据国外有关资料介绍，可延长防水层使用寿命 2～4 倍。

(2) 保护防水层免受外界损伤。由于保温材料组成不同厚度的缓冲层，使卷材防水层不易在施工中受外界机械损伤，同时又能衰减各种外界对屋面冲击产生的噪声。

(3) 如果将保温材料做成放坡(坡度一般不小于 2%)，雨水可以自然排走。因此进入屋面体系的水和水蒸气不会在防水层上冻结，也不会长久凝聚在屋面内部，而是能通过多孔材料蒸发。同时也避免了传统屋面防水层下面水汽凝结、蒸发，造成防水层鼓泡而被破坏的质量通病。

(4) 施工简便，利于维修。倒置屋面省去了传统屋面中的隔汽层及保温层上的找平层，施工简化，更加经济。即使出现个别地方渗漏，只要揭开几块保温板，就可以进行处理，所以易于维修。

2. 倒置屋面实例分析

(1) 混凝土板块排水保护层屋面。这种倒置屋面在美国较普及。如果防水材料的材性与挤压聚苯乙烯的材性不相容，则应在这两种材料之间设置隔离层。最上层预制混凝土板块起保护保温材料的作用，同时起排除雨水和镇重的作用，松铺的做法是便于取走混凝土板块，利于检修。混凝土板块下面覆盖的无纺纤维布一个作用是为了过滤收集建筑碎材料及四周的灰尘，另一个作用是防止紫外线直接透过，且透过预制混凝土板块之间可能存在的缝隙而对保温性材料造成危害。

(2) 卵石排水保护层屋面。用卵石覆盖并铺设纤维过滤布的屋面能使湿空气以扩散和对流的方式向大气中逸散，只有少量的水分滞留在保温层内，排除雨水的速度较快，成本也较低。但屋面的上表面不能被利用。

(3) 种植排水保护层屋面。以蔓生植物或多年生植物高矮搭配覆盖于屋面上，除了起保护和泄水作用外，还可构成绿化园地，并且在阻止室内水蒸气渗入保温层内也是有利的。

3.4.4 通风屋面

在外围护结构表面设置通风的空气间层，利用层间通风，带走一部分热量，使屋顶变成两次传热，以降低传至外围护结构内表面的温度，其传热过程如图 3.11 所示。通风屋顶在我国夏热冬冷地区和夏热冬暖地区被广泛地采用，尤其是在气候炎热多雨的夏季，这种屋面构造形式更显示出它的优越性。由于屋盖由实体结构变为带有封闭或通风的空气间层的结构，大大地提高了屋盖的隔热能力。通过试验测试表明，通风屋面和实砌屋面相比，虽然两者的热阻相等，但它们的热工性能有很大的不同。

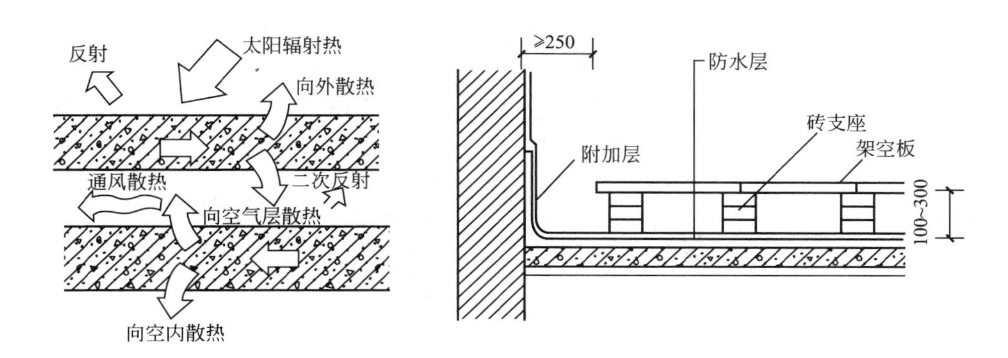

图 3.11 通风屋面传热及结构示意图

以重庆市荣昌节能试验建筑为例，在自然通风条件下，实砌屋顶内表面温度平均值为 35.1℃，最高温度达 38.7℃，而通风屋顶为 33.3℃，最高温度为 33.4℃；在连续使用空调器情况下，通风屋顶内表面温度比实砌屋面平均低 2.2℃，而且，通风屋面内表面温度波的最高值比实砌屋面要延后 3～4h，表明通风屋顶具有隔热好、散热快的特点。

3.4.5 种植屋面

在我国夏热冬冷地区和华南等地过去就有“蓄土种植”屋面的应用实例，通常称为种植屋面。目前在建筑中此种屋顶的应用更加广泛，利用屋顶植草栽花，甚至种灌木、堆假山、设喷水形成了“草场屋顶”或屋顶花园，是一种生态型的节能屋面。由于植被屋顶的隔热保温性能优良，已逐步在广东、广西、四川、湖南等地被人们广泛应用。种植屋面不仅能绿化改善环境，还能吸收并遮挡太阳辐射进入室内，同时吸收太阳热量用于植物的光合作用、蒸腾作用和呼吸作用，能改善建筑热环境和空气质量，辐射热能转化成植物的生物能和空气的有益成分，实现太阳辐射资源性的转化。通常种植屋面的钢筋混凝土屋面板温度控制在月平均温度左右，具有良好的夏季隔热、冬季保温特性和良好的热稳定性。

覆土种植屋面构造如图 3.12 所示。覆土种植是在钢筋混凝土屋顶上覆盖种植土壤 100～150mm 厚，种植植被隔热性能比架空其通风间层的屋顶还好，内表面温度大大降低。无土种植具有自重轻、屋面温差小，有利于防水防渗的特点，它是采用水渣、蛭石或者是木屑代替土壤，既使重量减轻了又使隔热性能有所提高，且对屋面构造没有特殊的要求，只是在檐口和走道板处须防止蛭石或木屑的雨水外溢时被冲走。据实践经验，植被屋顶的隔热性能与植被覆盖密度、培植基质(蛭石或木屑)的厚度和基层的构造等因素有关，还可种植红薯、蔬菜或其他农作物。但培植基质较厚，所需水肥较多，需经常管理。草被屋面则不同，由于草的生长力和耐气候变化性强，可粗放管理，基本可依赖自然条件生长。草被品种可就地选用，也可采用碧绿色的天鹅绒草和其他观赏的花木。

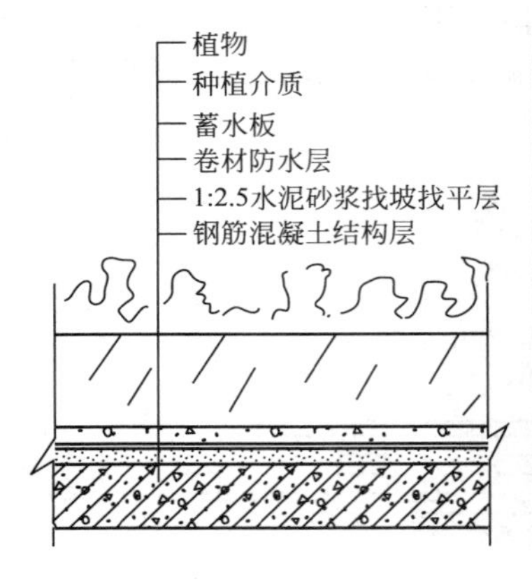

图 3.12 种植屋面构造示意及实景图

3.4.6 蓄水屋面

蓄水屋面是在屋面防水层上蓄一定高度的水，起到隔热作用的屋面。在太阳辐射和室外气温的综合作用下，水能吸收大量的热而由液体蒸发为气体，从而将热量散发到空气中，减少了屋盖吸收的热能，起到隔热的作用。此外，水面还能够反射阳光，减少阳光辐射对屋面的热作用。水层在冬季还有一定的保温作用。蓄水屋面结构如图 3.13 所示，蓄水屋面既可隔热又可保温，还能保护防水层，延长防水材料的使用寿命。

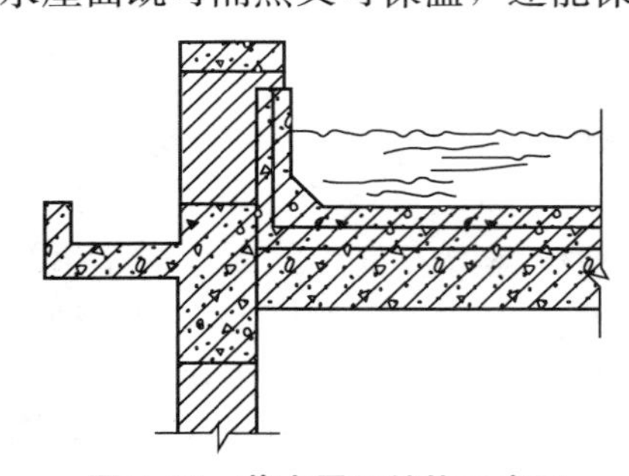

图 3.13 蓄水屋面结构示意图

蓄水屋顶的蓄水深度以 50～100mm 为合适，因水深超过 100mm 时，屋面温度与相应热流值下降不显著，水层深度以保持在 200mm 左右为宜。当水层深度 d=200mm 时，结构基层荷载等级采用 3 级(允许荷载 P=300kg/m^2)；当水层 d=150mm 时，结构基层荷载等级采用 2 级(允许荷载 P=250kg/m^2)。防水层的做法采用 40mm 厚、200 号细石混凝土加水泥用量 0.05%的三乙醇胺，或水泥用量 1%的氯化铁、1%的亚硝酸钠(浓度 98%)，内设 ϕ4mm、200mm×200mm 的钢筋网，防渗漏性最好。要求所有屋面上的预留孔洞、预埋件、给水管、排水管等，均应在浇筑混凝土防水层前做好，不得事后在防水层上凿孔打洞；混凝土防水层应一次浇筑完毕，不得留施工缝，立面与平面的防水层应一次做好，防水层施工气温宜为 5～35℃，应避免在低温或烈日暴晒下施工，刚性防水层完工后应及时养护，蓄水后不得断水。

3.5 建筑绿化与遮阳

3.5.1 外墙绿化隔热技术

外墙绿化具有美化环境、降低污染、遮阳隔热等多方面的功能。要想达到外墙绿化遮阳隔热的效果，外墙在阳光方向必须大面积的被植物遮挡。常见的有两种形式：一种是植物直接爬在墙上，覆盖墙面；另一种是在外墙的外侧种植密集的树林，利用树阴遮挡阳光。爬墙植物遮阳隔热的效果与植物叶面对墙面覆盖的疏密程度有关，覆盖越密，遮阳效果越好。外墙绿化效果如图 3.14 所示，这种形式的缺点是植物覆盖层妨碍了墙面通风散热，因此墙面平均温度略高于空气平均温度。植树遮阳隔热的效果与投射到墙面的树阴疏密程度有关，由于树林与墙面有一定距离，墙面通风比爬墙植物的效果好，因此墙面平均温度几乎等于空气平均温度，兼顾遮阳和采光。为了不影响房屋冬季争取日照的要求，南向外墙宜种植落叶植物。冬季叶片脱落，墙面暴露在阳光下，成为太阳能集热面，能将太阳能吸收并缓缓向室内释放，节约了常规采暖能耗。

图 3.14 外墙绿化效果

外墙绿化具有隔热和改善室外热环境双重热效益。被植物遮阳的外墙，其外表面温度与空气温度相近，而直接暴露于阳光下的外墙，其外表面温度最高可比空气温度高 15℃以上，两者的平均温差一般为 5℃左右。

为了达到节能建筑所要求的隔热性能，完全暴露于阳光下的外墙，其热阻值比被植物遮阳的外墙至少应高出 50%，即需要增大热阻才能达到同样的隔热效果。在阳光下，外墙外表面温度随热阻的增大而增大，最高可达 60℃以上，将对环境产生较强的加热作用。而一般植物在太阳光直射下的叶面温度最高为 45℃左右。因此，外墙绿化有利于改善城市的局部热环境，降低热岛效应强度。

与建筑遮阳构件相比，外墙绿化遮阳的隔热效果更好。各种遮阳构件，不管是水平的还是垂直的，它们遮挡了阳光，也成为太阳能集热器，吸收了大量的太阳辐射，大大提高了自身的温度，然后再辐射到被它遮阳的外墙上。因此被它遮阳的外墙表面温度仍然比空气温度高。而绿化遮阳的情况则不然，对于有生命的植物，具有温度调节、自我保护的功能。在日照下，植物把根部吸收的水分输送到叶面蒸发，日照越强，蒸发越大，犹如人体通过出汗，使自身保持较低的温度，而不会对它的周围环境造成过强的热辐射。因此，被植物遮阳的外墙表面温度低于被遮阳构件遮阳的墙面温度，外墙绿化遮阳的隔热效果优于遮阳构件。

3.5.2 外窗遮阳隔热技术

1．遮阳设施的功能与类型

遮阳设施可用于室外、室内或双层玻璃之间。它们可以是固定式、可调节式或活动式的，也可以从建筑形式及几何外形上加以变化而起遮阳的作用。内遮阳包括软百叶窗、可卷百叶窗及帘幕等，它们通常为活动的，即可升降、可卷或可从窗户上收走的，但有一些仅可调节角度。外遮阳包括卷帘、悬板、格栅、百叶窗、机翼和织物等不同类型，有手动和电动两种开启方式，如图 3.15 所示。双层玻璃间的遮阳包括软百叶帘、褶片及可卷的遮阳，它们通常为可调节的或可在内部伸缩的。

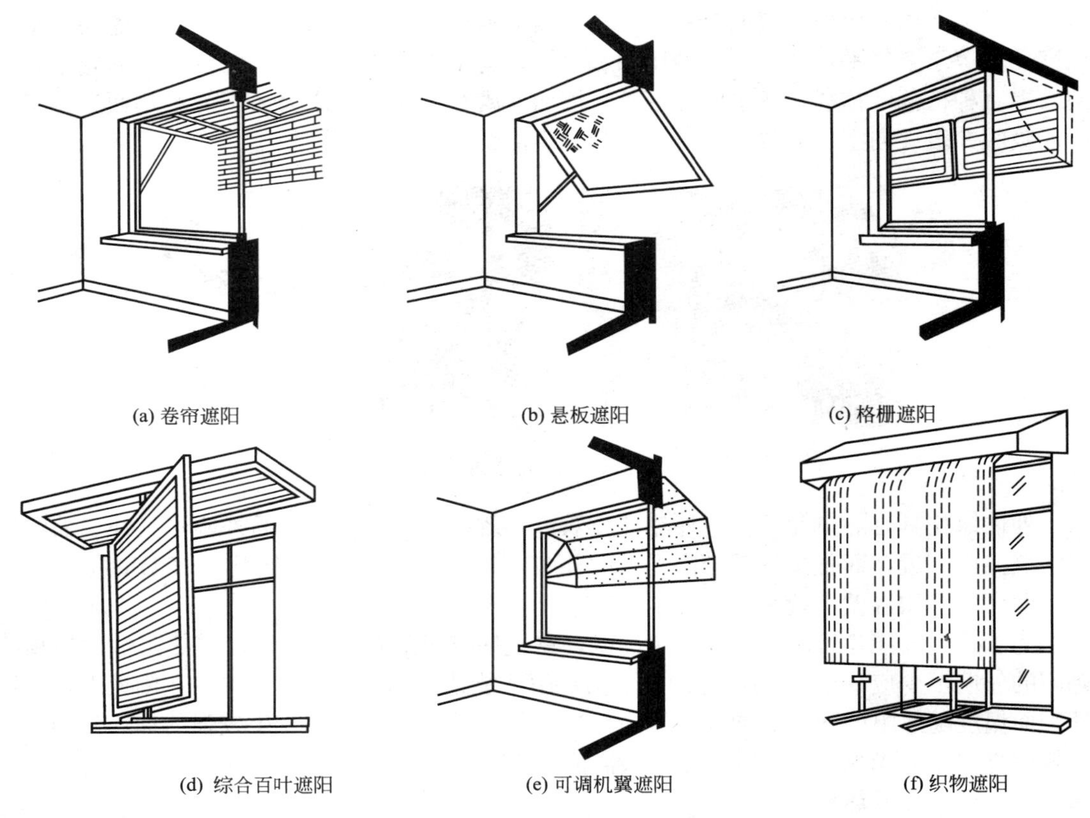

(a) 卷帘遮阳　(b) 悬板遮阳　(c) 格栅遮阳

(d) 综合百叶遮阳　(e) 可调机翼遮阳　(f) 织物遮阳

图 3.15　室外活动遮阳设施

遮阳设施可以起到不同的功用：固定地控制进入室内的热量或有选择地调节进入室内的热量(在过热期减弱阳光的作用，在低热期让阳光通过)。遮阳对采光、眩光、视野及通风等均可能产生一定的影响。这些因素的相对重要性，在不同的气候条件下和不同的环境中就有所不同。在住宅中，冬天希望有阳光直接射入，夏天则不希望，有时各种要求之间是互相矛盾的。例如，视觉上要求良好的采光与防止过热是矛盾的，但在许多情况下是可以找到一种办法来满足看来是互相矛盾的要求的。

可调节及可伸缩的遮阳设施可以随人们的意愿而调整，使之符合改变着的要求。但固定式遮阳则根据其几何外形、朝向，以及每日、每年太阳运动情况之间的关系，按预定的遮阳面起着固定的作用。为了调整其作用使之适合于功能的要求，有必要在设计遮阳设施的细部时，对于上述各项因素进行全面的考虑。

2. 可调节遮阳设施的效率

通过玻璃遮阳这一综合系统进入室内的热量可分为三部分：①辐射在遮阳条片间经反射后，通过综合系统透过的热量(q_{tsg})；②玻璃所吸收的热量(q_{ag})，其中约有 1/3 又转移至室内；③遮阳材料所吸收的热量(q_{as})，在内遮阳的情况下，这一部分热量几乎全部随即散失于室内而添加在总得热量内，在外遮阳的情况下，仅有约 5%的热量可以进入室内，其余全部散失于室外。

如果由于遮阳设施的几何排列不能遮挡全部日光时，则必须再加上第四部分热量，即通过遮阳条间的缝隙直接透入室内的部分。

有研究机构曾对不同类型可调节的内遮阳及外遮阳的太阳辐射透过系数进行过计算或实际测定，表 3-10 概括了其研究的若干成果，表中根据遮阳的吸收率及其对玻璃的位置，给出了不同遮阳设施的太阳辐射透过系数，其系数为通过无遮阳普通玻璃窗进入室内热量的百分数。

表 3-10 各种玻璃窗遮阳系统的太阳辐射透过系数

遮阳的吸收率	计算值	测定值	测定值	计算值	测定值	测定值	测定值
	玻璃窗与下列各种类型遮阳结合						
	内遮阳			外遮阳		可卷式遮阳	布窗帘
	倾斜 45°	倾斜 45°	倾斜 45°	倾斜 45°	倾斜 45°		
0.2%	40.3%	40%	—	12.8%	—	—	白色 38.2%
0.4%	51%	51%	乳白色 56%	10.2%	10%	乳白色 41%	—
0.6%	62%	61%	普通色 65%	8.05%	—	普通色 62%	—
0.8%	—	71%	暗色 75%	—	—	暗色 81%	暗色 64%
1.0%	83%	黑色 80%		5.0%	—	—	—

注：7 月 21 日下午 2 时的日射条件，北纬 32°。

由表 3-10 可见：①外遮阳的效率比内遮阳高得多；②外遮阳与内遮阳效率的差值随遮挡板颜色的加深而增高；③对外遮阳而言，颜色愈暗，效率愈高；④对内遮阳而言，颜色愈浅，效率愈高；⑤有效的遮阳，如外百叶，可消除 90%以上的太阳辐射加热作用；⑥效果差的遮阳，如暗色的内遮阳，预计有 75%～80%的太阳辐射可能进入室内。

上述外遮阳的效率随颜色的加深而增加的情况，仅存在于闭窗的条件下。在开窗时，颜色的作用在很大程度上取决于遮阳的朝向和风向之间的关系。例如，当下午为西风时，如窗户开着，则西墙上暗色的遮阳将会加热经过遮阳进入室内的气流；当采用比热容大的遮阳板，如混凝土板时，它对气流的加热作用在日落以后很长时间内还会继续存在。如暗色遮阳位于建筑物的背风面上，则它的加热作用就很小，因为经过遮阳的气流是离开建筑物的。

3.6 建筑节能的地域性

从建筑地域性对建筑能耗的影响关系上看，建筑能耗的形成及其变化规律主要涉及以下四方面的地域性因素：①该地域的建筑居住文化及居住水平；②该地域的建筑气候条件；③适应该地域的建筑能源资源；④适应该地域的建筑管理技术水平。

上述四方面中，气候是建筑自然地域性的主要因素和基本条件；建筑居住文化和居住水平是地域性建筑的显著特色；营造建筑环境的建筑材料、围护结构形式、设备系统要求采用适应地区气候、资源能源条件的技术路线和能源方式，使建筑能耗构成具有显著地域特点。后面两个因素与各地经济社会发展水平、人们居住文化和生活模式息息相关，是影响建筑能耗变化、导致建筑单体能耗差异的主要原因。

3.6.1 地域性居住差异对建筑能耗的影响

1. 居住文化的地域性

居住文化是指人类在建筑建造和居住过程中所采用的方式，以及创造的物质和精神成果的总和，包括居住环境建构的方式(动态的)和居住建筑建构的成果(静态的)两个方面，这两个方面都具有显著的地域性特征。地域建筑环境是居住文化的体现，它不仅满足了社会的物质功能要求，更体现了人们的精神需求，反映了隐含于其中的深层次的地域文化内涵，造就了建筑的地域特色。

居住文化的地域性强调的是对历史传统的尊重，强调建筑节能应因地制宜、建筑节俭、崇尚自然等节能理念，不同的建筑节能技术措施都与环境文化和居住传统相关。我国建筑历史上，无数南方、北方的传统民居，以及宫殿庙堂、亭台楼阁都体现出我国居住文化中的生态文明理念，是地域建筑随着气候、资源和当地历史文化差异而采取不同的建造技术策略，而实现居住舒适、贴近自然、人与自然和谐共处的价值追求。例如，我国黄土高原的窑洞背靠黄土高坡，依山凿出宽敞空间，向南开窗，最大限地利用太阳光，做到了保温蓄热、冬暖夏凉。这种典型的居住文化体现了人与自然和谐共生的生态文明思想，是人们在漫长历史发展过程中形成的居住文化传统和智慧，对建筑节能技术策略有重要导向作用。

2. 居住水平的地域性

从建筑发展过程来看，人类居住水平发展已经走过了三个阶段：第一个阶段是工业化阶段，主要解决住房的有无问题；第二个阶段是关注住宅性能和质量的阶段，关注住宅的品质优劣问题；第三个阶段是追求节能、生态、环保，也就是关注建筑与环境之间的关系问题。随着居住环境的改善，住房建设过程的一些问题也暴露出来。例如，住宅供需之间矛盾突出；住宅建设过程中土地、能源、材料浪费和环境污染严重；居住状况显著分化，高收入阶层购买一套或多套豪宅，中等收入家庭购买环境较好的普通商品住宅，而低收入家庭居住环境状况较差，加上进入城市就业的农村劳动力的居住贫困化，已经影响到城市的社会稳定和经济的持续发展；城镇居住建筑能耗总量逐年增长；不同地区及城市居住水平的差异加大，建筑能耗规模及其增长速度差异显著等。

由于居住水平不同，人们对居住条件和环境品质的要求不一样，导致建筑能耗需求就不同。现在的发达国家已经进入第三个阶段，而中国刚跨过第一个阶段，进入第二个阶段。中国要大力发展建筑节能，要把三个阶段并成一步，就需要充分考虑由于居住水平地域性决定的建筑节能地域性特征，探索适合我国国情的建筑节能发展之路。

3.6.2 地域性建筑气候对能耗的影响

气候的地域性决定了建筑能源需求的地域性。以我国气候特点为例，与世界上同纬度地区的平均温度相比，大体上1月东北地区气温偏低14～18℃，黄河中下游偏低10～14℃，长江南岸偏低8～10℃，东南沿海偏低5℃左右；而7月各地平均温度却大体要高出1.3～2.5℃，呈现出很强的大陆性气候特征。与此同时，我国东南地区常年保持高的相对湿度，整个东部地区夏季相对湿度很高，相对湿度维持在70%以上，即夏季闷热、冬天湿冷，气温日较差小。这样的气候条件使我国的建筑节能工作不能照搬国外的做法，我国南方的建筑节能也不能照搬北方建筑节能的做法，而迫切需要发展适合我国气候特征的建筑节能技术体系。

气候状况是影响建筑用能的最基本的环境条件。建筑气候决定了建筑能源需求的地域性，表现在建筑节能设计方案选择、建筑节能材料获取、暖通空调节能技术路线筛选等方面。中国不同地区建筑能源需求的特征是：北方城镇采暖能耗是除农村能耗外，占我国建筑能耗比例最大的一类建筑能耗，单位面积能耗高于其他各项建筑能耗；基于目前较低的室内采暖设定温度和间歇采暖方式，夏热冬冷地区城镇住宅单位面积采暖用电量较低；城镇住宅除采暖外的能耗总量从1996—2008年增加了2.5倍，而且随着生活水平提高还在逐年上升；农村住宅商品能耗总量有显著增加，生物质能比例逐年下降；公共建筑电力消耗增长较快，由于大型公建比例增加，导致公共建筑能耗增长超过了公共建筑面积的增长速度。所以，国内建筑能耗由于地区气候差异，表现出很强的地域特征，不同气候地区的建筑节能技术政策和技术策略都要与地域环境相适应。

3.6.3 基于地域性的建筑节能适宜技术

20世纪60年代西方学者舒马赫在其著作《小的是美好的》一书中最早提出了“适宜技术”的理论和观点。中国学者吴良镛提出发展“适宜技术”的科技政策，指出“所谓适宜技术”就是能够适应本国、本地条件，发挥最大效益的多种技术，既包括先进技术，也包括中间技术，以及稍加改进的传统技术。

建筑节能适宜技术是建筑节能技术适应于环境发展的结果，其适应性内容包含了节能技术对地域自然环境的适应、对人需求的适应和社会经济发展的适应3个方面。建筑节能适宜技术具有以下几个特征：①与地区气候等自然条件相适应；②充分利用当地的材料、能源和建造技术；③符合地区社会经济发展水平和人们居住行为习惯要求；④具有其他地域没有的特异性及明显的经济性。

上述基本特征表明，建筑节能适宜技术的中心意义就是通过采用适宜的节能技术、使用适宜节能材料、采用基于气候的建筑节能设计思路，并考虑环境保护来降低建筑人工舒适气候的环境支持成本，在营造最佳舒适气候的同时，使自然环境付出最小的代价。我国发展建筑节能适宜技术必须符合国情，通过引进发达国家成熟的技术而不一定是最先进的技术，以更加低廉的成本来实现本国技术升级，并在本地化利用过程中实现技术创新。

3.6.4 建筑围护结构合理保温隔热

合理保温隔热是指保温隔热的单位投资所减少的冷热耗量要显著，因为传热系数的降低与冷热耗量的减少不呈线性关系。

1. 经济合理性

经济合理性要求加强屋面与西墙的隔热。在外围护结构中，受太阳照射最多、时间最长的是屋面，其次是西墙。所以，隔热要求最高的是屋顶和西墙。夜间天空辐射散热最强的是屋顶，所以屋顶应是保温的重点。根据房屋的用途选择不同的隔热措施，对于白天使用和日夜使用的建筑有不同的隔热要求。白天使用的民用建筑，如学校、办公楼等要求衰减值大，延迟时间屋顶要有 6h 左右。这样，内表面最高温度出现的时间是下午 7 点左右，这已是下班或放学之后了。

对于被动式节能住宅，一般要求衰减值宜大，延迟时间屋顶要有 10h，西墙要有 8h，使内表面最高散热量出现在半夜。那时，室外气温较低，散热对室内的影响也减小了。对于间歇使用空调器的建筑，应保证外围护结构一定的热阻，外围护结构内侧宜采用轻质材料，既有利于空调器使用房间的节能，也有利于室外温度降低、空调器停止使用后房间的散热降温。

2. 安全合理性

安全合理性包括保温隔热层与结构层结合的牢固性，外饰面与保温隔热结合的牢固性，保温隔热层使用寿命与建筑本身使用寿命的关系等。

3. 地域合理性

不同气候地区应采取相应的保温隔热措施，夏热冬暖地区主要考虑夏季的隔热，要求围护结构白天隔热好；夏热冬冷地区，围护结构既要保证以夏季隔热为主，又要兼顾冬天保温要求；夏季闷热地区，即炎热而风小地区，隔热能力应大，衰减值宜大，延迟时间要足够长等；严寒、寒冷地区要求整个冬季漫长持续的保温要求。

本章小结

本章主要讲述建筑节能材料的热物理性能参数，建筑节能墙体、门窗和屋顶，建筑绿化与遮阳系数，建筑节能围护结构体系的地域性特征和建筑合理保温隔热的原则等。

本章的重点是建筑节能围护结构体系的保温隔热技术措施。

思 考 题

1. 什么是建筑节能材料的热物理性能，具体指标有哪些？
2. 墙体保温有哪些方式，其特点分别是什么？
3. 建筑屋顶保温隔热的重点是什么？不同种类的屋顶有什么特点？
4. 节能门窗有哪些类型，各有什么特点？
5. 建筑绿化和遮阳的方式有哪些？如何评价其节能效益？
6. 不同气候地区的建筑围护结构系统重点是什么？如何理解建筑结构体系的地域性？
7. 建筑合理保温隔热的原则有哪些？如何理解？
8. 请查阅文献，通过某建筑节能示范工程案例，具体说明建筑围护结构节能采取了哪些技术措施，对建筑能耗有什么影响。

第4章 建筑节能施工与系统调试

教学目标

本章主要讲述建筑节能施工方法与要点，以及建筑系统调试内容等。通过学习，学生应达到以下目标：

(1) 熟悉建筑节能施工的原则与方法；

(2) 了解不同建筑节能分项工程的施工工艺标准；

(3) 熟悉建筑节能调试的原则与方法；

(4) 了解建筑系统调试过程中的主要问题及解决途径。

教学要求

知识要点	能力要求	相关知识
建筑节能施工	(1) 熟悉建筑节能施工方法与要点 (2) 了解建筑节能施工中的常见问题与处理方法	(1) 保温屋面施工 (2) 门窗节能施工 (3) 墙体节能施工 (4) 建筑设备设施系统的安装
建筑节能系统调试	(1) 熟悉建筑系统调试的概念 (2) 了解建筑系统调试的过程	(1) 建筑系统调试 (2) 建筑调试过程 (3) 建筑调试设备

基本概念

保温屋面施工，门窗节能施工，墙体节能施工，建筑设备设施系统的安装，建筑系统调试，建筑调试过程，建筑调试设备

引例

由国家建设部编制的《建筑节能工程施工质量验收规范》已于2007年10月1日实施。这是我国第一次把节能工程明确规定为建筑工程的一项分部工程，实现了全方位的闭合管理的规范性文件，也是我国建筑工程施工节能减排的指导性文件。根据《建筑节能工程施工质量验收规范》的要求，建筑工程的设计单位、施工单位、工程监理单位及其注册执业人员，应当按照民用建筑节能强制性标准进行设计、施工、监理等环节：首先是节能设计，从设计开始注意根据房屋本身的节能效果和业主的使用要求，包括房屋的围护结构节能设计，节能、节电、节水、节材和产品的性能设计等。其次是推广使用节能材料

和产品，推广使用节能的新技术、新工艺、新材料和新设备，限制使用或者禁止使用能源消耗高的技术、工艺、材料和设备，设计、安装节电节水型器具。再次是在施工管理环节，一方面要注意保护已有节能建筑的结构和设施；另一方面，对进入施工现场的墙体材料、保温材料、门窗和照明设备进行查验，严格按照规范要求进行施工，保证节能施工的节能效果。如，北京射击馆为2008年北京奥运会射击比赛用馆，其建筑外形简洁明快，工程采用了大跨度现浇预应力异形截面轻质材料填充楼板、无装饰清水混凝土、智能型呼吸式幕墙、预制清水混凝土外挂板、太阳能光电、光热、先进的空气处理技术、绿色照明、高效的外墙保温、智能管理、中水、雨水利用、节水设施等绿色建筑和绿色施工技术，圆满实现了“绿色奥运、科技奥运、人文奥运”三大理念。

在引起外保温工程质量问题的各种因素中，由于施工操作原因而产生的质量问题占大部分。规范外保温工程施工操作程序与流程，强化施工过程的严格质量监控，根据产品特点进行专业化施工、专业化指导、专业化质量跟踪与管理，是保证外保温工程质量的重要控制手段。比如保温板安装问题：保温板属于外保温系统中的保温隔热材料，是系统的核心。它的安装质量好坏直接决定着保温系统质量目标的实现。保温板的安装质量涉及板与基层黏结是否稳定牢固；板在墙面上是否排布规范，特别在门窗洞口部位、阴阳角处及与外饰构件接口处；板粘贴好后看看保温层在墙面上是否平整。如，保温板安装常见问题有：①墙面交错排布不严格；②板与基层面有效黏结面积不足，达不到40%的规范要求，或出现虚粘等现象，达不到个体工程设计要求；③板与板接缝不紧密或接槎高差大，或外饰件紧密度太差；④板缝接近或与窗边平齐，不符合规范要求；⑤板面平整度不符合标准等。相应的纠正措施有：加强施工人员素质与技术培训(培训板面布胶、板裁剪、板排布、板拍打挤压胶料、板缝及板与外饰件间密封、板打磨等操作技能)，强调板安装质量的重要性；加强管理人员的检查职能；严格监理人员验收，并做好记录。

本章内容基于《建筑节能工程施工质量验收规范》，分别从屋顶、门窗、外墙及建筑设备系统角度介绍节能施工工艺流程及质量要求，并对建筑调试程序、调试设备及建筑系统调适常见问题的处理进行介绍。

4.1 建筑节能施工概述

4.1.1 建筑节能施工内容及程序

按照《建筑节能工程施工质量验收规范》(GB 50411—2007)的强制性要求，在节能施工中重点把握4个方面的内容：

(1) 墙体、屋面、地面等围护结构方面。墙体、屋面和地面围护节能工程使用的保温隔热材料的导热系数、密度、抗压强度、燃烧性能应符合设计要求。严寒和寒冷地区外墙热桥部位，应按设计要求采取节能保温等隔断热桥措施。

(2) 门窗节能工程方面。建筑外窗的气密性、保温性能、中空玻璃露点、玻璃遮阳系数和可见光透射比应符合节能设计要求。

(3) 采暖节能工程方面。采暖系统的制式，应符合设计要求；散热设备、阀门、过滤器、温度计及仪表应按设计要求安装齐全，不得随意增减和更换；室内温度调控装置、热计量装置、水力平衡装置及热力入口装置的安装位置和方向应符合设计要求，并便于观察、操作和调试。

(4) 配电与照明方面。低压配电系统选择的电缆、电线截面不得低于设计值，进场时应对其截面和导体电阻值进行取样送检。设备改造主要是照明节能改造，如在公用部位安装节能灯和声、光控感应灯具等。

建筑节能施工分部的子分部和分项工程见表 4－1。

表 4－1　建筑节能施工分部的子分部和分项工程

序号	子分部工程	分项工程验收内容
1	墙体	主体结构基层、保温材料、饰面层
2	门窗	门、窗、玻璃、遮阳设施
3	屋面	基层、保温隔热层、保护层、防水层、面层
4	楼地面	基层、保温隔热层、隔离层、保护层、防水层、面层
5	通风与空气调节	风机、空气调节设备、空调器末端设备、阀门与仪表、绝热材料、调试
6	空调与采暖系统的冷热源和附属设备及其管网	冷热源设备、辅助设备、管网、阀门与仪表、绝热和保温材料、调试
7	配电与照明	低压配电电源、照明光源和灯具、附属装置、控制功能、调试
8	监测与控制	冷热源、空调器水的监测控制系统、通风与空调系统的监测控制系统、监测与计量装置、供配电的监测控制系统、照明自动控制系统、综合控制系统

建筑节能分部工程相关国家现行主要法律法规、技术标准规范见表 4－2。

表 4－2　建筑节能分部工程相关国家现行主要法律法规、技术标准规范

名　　称	编　　号	年号	批准部门
公共建筑节能检测标准	JGJ/T 177—2009	2009	住房和城乡建设部
建筑节能工程施工质量验收规范	GB 50411—2007	2007	建设部
公共建筑节能设计标准	GB 50189—2005	2005	建设部、质检总局
公共建筑节能改造技术规范	JGJ 176—2009	2009	住房和城乡建设部
建筑电气工程施工质量验收规范	GB 50303—2002	2002	建设部、质检总局
建筑给水排水及采暖工程施工质量验收规范	GB 50242—2002	2002	建设部
居住建筑节能检测标准	JGJ/T 132—2009	2001	住房和城乡建设部
建筑工程施工质量验收统一标准	GB 50300—2013	2001	建设部
采暖通风与空气调节工程检测技术规程	JGJ/T 260—2011	2011	住房和城乡建设部
建筑装饰装修工程质量验收规范	GB 50210—2001	2001	建设部、质检总局
玻璃幕墙工程质量检验标准	JGJ/T 139—2001	2001	建设部
建筑地面工程施工质量验收规范	GB 50209—2010	2010	住房和城乡建设部

（续）

名　　称	编　　号	年号	批准部门
屋面工程质量验收规范	GB 50207—2012	2012	住房和城乡建设部
建筑外门窗气密、水密、抗风压性能分级及检测方法	GB/T 7106—2008	2008	质检总局、国家标准化管理委员会
全国民用建筑工程设计技术措施《节能专篇》2007版	JSCS—CP 1—2009	2009	住房和城乡建设部

建筑节能工程子分部、分项质量控制程序如图 4.1 所示。建筑节能工程竣工验收程序如图 4.2 所示。

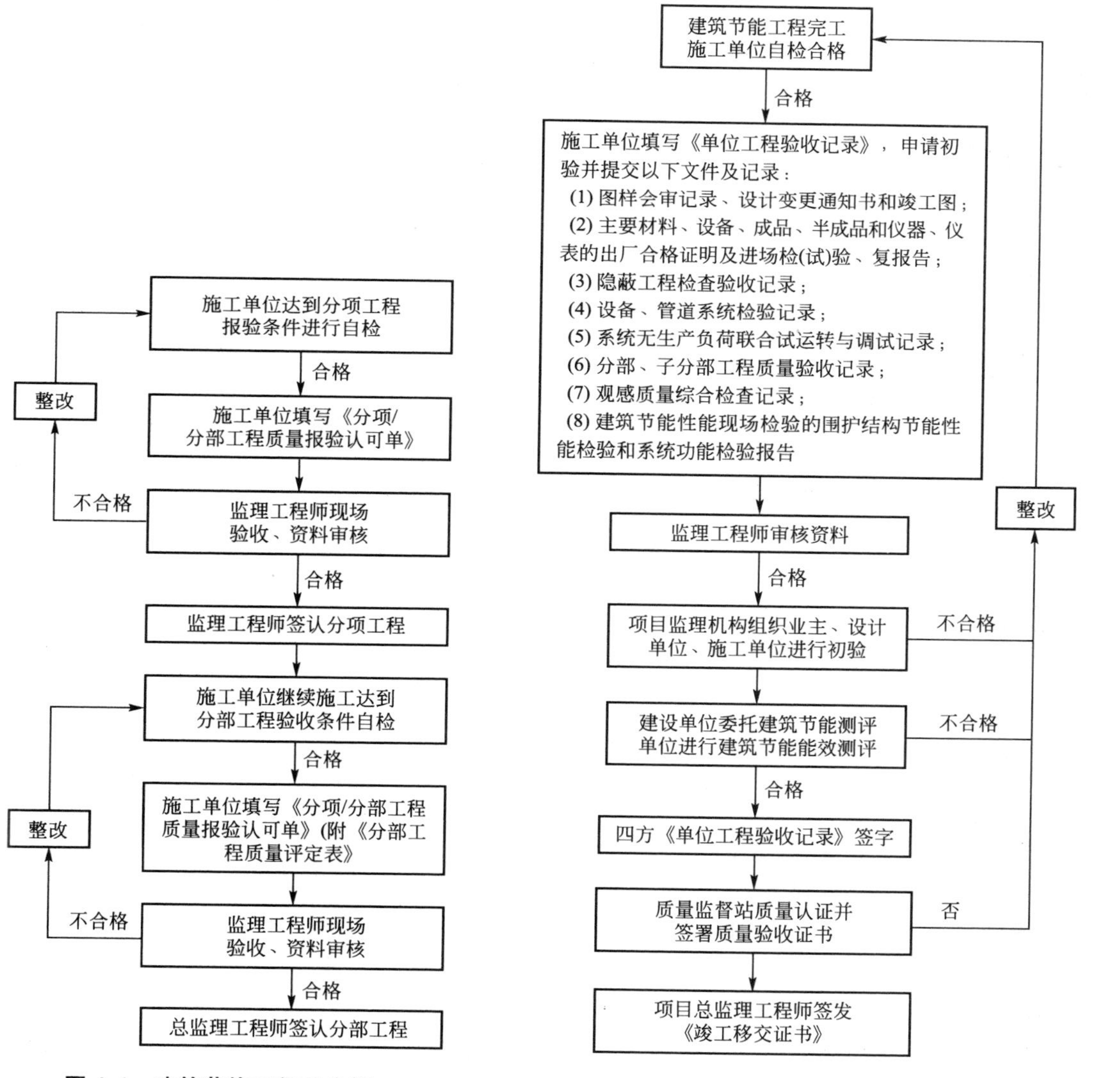

图 4.1　建筑节能工程子分部、分项质量控制程序

图 4.2　建筑节能工程竣工验收程序

4.1.2 建筑绿色施工程序及原则

绿色施工是指工程建设中，在保证质量、安全等基本要求的前提下，通过科学管理和技术进步，最大限度地节约资源，减少能源消耗，降低施工活动对环境造成的不利影响，提高施工人员的职业健康安全水平，保护施工工作人员的安全与健康。绿色施工作为绿色建筑可持续发展的重要手段和实施环节，如何让施工绿色化和促进建设资源的节能和最大限度地使用，成为绿色施工的重要发展方向。要实施绿色施工，施工材料的选择固然重要，但是从施工工艺上来达到资源节约和后期运行环保的效果则尤为重要。建筑施工现场一般都会产生废弃物，通过建立相应的组织机构，运用先进技术工艺来形成二次利用。节能材料、构配件和设备质量控制程序如图 4.3 所示。图 4.4 是绿色建筑建设的流程，其中绿色施工就是绿色建筑质量控制和寿命周期能耗控制的关键环节。

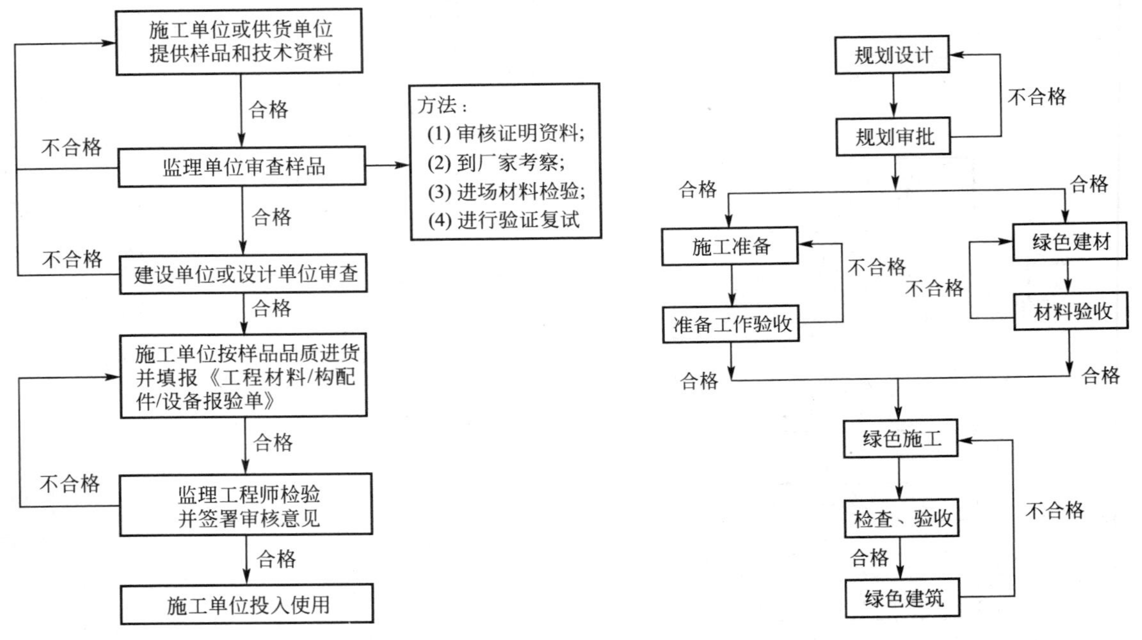

图 4.3 节能材料、构配件和设备质量控制程序

图 4.4 绿色建筑建设的流程

绿色施工原则主要包括以下两个方面。

(1) 施工无污染原则。传统的施工技术会产生噪声、粉尘等环境污染，严重影响人们生活质量。而施工无污染原则体现了非传统的施工技术在满足施工生产需要的同时，尽可能地做到自然资源的合理利用、严格控制并尽量消除施工过程中产生的环境污染，使环境、资源、能源得到最大力度的保护。

(2) 节约资源原则。遵循该原则，就是要最大限度地利用自然资源，实现用最少的资源达到工程施工目标。而实现这一原则，施工单位必须加强对现有资源的合理使用，切实做到资源循环利用，能够用最少的材料和能源实现施工目标。

4.2 建筑节能施工方法与施工要点

4.2.1 保温屋面施工

屋面保温材料必须由材料员进行验收，保温材料要注意防止破坏，不然保温效果差。以XPS板(挤塑型聚苯乙烯泡沫板)保温屋面为例，屋面保温材料采用20mm厚的XPS板，要求导热系数为0.030W/(m·K)，材料进场后由材料员进行外观验收，检查其外形、容重、厚度，外形应整齐。应根据块材单块体积，计算其重量，检查容重是否超标，办理验收手续和记录。保温材料堆放要注意防潮，防止破坏和污染。防水材料的出厂质量证明文件应齐全，使用国家认证的厂家和有材料质量证明的材料，同时由现场实验员负责取样送检，合格后方可使用。

节能屋面施工步骤：清理基层表面→细部处理→配制底胶→涂刷底胶(相当于冷底子油)→细部附中层施工→第一遍涂膜→第二遍涂膜→第三遍涂膜防水层施工→防水层一次试水→保护层饰面层施工→防水层二次试水→防水层验收。

1. 保温层施工

(1) 基层应平整、干净、干燥。

(2) XPS板的铺贴方式采用干铺。

(3) XPS板不应破碎、缺棱角，铺设时遇有缺棱掉角、破碎不齐的，应锯平拼接使用。

(4) 板与板间之间要错缝、挤紧，不得有缝隙。若因XPS板裁剪不方正或裁剪不直而形成缝隙，应用XPS板条塞入并打磨平。

2. 找坡层施工

(1) 先按设计坡度及流水方向，用砂浆打点定位，确保坡度、厚度正确。

(2) 铺设水泥陶粒找坡，用平板振动器适当压实，表面平整，找坡正确。

(3) 找坡层完工后，应用彩条布覆盖，以防浸水和破坏。

(4) 铺设找坡层时，应按设计规定埋设好排气槽、管。

3. 水泥砂浆找平层施工

(1) 对水泥砂浆的要求。严格控制配合比，使用清净中砂并过5mm孔筛，含泥量不大于3%。

(2) 做好防水基层的处理。板面上的垃圾、杂物、硬化的砂浆块等必须清除干净，墙上四周必须弹出水平标高控制线(50线)。孔洞、管线应事前预埋、预留，严禁事后打洞。

(3) 施工前应在底层先刷一道素水泥浆，找平层应黏结牢固，没有松动、起砂、起皮等现象，表面平整度不大于5mm。

(4) 找平层应设置30mm宽分隔缝，间距不大于6m×6m。

(5) 在女儿墙、管道出屋面处均做成半径不小于10～15cm的圆角。

(6) 防水层施工前，现场要进行基层检验。一般是将一块薄膜覆盖在找平层上，次日早上掀起薄膜处没有明显的潮湿痕迹，则可进行防水层施工。

4. 防水层施工

涂刷防水层的基层表面，必须将尘土、杂物等清扫干净，表面残留的灰浆硬块和突出部分应铲平、扫净，抹灰、压边，阴阳角处应抹成圆弧或钝角。涂刷防水层的基层表面应保持干燥，并要平整、牢固，不得有空鼓、开裂及起砂等缺陷。在找平层接地漏、管根、出水口、卫生洁具根部(边沿)，收头要圆滑。坡度符合设计要求，部件必须安装牢固，嵌封严密。突出地面的管根、地漏、排水口、阴阳角等细部，应先做好附加层增补处理，刷完聚氨酯底胶后，经检查并办完隐蔽工程验收。防水层所用的各类材料，如基层处理剂、二甲苯等均属易燃物品，储存和保管时要使其远离火源，施工操作时，应严禁烟火。防水层施工不得在雨天、大风天进行，冬期施工的环境温度应不低于5℃。

屋面节能工程控制目标值见表4-3。

表4-3　屋面节能工程控制目标值

控制项目			检验方法	检查数量
主控项目	1	用于屋面的保温隔热材料，其干密度或密度、导热系数、抗压(10%)强度、阻燃性必须符合设计要求和有关标准的规定	检查材料合格证、技术性能报告、进场验收记录和复验报告	按相关规定进行
	2	屋面保温隔热层的敷设方式、厚度、缝隙填充质量及屋面热桥部位的保温隔热做法，必须符合设计要求和标准的规定	观察检查、保温板或保温层采取针插法或剖开法用尺量其厚度	按相关规定进行
	3	屋面节能工程的保温隔热材料，及品种、规格应符合实际要求和相关标准的规定	观察、尺量检查；核查质量证明文件	按相关规定进行
	4	屋面节能工程使用的保温隔热材料，其导热系数、密度、抗压强度、燃烧性能应符合实际要求	核查质量证明文件及进场复验报告	按相关规定进行
一般项目	1	松散材料应分层敷设、压实适当、表面平整、坡向正确	观察检查，检查施工记录	按相关规定进行
	2	现场喷、浇、抹等施工的保温层配合比应计量准确、搅拌均匀、分层连续施工，表面平整，坡向正确		
	3	板材应粘贴牢固、缝隙严密、平整		

4.2.2　门窗节能施工

门窗施工流程如下：准备工作→测量、放线→确认安装基准→安装门窗框→校正→固定门窗框→土建抹灰收口→安装门窗扇→填充发泡剂→塞海绵棒→门窗外周圈打胶→安装门窗五金件→清理、清洗门窗→检查验收。主要阶段的要求如下。

1. 施工准备

在门窗洞口边上弹好门窗安装位置墨线，检查门窗洞口尺寸是否符合设计要求。门窗如有变形、松动等问题，及时修整、校正。铝合金窗要有泄水结构，推拉窗可在导轨靠两边框位处铣 8mm 宽泄水口。

2. 门窗制作加工

建筑工程门窗均由专业生产厂家制作加工，加工好后运至现场安装。门窗的型号、数量、规格尺寸、开启形式及开启方向、材料品种、加工质量必须符合设计图样、产品国家标准及施工规范的要求，各种附件配套齐全，并具有产品出厂合格证。对不符合要求的做退场处理，不能使用。

门窗进场后，应将门窗框靠墙的一面涂刷防腐材料，进行防腐处理后存放在仓库内，铝合金门窗要求竖直排放，底部应垫平、垫高。

3. 铝合金门窗安装

(1) 安装铝合金门窗应采用预留洞口的方法。洞口每边应预留安装间隙 20～30mm。门窗安装前，弹出门窗安装位置线，并按设计要求检查洞口尺寸，与设计不符合时应予以纠正。

(2) 防腐处理。门窗框四周与墙体接触的部分应做防腐处理，按设计要求执行。铝合金门窗选用的连接件及固定件，除不锈钢外，均应经防腐处理，连接时宜在与铝材接触面加塑料或橡胶垫片。

(3) 门窗框就位和临时固定。根据门窗安装位置墨线，将门窗框装入洞口就位，将木楔塞入门窗框与四周墙体间的安装缝隙，调整好门窗框的水平、垂直、对角线长度等位置，以及形状偏差应符合检评标准，用木楔临时固定。

(4) 门窗框、拼樘料与墙体的连接固定。门窗框、拼樘料与墙体的连接固定应符合下列规定。

① 连接固定形式应符合设计要求；

② 连接件与铝合金门窗外框紧固应牢固可靠，不得有松动现象；

③ 连接件不得露出塞缝饰面外；

④ 固定件离墙边缘不得小于 50mm，且不能固定在砖缝中；

⑤ 焊接连接铁件时，应采取有效措施保护门窗框；

⑥ 与砖墙体连接固定时，严禁采用射钉。

(5) 门窗框与墙体安装缝隙的密封。

① 铝合金门窗框安装连接固定后，应先进行隐蔽工程验收，检查合格后再进行门窗框与墙体安装缝隙的密封处理；

② 门窗框与墙体安装缝隙的处理，按设计规定执行；

③ 塞缝施工时不得损坏铝合金门窗防腐面；

④ 铝合金门窗安装过程中使用的调平块(木楔)，应在饰面施工前取出，并将洞口填塞饱满，不得留在饰面内；

⑤ 铝合金门窗框在塞缝前应贴满保护胶纸，防止铝合金门窗框表面的镀膜受到水泥砂浆的腐蚀；在饰面完成后，再将保护胶纸撕除；若铝合金门窗框表面不慎粘有水泥砂浆，要及时清理，以保护表面质量。

(6) 外墙饰面砖施工时，在铝合金门窗外周边留宽5mm、深8mm的槽，用防水胶密封。

(7) 五金配件安装。五金配件应齐全，保证其安装牢固、位置正确、使用灵活。安装用螺钉应采用铜或不锈钢螺钉，窗框两侧应装防撞胶条。

(8) 安装门窗扇及门窗玻璃。

① 门窗扇及门窗玻璃安装在墙体饰面工程完成后进行；

② 平开门窗框构架组装上墙，固定好后安装玻璃，先调好框与扇的缝隙，再将玻璃入扇调整，最后镶嵌密封条和填嵌密封胶；

③ 推拉窗在窗框安装固定好之后将配好玻璃的窗扇整体安装，即将玻璃入扇镶嵌密封完毕，再入框安装，调整好框与扇的缝隙。

门窗节能工程监理控制目标值见表4－4。

表4－4　门窗节能工程监理控制目标值

控制项目			检验方法	检查数量
主控项目	1	建筑外窗的气密性、传热系数、露点、玻璃透过率和可见光透射比应符合设计要求和相关标准中对建筑物所在地区的要求	检查产品技术性能检测报告、进场复验报告和实体抽样检测报告	按相关规定进行
	2	建筑门窗玻璃应符合下列要求：建筑门窗采用的玻璃品种、传热系数、可见光透射比和遮阳系数应符合设计要求，镀(贴)膜玻璃的安装方向应正确	观察，检查施工记录，检查技术性能报告	按相关规定进行
	3	中空玻璃的中空层厚度和密封性能应符合设计要求和相关标准的规定，中空玻璃应采用双道密封	检查产品合格证、技术性能报告，观察	按相关规定进行
	4	外门窗框与副框之间应使用密封胶密封；门窗框或副框与洞口之间的间隙应采用符合设计要求的弹性闭孔材料填充饱满，并使用密封胶密封	检查隐蔽工程验收记录，观察及启闭检查	按相关规定进行
	5	凸窗周边与室外空气接触的围护结构，应采取节能保温措施	检查保温材料厚度	全数检查
	6	特种门的节能措施，应符合设计要求	对照设计文件观察检查	全数检查
一般项目	门窗扇和玻璃的密封条，其物理性能应符合相关标准中对建筑物所在地区的规定。密封条安装位置正确、镶嵌牢固，接头处不得开、裂；关闭门窗时密封条应确保密封作用，不得脱槽		检查产品合格证、技术性能报告，观察及启闭检查	按相关规定进行

4.2.3 墙体节能施工

第 3 章已介绍了外墙按其保温层所在位置分为单一保温外墙、内保温外墙、外保温外墙和夹心保温外墙 4 种类型。

以外保温复合墙体为例，施工工艺流程如图 4.5 所示，安装如图 4.6 所示。

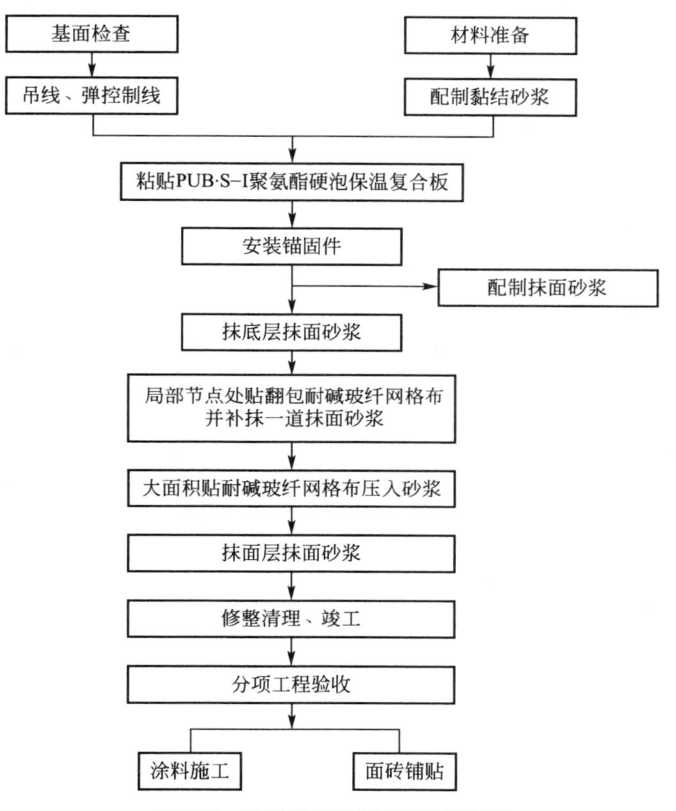

图 4.5 外墙外保温施工工艺流程

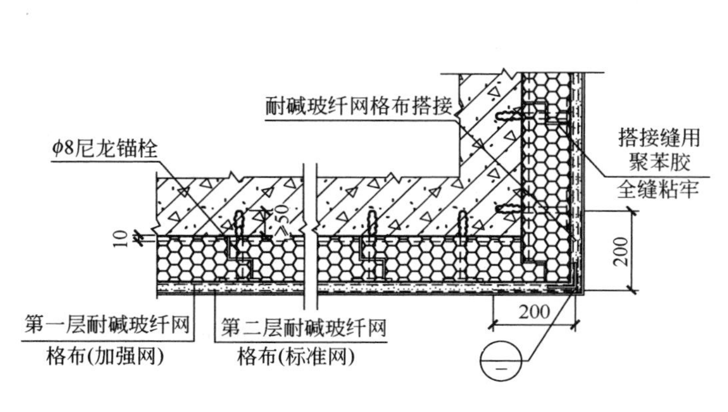

图 4.6 外墙外保温安装

这类墙体的主要施工阶段如下。

1. 施工准备

砖采用加气混凝土砌块，强度等级必须符合设计要求，并应规格一致，有出厂证明。水泥一般采用32.5级矿渣硅酸盐水泥和普通硅酸盐水泥。砂采用中砂，应过5mm孔径的筛。配置M5以下的砂浆，砂的含泥量不超出10%，M5以上的砂浆中砂的含泥量不超过5%，并不得含有草根等杂物。砌筑前一天，应将预砌墙与原结构相接处洒水湿润，以保证砌体黏结。

加气混凝土砌块主规格的长度为600mm，墙厚一般等于砌块宽度，其立面砌筑形式只有全顺式一种。上下皮竖缝相互错开不小于砌块长度的1/3。如不能满足时，在水平灰缝中设置两根直径6mm的钢筋或直径4mm的钢筋网片，加筋长度不少于700mm。

2. 加气混凝土砌块墙砌筑要点

加气混凝土砌块砌筑时，应向砌筑面适量浇水。在砌块墙底部应用烧结普通砖或多孔砖砌筑，其高度不宜小于200mm。不同干密度和强度等级的加气混凝土砌块不应混砌。加气混凝土砌块也不得与其他砖、砌块混砌。但在墙底、墙顶及门窗洞口处局部采用烧结普通砖和多孔砖砌筑不视为混砌。灰缝应横平竖直，砂浆应饱满。水平灰缝厚度不得大于15mm。竖向灰缝宜用内外临时夹板夹住后灌缝，其宽度不得大于20mm。砌体填充墙墙高超过4m时，宜在墙高中部(或门洞顶部)设置与柱或混凝土墙连接的通长钢筋混凝土水平拉梁，拉梁主筋为4Φ12，箍筋为φ6@150，宽度同墙厚，梁高为180mm。

各层砌体填充墙均应在下列部位设置稳定墙体的构造柱：平面上所标处；墙转角处、墙尽端处、墙窗边处；墙长大于4m时，应在中段设构造柱，使两构造柱间墙长小于4m，构造柱截面尺寸除特别注明外，可取柱宽同墙厚，截面高250mm，竖筋4Φ12，箍筋φ6@200，混凝土强度等级C20，构造柱相连的上下梁板内应预埋插筋，插筋的直径与根数同柱内竖筋，插筋锚固长度与搭接长度各为$35d$和$42d$，墙内的构造柱应先砌墙后浇柱，且沿高度埋设2φ6@500墙体锚拉筋，外露锚长1000mm。墙体门窗洞口及设备洞口顶部无梁处均按91EG323选用GL3型过梁，过梁与混凝土柱或墙相连时，过梁改为现浇。砌到接近上层梁、板底时，宜用烧结普通砖斜砌挤紧，砖倾斜度60°左右，砂浆应饱满。

3. 墙体节能工程质量的预控与控制要点

工程中采用的加气混凝土砌块要符合设计要求，砌块的厚度必须满足设计要求，检查的方法：表观、尺量、质量证明文件。所以在砌块进场后，必须马上现场抽查，并要取样送检，检测其导热系数、密度、抗压强度、燃烧性能，检测结果出来后送设计人员复核，合格后再投入工程中。墙体节能工程施工前按照设计和施工方案的要求对基层进行处理，处理后的基层经工程验收应达到合格质量，应符合保温层施工方案的要求。墙面的门窗框、水落管、进户管线、预埋件、设备连接件等均应安装完毕，才能进行面层施工。检验方法：对照设计和施工方案观察检查；核查隐蔽工程验收记录。

墙体节能工程各层的构造做法应符合设计要求，并按照经过审批的施工方案施工；尤其门窗四角是应力集中部位，规定门窗四角处要加钉钢丝网，避免因板缝而产生裂缝。检验方法：对照设计和施工方案观察检查；核查隐蔽工程验收记录。保温砌块砌筑的墙体，应采用具有保温功能的砂浆砌筑。砌筑砂浆的强度等级应符合设计要求。墙体的水平灰缝饱满度不应低于90%，竖向的灰缝不应低于80%。检验方法：对照设计核查施工方案和保温砂浆强度试验报告。用百格网检查灰缝砂浆饱满度。当采用加强网作为防止开裂的措施时，加强网的铺贴、搭接应符合设计和施工方案的要求。砂浆抹平应密实，不得有空鼓，加强网不得皱褶、外露。检验方法：观察检查；核查隐蔽工程验收记录。

设置空调器的房间，其外墙热桥部位应按设计要求采取热桥隔断措施。检验方法：对照设计和施工方案观察检查；核查隐蔽工程验收记录。施工产生的墙体缺陷，如穿墙套管、脚手眼、孔洞等，应按施工方案采取热桥隔断措施。检验方法：对照施工方案观察检查。墙体上容易碰撞的阳角、门窗洞口基不同材料基体的交接处等特殊部位，其保温层应采取防止开裂和破损的加强措施。检验方法：观察检查；核查隐蔽工程验收记录。

墙体节能工程应在主体结构及基层质量验收合格后施工，与主体结构同时施工的墙体节能工程，应与主体结构一同验收。对既有建筑进行节能改造施工前，应对基层进行处理，使其达到设计和施工工艺的要求。外墙在室外±0～+200mm处刷保温砂浆，再往上是托架，上部做保温板，如图4.7所示。

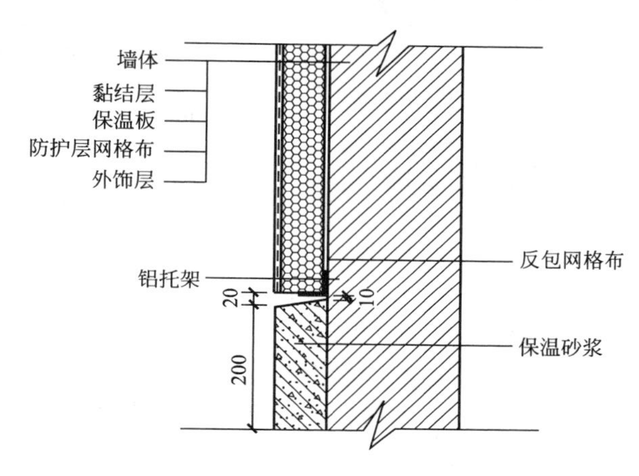

图4.7　外墙底层保温做法

墙体节能工程采用的保温材料和黏结材料，进场时应对其下列性能进行复验：板材的导热系数、材料密度、抗压强度、阻燃性；保温浆料的导热系数、抗压强度、软化系数和凝结时间；黏结材料的黏结强度；增强网的力学性能、抗腐蚀性能；其他保温材料的热工性能；必要时，可增加其他复验项目或在合同中约定复验项目。

墙体节能工程还应对下列部位或内容进行隐蔽工程验收，并应有详细的文字和图片资料：保温层附着的基层及其表面处理、保温板黏结或固定、锚固件、增强网铺设、墙体热桥部位处理、大模内置保温板的板缝及构造节点，墙体节能工程的隐蔽工程应随施工进度及时进行验收。

墙体节能工程验收的检验批划分应按相关规定执行。当需要划分检验批时，可按照相同材料、工艺和施工做法的墙面每500～1000m^{2}面积划分为一个检验批，不足500m^{2}也为一个检验批。检验批的划分也可根据与施工流程相一致且方便施工与验收的原则，由施工单位与监理(建设)单位共同商定。

4.2.4　设备设施系统安装工程

1. 施工要求

冷热管道及设备绝热材料层应密实，无缝隙、空隙等缺陷，表面应平整。当采用卷材和板材时，允许偏差为5mm；采用涂抹和其他方式时，允许偏差为10mm。不同类型的管道保温材料如图 4.8 所示。

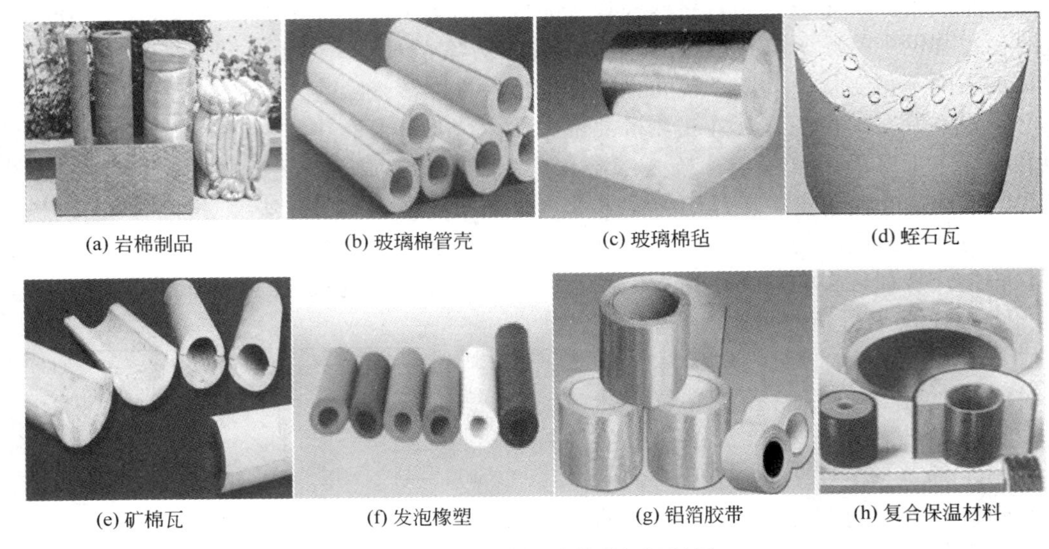

(a) 岩棉制品 (b) 玻璃棉管壳 (c) 玻璃棉毡 (d) 蛭石瓦

(e) 矿棉瓦 (f) 发泡橡塑 (g) 铝箔胶带 (h) 复合保温材料

图 4.8 不同类型的管道保温材料

管道保温方法有以下 7 种。

① 涂抹法。把散状保温材料与水调成胶泥分层涂抹在管道上，如图 4.9 所示。

② 绑扎法。用镀锌铁丝把保温瓦块绑扎在管道上，如图 4.10 所示。

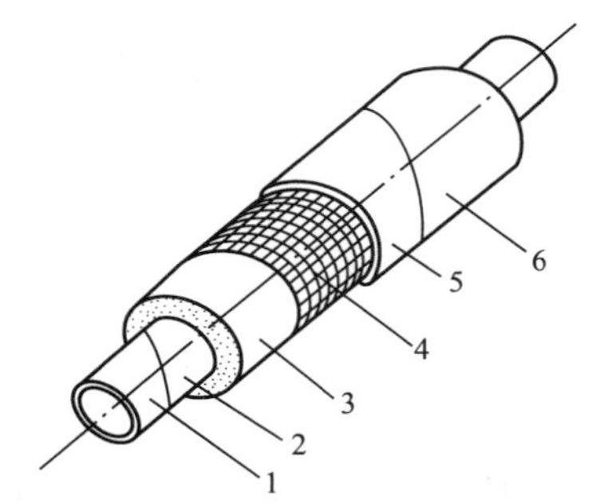

图 4.9 涂抹法保温结构做法

1. 管道；2. 防锈漆；3. 保温层；4. 铁丝网；5. 保护层；6. 防腐漆

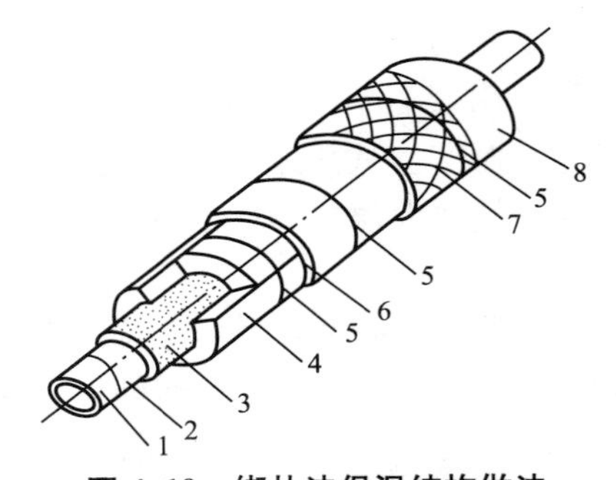

图 4.10 绑扎法保温结构做法

1. 管道；2. 防锈漆；3. 胶泥；4. 保温材料；5. 镀锌铁丝；6. 沥青油毡；7. 玻璃丝布；8. 防腐漆

③ 粘贴法。用黏接剂把保温板粘贴在风管等表面上，如图 4.11 所示。

④ 钉贴法。把保温钉粘贴在风管或设备表面，用以固定保温层，如图 4.12 所示。

⑤ 风管内保温。把保温层固定在风管内壁，如图 4.13 所示。

⑥ 缠包法。把软质保温卷材以螺旋状缠包在管道上，如图 4.14 所示。

⑦ 套筒式。把保温管壳套在管道上，如图 4.15 所示。

在通风与空调工程中，管道绝热层施工时，应采取有效措施，避免热桥。

1）管壳绝热层施工

(1) 管壳、管道的规格应一致，材质和规格应符合设计要求。

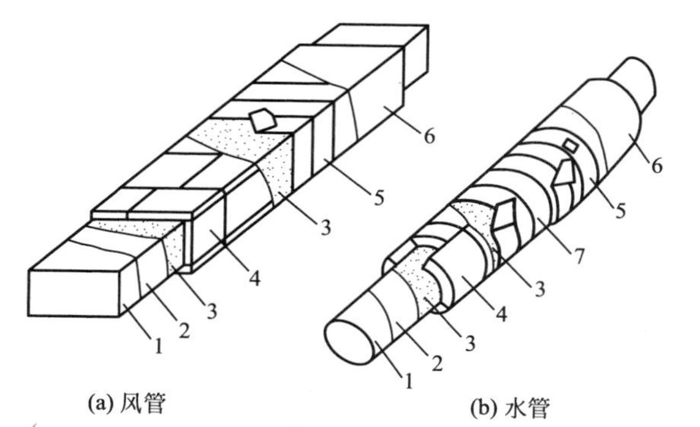

图 4.11 粘贴法保温结构做法

1. 管道；2. 防锈漆；3. 黏接剂；4. 保温材料；5. 玻璃丝布；6. 防腐漆；7. 聚乙烯薄膜

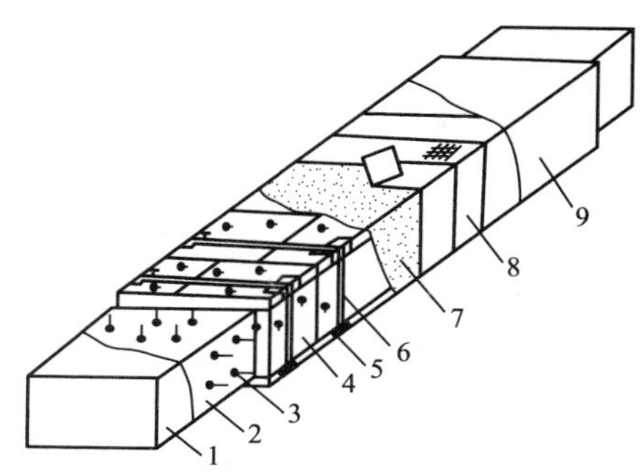

图 4.12 钉贴法保温结构做法

1. 风管；2. 防锈漆；3. 保温钉；4. 保温板；5. 铁垫片；6. 包扎带；7. 黏接剂；8. 玻璃丝布；9. 防腐漆

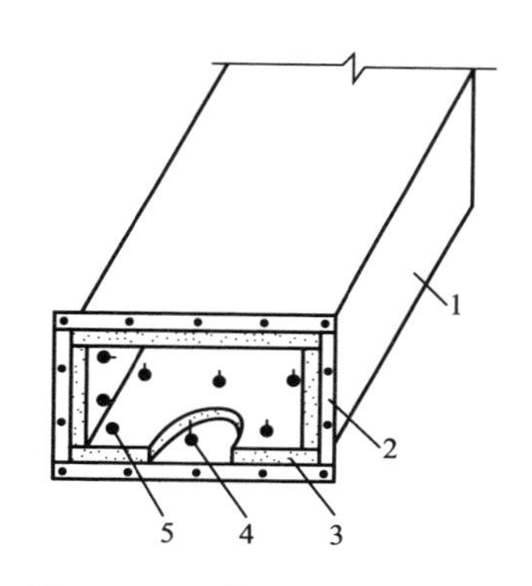

图 4.13 风管内保温结构做法

1. 风管；2. 法兰；3. 保温棉毡；4. 保温钉；5. 垫片

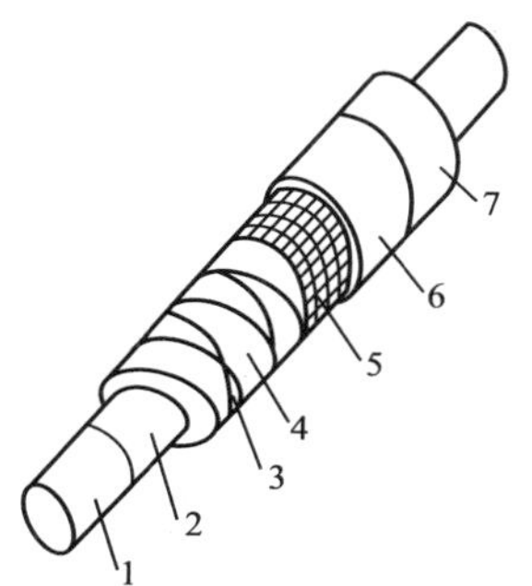

图 4.14 缠包法保温结构做法

1. 管道；2. 防锈漆；3. 镀锌铁丝；4. 保温毡；5. 铁丝网；6. 保护层；7. 防腐漆

(2) 管壳的粘贴牢固，铺设应平整；绑扎应紧密，无滑动、松弛与断裂现象。

(3) 硬质或半硬质绝热管壳的拼接缝隙，保温时不应大于5mm，保冷时不应大于2mm，并用黏结材料勾缝填满；纵缝应错开，外层的水平接缝应设在下方；硬质或半硬质绝热管壳应用金属丝或难腐织带捆扎，其间距为300～500mm，且每节至少捆扎两道。

(4) 松散或软质绝热材料应按规定的密实压缩其体积，疏密应均匀。毡类材料在管道上包扎时，搭接处不应有空隙。

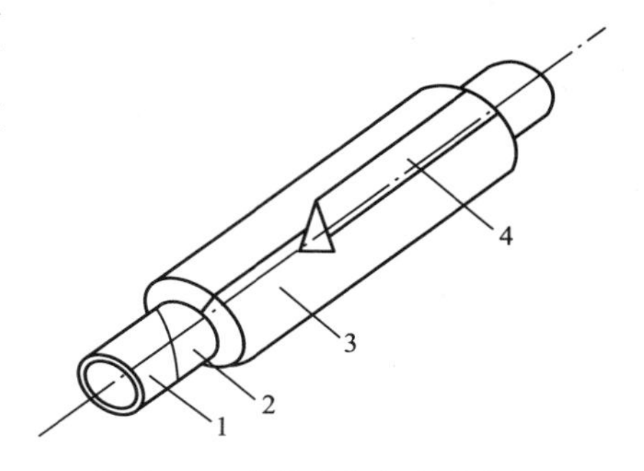

图 4.15 套筒式保温结构做法

1. 管道；2. 防锈漆；3. 保温筒；4. 带铝箔胶带

2) 管道防潮层施工

(1) 防潮层应紧密粘贴在绝热层上，封闭良好，表面完整、平顺，不得有虚贴、气泡、皱褶、裂缝等缺陷。

(2) 立管的防潮层，应由管道的低端向高端敷设，环向搭接的缝口应朝向低端；纵向的搭接缝应位于管道的侧面，并顺水。

(3) 卷材防潮层采用螺旋形缠绕的方式施工时，卷材的搭接宽度宜为30～50mm。

3) 风管系统绝热层施工

(1) 保温钉与风管部件及设备表面的连接，可采用粘接或焊接，结合应牢固，不得脱落；焊接后应保持风管的平整，并不影响镀锌钢板的防腐性能。

(2) 矩形风管或设备保温钉的分布均匀，其数量底面每平方米不应少于16个，侧面不得少于10个，顶面不应少于8个。首行保温钉至风管或保温材料边沿的距离不应小于120mm。

(3) 风管法兰部位的绝热层的厚度，不应低于风管绝热层的0.8倍。

(4) 带有防潮隔气层绝热材料的拼缝处，应用黏胶带封严。黏胶带的宽度不应小于50mm，黏胶带应牢固地粘贴在防潮面层上，不得出现胀裂和脱落。

(5) 风管系统绝热保护层，当采用玻璃纤维布时，搭接的宽度应均匀，宜为30～50mm，且松紧适度。

(6) 管道阀门、过滤器及法兰部件的绝热结构应能单独拆卸。

(7) 空调器房间内，室温控制装置应符合设计要求。

2. 通风与空调节能工程质量控制要点

(1) 通风与空调系统节能工程所使用的设备、管道、阀门、仪表、绝热材料等产品进场时，应按设计要求对其类型、材质、规格及外观进行验收，并对下列产品的技术性能进行核查。

① 组合式空调机组、柜式空调机组、新风机组、单元式空调机组、热回收装置等设备的冷量、热量、风量、风压、功率及额定热回收效率。

② 风机的风量、风压、功率及其单位风量耗功率。

③ 成品风管的技术性能参数。

④ 自控阀门与仪表的技术性能参数。

检验方法：观察检查，技术资料和性能检测报告等质量证明文件与实物核对。

(2) 通风与空调节能工程中的送、排风系统及空调风系统、空调水系统的安装，应符合下列规定。

① 各系统的制式应符合设计要求。

② 各种设备、自控阀门、仪表应按设计要求安装齐全，不得随意增减或更换。

③ 水系统各分支管路水力平衡装置、温控装置、仪表的安装位置和方向应符合设计要求，并便于观察、操作和调试。

④ 空调系统应能实现设计要求的分室(区)温度调控功能。

检验方法：观察检查。

(3) 风管的制作与安装应符合下列规定。

① 风管的材质、断面尺寸及厚度应符合设计要求。

② 风管与部件、风管与土建风道及风管间的连接应严密、牢固。

③ 风管的严密性及风管系统的严密性检验和漏风量，应符合设计要求和现行国家标准《通风与空调工程施工质量验收规范》(GB 50243—2002)的有关规定。

④ 需要绝热的风管与金属架的接触处、复合风管及需要绝热的非金属风管的连接和内部加固等处，应采取防热桥的措施，并应符合设计要求。

检验方法：观察、尺量检查；核查风管及风管系统严密性检验记录。

(4) 各种空调机组的规格、数量应符合设计要求；空调机组的安装位置和方向应正确，且与风管、送风静压箱、回风箱的连接应严密可靠。

检验方法：观察检查。

(5) 通风与空调系统中风机的规格数量应符合设计要求，安装位置和进出口方向应正确，与风管的连接应严密可靠。

检验方法：观察检查。

(6) 空调风管系统及部件的绝热层施工，应符合下列规定。

① 绝热层应采用不燃或难燃材料，材质和规格、厚度符合设计要求。

② 绝热层与风管、部件及设备应紧密贴合，无裂缝、空隙等缺陷，且纵、横向的接缝应错开；绝热层表面应平整，厚度误差小于5mm。

③ 风管法兰部位绝热层的厚度不应低于风管绝热层厚度的80%。

④ 风管穿楼板和穿墙处的绝热层应连续不间断。

⑤ 风管系统的绝热不得影响其操作功能。

检验方法：观察检查；用钢针刺入绝热层尺量检查。

(7) 空调水系统管道及配件的绝热层施工，应符合下列规定。

① 绝热层应采用不燃或难燃材料，材质和规格、厚度符合设计要求。

② 绝热管壳的粘贴应牢固、铺设应平整；每节管壳至少应用防腐金属丝或难腐织带或专用胶带进行捆扎或粘贴两道，其间距为300～350mm，且应紧密、无滑动、松弛、断裂现象。

③ 绝热管的拼接缝隙保温时不应大于5mm，保冷时不应大于2mm，并用黏接材料勾缝填满，且纵缝应错开，外层的水平接缝应设在侧下方。

④ 松散和软质的保温材料应按规定的密度压缩其体积，疏密应均匀，毡类保温材料在管道上包扎时，搭接处不得有空隙。

⑤ 空调冷热水管穿楼板和穿墙处的绝热层应连续不间断；与套管之间应用不燃材料填实，套管两端应用密封膏密封。

⑥ 管道阀门、过滤器及法兰部位的绝热结构应能单独拆卸，且不得影响其操作功能。

检验方法：观察检查；钢针刺入绝热层、尺量检查。

3. 配电与照明节能工程

配电与照明节能工程的施工质量验收，应符合已批准的设计图样、相关技术规定、相关的验收规范和合同约定内容的要求。

照明光源、灯具及附属装置的选择必须符合设计要求，进场验收时要对下列技术性能进行核查，质量证明文件和相关技术资料应齐全，并应符合国家现行的有关标准和规定。

荧光灯灯具和高强度气体放电灯灯具的效率允许值不应低于表4-5的规定。

表4-5 荧光灯灯具和高强度气体放电灯灯具的效率允许值

灯具出光口形式	开敞式	保护罩(玻璃或塑料)		隔栅	隔栅或透光罩
		透明	磨砂、棱镜		
荧光灯灯具	75%	65%	55%	60%	—
高强度气体放电灯灯具	75%	—	—	60%	60%

镇流器能效限定值应不小于表 4－6 的规定。

表 4－6　镇流器能效限定值

标称功率/W		18	20	22	30	32	36	40
镇流器能效因数	电感性	3.154	2.952	2.770	2.232	2.146	2.030	1.992
	电子性	4.778	4.370	3.998	2.870	2.678	2.402	2.270

照明设备谐波含量限值应符合表 4－7 的规定。

表 4－7　照明设备谐波含量的限值

谐波次数/n	基波频率下输入电流百分比数表示的最大允许谐波电流	谐波次数/n	基波频率下输入电流百分比数表示的最大允许谐波电流
2	2%	7	7%
3	30λ%	9	5%
5	10%	$11 \leqslant n \leqslant 39$（仅有奇次谐波）	3%

注：λ 是电路功率因数。

检验方法：观察检查；技术资料和性能检测报告等质量证明文件与实物核对。

低压配电系统选择的电缆、电线截面不得低于设计值，进场时应对其截面和每芯导体电阻值取样送检。每芯导体电阻值应符合表 4－8 的规定。

表 4－8　不同标称截面的电缆、电线每芯导体最大电阻值

标称截面/mm^2	20℃时导体最大电阻/(Ω/km) 圆铜导体(不镀金属)	标称截面/mm^2	20℃时导体最大电阻/(Ω/km) 圆铜导体(不镀金属)
0.5	36.0	35	0.524
0.75	24.5	50	0.387
1.0	18.1	70	0.268
1.5	12.1	95	0.193
2.5	7.41	120	0.153
4	4.61	150	0.124
6	3.08	185	0.0991
10	1.83	240	0.0754
16	1.15	300	0.0601
25	0.727		

母线与母线或母线与电器接线端子，当采用螺栓搭接连接时，应采用力矩扳手拧紧，制作应符合《建筑电气工程施工质量验收规范》(GB 50303—2002)标准中的有关规定。

三相照明配电干线的各相负荷宜平衡分配，其最大相负荷不宜超过三相负荷的平均值的115%，最小相负荷不宜小于三相负荷平均值的85%。检验方法：在建筑物照明通电试运行时开启全部照明负荷，使用三相功率计检测各相负载电流、电压和功率。

4. 监测与控制节能工程

监测与控制系统施工质量的验收执行《智能建筑工程质量验收规范》(GB 50339—2003)相关章节的规定和《建筑节能工程施工质量验收规范》的规定。

工程实施时，分别对施工质量管理文件、设计符合性、产品质量、安装质量进行检查，及时对隐蔽工程和相关接口进行检查，同时要有详细的文字和图像资料，并对监测和控制系统进行不少于16h不间断试运行。对不具备试运行的项目，应在审核调试记录的基础上进行模拟检测，以检测监测与控制系统的节能监控功能。

监测与控制系统采用的设备、材料及附属产品进场时，应按照设计要求对其品种、规格、型号、外观和性能等进行检查验收，形成相应的质量记录。各种设备、材料和产品附带的质量证明文件和相关技术资料应齐全，并应符合国家现行有关标准和规定。检验方法：外观检查；对照设计要求核查质量证明文件和相关技术资料。

1) 监测和控制安装质量应符合以下规定

(1) 传感器的安装质量应符合《自动化仪表工程施工及质量验收规范》(GB 50093—2013)的有关规定；

(2) 阀门型号和参数应符合设计要求，其安装位置、阀前后直管段长度、流体方向等应符合产品安装要求；

(3) 压力和差压仪表的取压点、仪表配套的阀门安装应符合产品安装要求；

(4) 流量仪表的型号和参数、仪表前后的直管段长度等应符合产品要求；

(5) 温度传感器的安装位置、插入深度应符合产品要求；

(6) 变频器安装位置、电源回路敷设、控制回路敷设应符合设计要求；

(7) 智能化变风量末端装置的温度设定器安装位置应符合产品要求；

(8) 涉及节能设计的关键传感器应预留检测孔或检测位置，管道保温时应做明显标记。

检验方法：对照图样或产品说明书目测和尺量检查。

对经过试运行的项目，其系统的投入情况、监控功能、故障报警联锁控制及数据采集等功能，应符合设计要求。检验方法：调用节能监控系统的历史数据、控制流程图和试运行记录，对数据进行分析。

通风与空调监测控制系统的控制功能和故障报警功能应符合设计要求。检验方法：在中央工作站使用检测系统软件，或采用在DDC(direct digital controller，直接数字控制器)或通风与空调系统自带控制器上改变参数设定值和输入参数值，检测控制系统的投入情况及控制功能；在工作站或现场模拟故障，检测故障监视、记录和报警功能。

监测与计量装置的检测计量数据应准确，并符合系统对测量准确度的要求。检验方法：用标准仪器和仪表在现场实测数据，将此数据分别与DDC和中央工作站显示数据进行比对。

供配电的监测与数据采集系统应符合设计要求。检验方法：试运行时，监测供配电系统的运行工况，在中央工作站检查运行数据和报警功能。

2) 照明自动控制系统的功能应符合设计要求

当设计无要求时，应实现下列功能：

(1) 公共建筑的公用照明区，应采用集中控制并应按照建筑使用条件和天然采光状况采取分区、分组控制措施，并按需要采取调光或降低照度的控制措施；

(2) 居住建筑有天然采光的楼梯间、走道的一般照明，应采用自熄开关。

检验方法：现场操作检查控制方式；依据施工图，按回路分组，在中央工作站上进行被检回路的开关控制，观察相应回路的动作情况；在中央工作站改变时间表控制程序的设定，观察相应回路的动作情况；在中央工作站采用改变光照度设定值、室内人员的分布等方式，观察相应回路的控制情况；在中央工作站改变场景控制方式，观察相应的控制情况。

3) 综合控制系统应对以下项目进行功能检测

检测结果应满足以下设计要求：

(1) 建筑能源系统的协调控制；

(2) 通风与空调系统的优化监控。

检验方法：采用人为输入数据的方法进行模拟测试，按不同的运行工况检测协调控制和优化监控功能。

建筑能源管理系统的能耗数据采集与分析功能、设备管理和运行管理功能、优化能源调度功能、数据集成功能应符合设计要求。检验要求：对管理软件进行功能检测。

4) 检测监测与控制系统的可靠性、实时性、可维护性等系统性能

应注意下列几点：

(1) 控制效果的有效性，执行器动作应与控制系统的指令一致，控制系统性能稳定且符合设计要求；

(2) 控制系统的采样速度、操作响应时间、报警反应速度应符合设计要求；

(3) 冗余设备的故障检测正确性及其切换功能应符合设计要求；

(4) 应用软件的在线编程、参数修改、下载功能、设备及网络故障自检测功能应符合设计要求；

(5) 控制器的数据存储能力和所占存储容量应符合设计要求；

(6) 故障检测与诊断系统的报警和显示功能应符合设计要求；

(7) 设备启动和停止功能及状态显示应正确；

(8) 被控设备的顺序控制和联锁功能应可靠；

(9) 应具备自动控制/远程控制/现场控制模式下的命令冲突检测功能；

(10) 人机界面及可视化检查。

检验方法：分别在中央工作站、现场控制器和现场利用参数设定、程序下载、故障设定、数据修改和事件设定等方式，通过与设定的显示要求对照，进行上述系统的性能检测。

4.2.5 绿色施工项目管理

绿色施工管理主要包括5个方面的管理，分别为组织管理、规划管理、实施管理、评价管理和人员安全与健康管理。

1. 组织管理

在开工前建立一个完整的绿色管理体系，并及时制定相关的管理制度与措施，明确工程目标与各部门相关人员职责，尽可能做到社会利益和经济利益最大化。

2. 规划管理

在开工之前，结合工程实际，组织做好绿色施工规划设计，制定一系列的环保、节能与节材等方面的措施，并制定施工用地保护的专项措施。

3. 实施管理

实施管理是绿色施工管理中最关键的一个环节，在这个管理过程中，管理单位与管理人员要对施工策划、施工准备、材料的储存、管理、现场施工、工程进度与质量要求等了如指掌；并定期对施工作业人员进行绿色施工知识培训，增强施工人员绿色施工的意识。

4. 评价管理

在开工之前，成立一个评估小组，对施工过程至项目竣工的成效、质量、节能节源及施工现场环境治理等情况，进行跟踪式评估；工程结束后，再邀请相关专家组组成专业的评估小组，对整个工程进行综合评估。

5. 人员安全与健康管理

在施工方案中制定相关的安全、健康管理措施；再根据实地情况合理布置施工现场，创造健康的工作环境和生活环境；并且施工现场应符合卫生保健、防疫条件，从而保证施工人员长期的生命安全与健康。

4.2.6 绿色施工中的环境保护技术

1. 悬浮颗粒控制

悬浮颗粒控制主要在于现场扬尘的控制上，而扬尘则是施工过程中极易产生的一种污染物，如果扬尘控制得不好会对生产造成严重的影响。首先，在施工现场，每道工序必须做到工完场清；且在施工过程中产生的垃圾要集中堆放，并使用封闭的专用垃圾道或采用容器及时清运，严禁随意凌空抛洒造成扬尘。其次，要在施工前，尤其是施工现场道路的规划和设置，尽量利用设计永久性的施工道路，路面及其余场地地面要硬化；闲置场地要绿化；水泥和其他易飞扬的细颗粒散体材料尽量安排在库内存放，露天存放时要严密遮盖，运输和卸运时防止遗撒飞扬，以减少扬尘。最后，施工现场要制定洒水降尘制度，配备专用洒水设备及指定专人负责，在易产生扬尘的季节采取洒水降尘。

2. 噪声与振动控制

施工现场采用的搅拌机、木工机具、钢筋机具等设备所产生的噪声及振动，在生活上给人们带来了严重的危害。所以噪声与振动控制对施工单位来说刻不容缓。首先，建立完善的控制噪声管理制度，增强全体施工人员防噪声扰民的自觉意识，尽量减少人为所造成的噪声污染，并控制施工作业时间，确保在居民休息时间停止作业。其次，使用那些低噪声、低振动的机械，并在作业点、中间带设置减声、减振、隔声、隔振设备，以减少噪声，而对于那些在施工现场的强噪声机械(如搅拌机、电锯、电刨、砂轮机等)，应尽量放在加工车间完成并设置封闭的机械棚，以减少强噪声的扩散。最后，加强对施工现场环境噪声的长期检测，采取专人检测、专人管理的原则，并及时对施工现场噪声超标的有关因素进行调整，以到达减少噪声所造成的污染效果。

3. 光污染控制

施工现场采用的大功率照明灯、电焊产生的强光等，在夜间容易给居民造成生活困扰，所以必须使用灯罩并将其调至合适角度，或选择既满足照明要求又不刺眼的新型灯具，或采取措施，使夜间施工区域照射方位控制在施工区域范围内，从而不影响周围社区居民休息，并对电焊点进行遮挡。

4. 水污染控制

由于施工现场工作人员生活住宿用水、机械设备需要冷却等原因，容易对周围环境造成水污染。所以施工单位应结合实地情况采取修建沉淀池、隔离沟等措施，以减少水污染，如果条件允许，还可以对处理过的污水进行二次利用。

5. 土壤保护

在开工之前，施工单位应对施工实地的土壤环境现状进行调查，防止施工队伍在施工过程中对土壤造成伤害。施工单位应在施工现场多栽种树木或花草防止水土流失，施工开挖的泥土应选择固定场地进行堆放，使工地以后可利用原土进行回填，暂时或无法回填的弃土，可堆放一个固定地点，进行树木或花草栽种。

6. 建筑垃圾控制

建筑垃圾是每个工地都会产生的，如何对其控制与解决才是最重要的。对于建筑垃圾，能够在施工过程中循环利用的一定要循环利用，对于不能重复使用的或暂时使用不上的(如碎石、土石等)建筑垃圾，可集中堆放，事后进行填埋、铺路等。

7. 地下设施、文物和资源保护

施工单位要在开工前了解施工现场实地情况，要清楚地知道地下各种设施，做好保护计划，保证施工场地周边其他设施的安全运行；在施工过程中，要避让、保护施工现场及周边的土木资源，一旦发现文物，应立即停工，并保护现场，通知相关部门进行查看。

4.3 建筑节能施工质量通病防治措施

4.3.1 节能墙体工程质量问题及防治措施

保温墙体常见的有以下几方面的问题。

(1) 保温层脱落。外墙保温层脱落不但会造成人员伤害，修补施工难度也大。

(2) 保温层空鼓、虚贴。如果在下雨时进行施工，墙面潮湿，含水量过多，砂浆稠度指标不合格，或黏结压实时，压实不均匀，容易形成空鼓、虚贴。

(3) 面层的空鼓、开裂。胶粘剂指标不满足要求，抗老化降低，容易开裂，水泥掺入比例过大，冻胀作用使其开裂，网格布的质量不合格。

产生保温层脱落质量问题的原因主要有以下 3 个方面：①未按施工规范要求严格进行

分层抹灰；②前后两次抹灰的时间间隔太短；③保温材料与砌体之间的连接锚筋刚度太小，抹灰层的质量容易形成集中趋势，这对首层抹灰的初期收容裂缝会起到加剧作用，甚至会造成横向贯通的重力裂缝。

防治措施：①严格进行分层抹灰，且前后两次抹灰的时间间隔控制在一周以上，在上一层抹灰进行充分收缩和变形后，再进行下一层抹灰，这样就可以改善后续抹灰层的约束条件，可以有效预防收缩裂缝的发生；②选用 ϕ8mm(或 ϕ10mm，不宜超过 ϕ10mm)圆钢做连接锚筋，可以有效避免重力裂缝。

4.3.2 节能屋面工程质量问题及防治措施

1. 屋面保温层施工

保温层施工时均易出现如下质量通病：①EPS 板之间接缝不严；②EPS 板边角有严重破损，不经处理就直接使用；③EPS 板穿透锚筋后位置不准，移动对缝时，在锚筋处使 EPS 板出现豁口等。

防治措施：①严把施工操作质量，加强质量技术交底，认真按照操作规程操作；②对 EPS 板边角按规范进行严格的处理。

2. 天沟、檐沟、泛水部位施工

天沟、檐沟、泛水部位收头处张嘴翘起，收头封闭不严，涂料屋面有开裂现象等，造成漏水。

防治措施：①天沟、檐沟与屋面板交接处的附加层宜空铺，空铺宽度为 200～300mm，以避免屋面变形防水层开裂造成渗漏；②檐口处涂膜防水层的收头，应用防水涂料多涂刷几遍或用密封材料封严；③泛水处的涂膜防水层宜直接涂刷至女儿墙的压顶下，收头处理应用防水涂料多涂刷几遍并封严，压顶应做防水处理；④板缝必须干净、干燥，嵌缝前吹净浮灰、杂物，随即满涂冷底子油，待干燥后立即嵌填油膏，进行柔性密封处理；⑤在找平屋上留出分格缝，并与预制板缝对齐、均匀顺直；⑥基层处理剂应涂刷均匀，干燥后方可进行涂膜施工，在涂膜实干前，不得在防水层上进行其他施工作业，涂膜防水层不得直接堆放物件；⑦严禁在雨天施工，或预计将有雨、五级风及以上的天气不得施工；⑧进场的防水材料和胶体增强材料必须有产品合格证明，同时抽样复试，经复试合格后才能使用。

3. 屋面防水层施工

1）涂膜防水屋面气泡

防治措施：①涂膜施工前，应将基层表面清理干净，以免影响黏结力，造成气泡；②选择晴朗和干燥的天气施工，基层应干燥，当气温高于 30℃时，应避开炎热的中午施工；③涂料涂刷厚度应适宜，一次成膜厚度一般应不大于 1mm。

2）涂料防水屋面黏结不牢，涂膜防水层脱离基层形成大面积起壳

防治措施：①屋面基层必须平整、密实、清洁，无疏松起砂现象，局部高低不平处应事先修补平整，有起砂应视严重程度进行事先处理，工层表面应打扫干净；②防水涂膜应分层施工，其厚度应达到设计要求，分层涂刷间隔时间应根据不同的涂料、不同气温，按

照该涂料的应用技术规程或施工技术规程要求进行施工；③施工期间应掌握天气预报，并准备防雨塑料布，供下雨时及时覆盖；④对进场的防水涂料，应检查生产日期及有效日期，防止过期变质，同时对进场涂料应进行抽样复试，合格后才能使用。

4.3.3 节能门窗工程质量问题及防治措施

1）铝合金门窗材质不合格

防治措施：①设计单位应根据使用功能、地区气候特点确定风压强度、空气渗透和雨水渗透性能指数，选择相应的图集代号及型号规格；②对所使用的铝合金型材应事先进行型材厚度、氧化膜厚度和硬度检验，合格后方准使用。

2）铝合金门窗立口不正

防治措施：①安装铝合金门窗框前，应根据设计要求，在洞口上弹出立口的安装线，照线立口；②在铝合金门窗框正式锚固前，应检查门窗口是否垂直，如发现问题，应及时修正后才能与洞口正式锚固。

3）锚固做法不符合要求

防治措施：①铝合金门窗选用的锚固件，除不锈钢外，均应采用镀锌、镀铬、镀镍的方法进行腐蚀处理；②锚固板应固定牢靠，不得有松动现象，锚固板的间距不应大于600mm，锚固板距框角不应大于180mm；③在砖墙上锚固时，应用冲击钻在墙上钻孔，塞入直径不小于8mm的金属或塑料胀管，再拧进木螺钉进行固定。

4）铝合金门窗框与洞口墙体未做柔性连接

防治措施：①铝合金门窗框与洞口墙体之间应采用柔性连接，其间隙可用矿棉条或玻璃棉毡条分层填塞，缝隙表面留5～8mm深的槽口，用密封材料嵌填、封严；②在施工过程中不得损坏铝合金门窗上的保护膜，如表面沾上了水泥砂浆，应随时擦净。

5）铝合金窗扇推拉不灵活

防治措施：①在窗框四周与洞口墙体的缝隙间采用柔性连接，以防止铝合金窗框受挤压变形；②选用质量优良，且与窗扇配套的滑轮。

6）铝合金推拉窗扇脱轨、坠落

防治措施：①制作铝合金推拉窗的窗扇时，应根据窗框的高度尺寸，确定窗扇的高度，既要保证窗扇能顺利安装入窗框内，又要确保窗扇在窗框上的滑槽内有足够的嵌入深度；②要选用厚度符合设计要求的铝型材。

7）铝合金窗渗漏水

防治措施：①在窗楣上作滴水槽、滴水线，在窗台上做出向外的流水余坡，坡度不小于10%；②用矿棉毡条等将铝合金窗框与洞口墙间的缝隙填塞密实，外面再用优质密封材料封严；③对铝合金窗框的榫接、铆接、滑撑、方槽、螺钉等部位，均应用防水玻璃硅胶密封严实。

8）玻璃胶条龟裂、短缺、脱落

防治措施：①铝合金门窗使用的玻璃胶条要选用弹性好、耐老化的优质玻璃胶条；②玻璃胶条下料时要留出2%的余量，作为胶条收缩的储备；③方形、矩形门窗玻璃扇用的胶条，要在四角处按45°切断、对接；④安装玻璃胶条前，要先将槽口清理干净，避免槽内有异物；⑤安装玻璃胶条前，在玻璃槽四角端部20mm范围内均匀注入玻璃胶。

9）铝合金门窗结合处不打胶

防治措施：铝合金门窗不论采用何种连接方法，均应在结合处的缝隙中用防水玻璃硅胶嵌填、封堵，以防雨水沿缝渗入室内。

4.4 建筑系统调试

4.4.1 建筑系统调试内涵

一般而言，建筑调试是指在施工阶段的后期，为保证建筑设备的正常运行，满足建筑的基本功能，而且又能达到降低耗能，减少对环境的危害，对建筑设备及其系统进行调试的过程。建筑持续调试是指在建筑设备运行的过程中采用的一种综合持续的方法来解决运行问题，提高舒适度，优化能源利用，其方法主要致力于对整个系统的控制，使建筑的设备能够长期经济、可靠地运行。

1. 建筑在验收后系统调试的主要任务

(1) 系统在带负荷条件下连续运转时，检验系统在各季节及全年的性能，特别是能源效率和控制功能；

(2) 在保修期结束前，检查设备性能及暖通空调系统与自控系统的联动性能；

(3) 通过调试发掘系统的节能潜力；

(4) 通过对用户进行调查了解用户对室内环境质量及设备系统的满意度；

(5) 在调试过程中记录关键参数，整理后完成调试报告存档以备再利用。

建筑系统调试是保证各个建筑系统都按照说明书要求完成的一种方法。它可以让管理者在设计和说明书之间的差别中做出调整，严格按照投标书上的要求完成工作。建筑调试属于劳动密集型产业，在照明器材安装、热供应、通风空调器安装和门窗安装等方面需要涉及大量的鉴别、跟踪、记录数据等操作。建筑调试是一个技术含量很高的管理过程，我国目前还缺乏专业的调试人员和调试公司，导致几乎所有项目都没有做过很好的调试。

建筑调试是实现管理节能的关键环节，2002年美国能源部出版了《建筑能源系统连续调试指南》，在暖通空调领域，该手册是国际上最尖端的调试指南，阐述了一种综合持续方法，以解决建筑运行问题、提高舒适度、最优化能源利用及既有建筑动力设施更新改造等。

2. 根据调试对象不同，建筑调试可以分为以下几类

(1) 调试前准备，包括准备好调试所需要的仪器，检查各个设备各个仪器是否能正常实用。

(2) 空调系统的调试，包括空调风系统、水系统的调试及主机性能的调试。

(3) 电气系统的调试，包括各个灯具正常使用、高低压配电柜的调试、各个配电箱回路的调试。

(4) 给排水系统的调试，包括污水系统、雨水系统、给水系统、排水系统，以及通气系统的调试。

(5) 消防系统的调试，包括各个消火栓、手报、烟感、温感、广播的正常使用调试，

以及各个消防管的正常实用调试，另外还有各个模块的调试。

（6）自动化系统的调试，包括各个自动化设备连接系统的调试和计算机控制系统的调试。

（7）防雷接地系统的调试，包括防雷基础接地系统和防雷引下系统的调试。

4.4.2 建筑系统调试过程

1. 项目发展阶段

（1）确定建筑设备。

（2）进行持续调试审计，确定工作范围。

2. 持续调试实施与核查阶段

（1）制订持续调试计划并组织项目团队。

（2）记录目前的舒适状况、系统状况及能源性能，建立性能基点。

（3）进行系统测量并建立持续调试方案。

（4）实施系统调试方案。

（5）记录舒适度改善情况及节能情况。

（6）保持持续调试。

4.4.3 建筑调试设备

在调试过程中，精密的调试设备是保证建筑调试顺利进行的关键。RFID(radio frequency identification，射频识别)是一种非接触式的自动识别技术，它通过射频信号自动识别目标对象，可快速地进行物品追踪和数据交换，如图 4.16 所示。制造商在建筑要素中嵌入 RFID 标签可以很快鉴别建筑要素，数据库能够自动比较安装的要素和设计说明书要求的要素，并给出一个设备安装的鉴别报告。

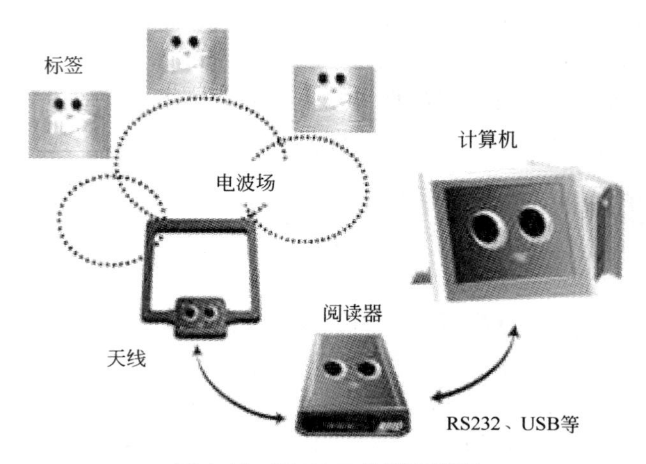

图 4.16　RFID 工作原理示意

1. RFID系统组成

最基本的RFID系统由3个部分组成：标签，即射频卡，由耦合元件和芯片组成，标签内含有内置天线，用于和射频天线之间进行通信；阅读器，读取标签信息的设备；天线，在标签和阅读器之间传递射频信号。有些系统还可以通过阅读器的RS232或RS485接口与外部计算机连接，进行数据交换。

2. RFID系统工作原理

阅读器通过发射天线发送一定频率的射频信号，当标签进入发射天线工作区域时产生感应电流，标签获得能量被激活；标签将自身编码等信息通过内置发送天线发送出去；系统接收天线接收到从标签发送来的载波信号，经天线调节器传送到阅读器，阅读器对信号进行调解和解码后送到后台主系统进行相关处理；主系统根据逻辑运算判断该卡的合法性，针对不同的设定做出相应的处理和控制，发出指令信号控制执行器动作。

在耦合方式(电感-电磁)、通信流程(FDX、HDX、SEQ)、从标签到阅读器的数据传输方法(负载调制、反向散射、高次谐波)及频率范围等方面，不同的非接触传输方法有根本的区别，但所有的阅读器在功能原理上，以及由此决定的设计构造上都很相似，所有阅读器均可简化为高频接口和控制单元两个基本模块。高频接口包含发送器和接收器，其功能包括：产生高频发射功率以启动标签并提供能量；对发射信号进行调制，用于将数据传送给标签；接收并解调来自标签的高频信号。

3. RFID系统特点

(1) 使能源效益审计变得简单。将RFID芯片嵌在建筑物的设备里，可以使审计人员或能源管理者很快获得所要的数据信息，包括模型号码、建筑商、建筑年份、能源需求、年消耗量和维修历史等，可以提高管理效率、改进质量和节约成本。

(2) 方便设备管理者和维修公司运转和维修。利用RFID系统鉴别空调器或照明等设备是否需要保养和维修，能很快获得维修历史记录。

4.5 空调系统调试

空调系统调试是检验工程设计质量和施工质量的重要标准，其优劣会直接影响到建筑的使用功能和使用效果，如果施工完毕后不进行空调系统的调试，就有可能造成设备使用的不协调，或者设备不能正常使用，有时甚至会造成能源的大量浪费。对于已经投入使用的空调系统，当发现某些方面不能满足生产工艺和使用要求时，也需要通过调试查明原因，以便采取措施予以解决。因此系统调试是不可缺少的一环，应对其加强重视。根据项目的具体情况，制定出调试的方案，如图4.17所示。

根据图4.17的调试方案对空调系统进行调试，调试结束后，编制好调试报告，调试报告的内容包括如下：

(1) 空调系统调整总说明。包括空调系统的基本情况，如系统的服务对象，设备的型号、规格、数量，房间对于温湿度的要求等，以及系统存在的某些基本问题及改进的方法。

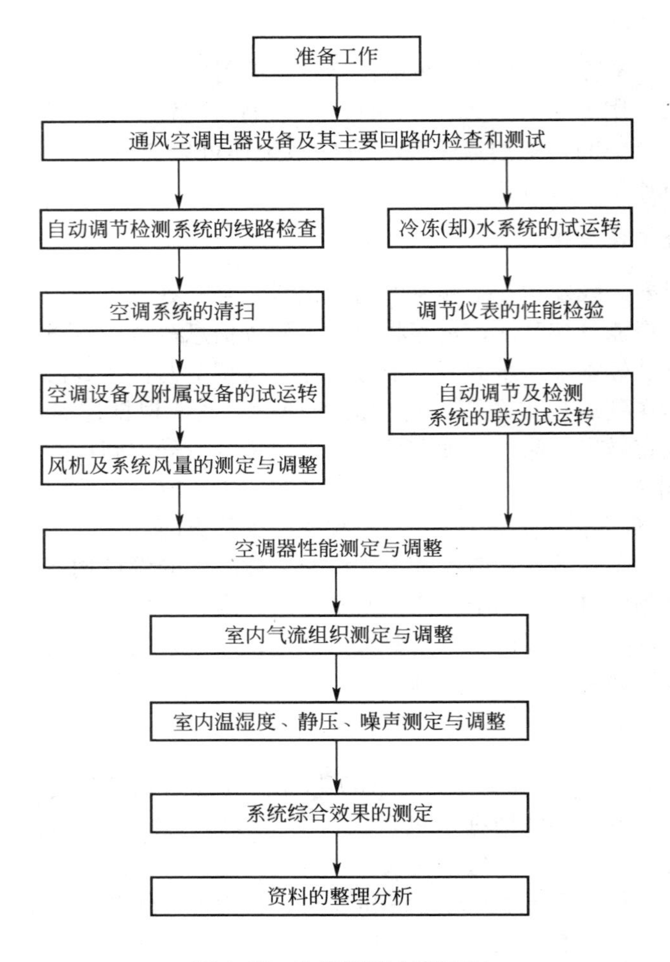

图 4.17　空调调试方案流程

(2) 用电设备和用电设备控制系统的测试调整报告。主要包括风机、水泵、电动阀门等用电设备的测试调整报告；电器控制系统空气开关的性能测试调整报告；电器线路的测试报告。

(3) 自动控制调节设备及检测仪表的调试报告。包括各个敏感元件、传感器、执行机构的测定和调试的报告，以及自动调节的报告。

(4) 风量的测试调整报告。包括管道风量的测试和调整报告，以及风口风量的测试和调整报告。

(5) 水量调整报告。包括系统水量的测试和调整报告，以及各个回路水量的测试和调整报告。

(6) 机组调整报告。包括机组的试车报告，以及机组正常运转时对房间的各个参数进行记录的参数报告。

(7) 综合效果测定报告。

4.5.1 空调系统调试前的准备

1. 熟悉资料

阅读各系统的施工图和有关技术资料，包括设计说明书，详细了解设计意图、有关技术参数及系统的全貌。

2. 熟悉现场工艺

(1) 检查空调器各个系统和设备安装质量是否符合设计要求和施工验收规范要求，尤其要检查关键性的检测仪表和保护装置是否齐全，安装是否合格，如果有不合要求之处，则必须整改到具备调试要求后，方可进行调试。

(2) 检查电源、水源和冷热源是否具备调试条件。

(3) 检查空调器房间建筑为辅结构是否符合要求，以及门窗的密闭程度。

3. 编制调试计划

(1) 工作计划。在上述各项准备工作完成的基础上，根据空调系统的大小、特点和制冷运行的时间要求，认真编制测试、运行计划。计划的内容应说明测试的目的、项目、程序、方法、精度、进度和人员的配备情况等。

(2) 工具、材料计划。根据施工图、设备的有关资料和产品说明书中的详细要求，在对安装的设备进行现场核对后，需要制订在调试过程中所需要的各类仪表、工具和用料计划。内容包括名称、型号、规格、质量、数量及使用日期，报请供应部门购置或备料，以利于调试工作的顺利进行。

4.5.2 空调系统调试的常用仪表

空调系统调试的常用仪表主要是温度、湿度、风速、压力的测量仪表。

(1) 温度测量仪表。包括棒式玻璃温度计、热电偶温度计、双金属片温度计、电阻温度计。

(2) 湿度测量仪表。包括普通干球温度计、通风干湿球温度计、毛发湿度计、湿敏电阻湿度计。

(3) 风速测量仪表。包括叶轮式风速仪、风杯式风速仪、热球风速仪。

(4) 压力测量仪表。包括液柱式压力计、倾斜式微压计、毕托管。

4.5.3 空调设备的试运转

1. 设备单机试运转

为保证空调设备能够正常地运行，对空调器的主要设备，如主机、风机、水泵、末端设备等在调试前都要进行设备单机调试，主要是为了检查设备的电路系统是否有故障，电路的绝缘效果，测定设备运行的参数，设备基础的连接情况，以及设备的运行情况。

2. 系统联动试运行

对于大型的建筑物，空调机房与冷热源机房一般都是分开设置的，为了更好地确保空调房间冷量需求的正常，必须要进行制冷与空调的联合试运行。联合试运行一般要求对仪器仪表进行统一校验，确定好供冷参数，对输水管线进行检查。

3. 无生产负荷联合试运转

在没有负荷的情况下，对空调设备的风压、转速、风量、空调设备的噪声，以及制冷系统的工作压力、温度、流量等参数进行测定。在调试前还需检查调试的仪表的精度。

4.5.4 空调风系统的调试内容

1. 系统管道风量的测定

中央空调的风量可以在送风管道、回风管道、排风管道和新风管道及各分支管上采取毕托管和微压计配合进行测量的措施。操作的具体步骤如下。

1）测量断面的选择

测量断面原则上选取气流均匀而稳定的直管段，按气流方向，一般应选在离前一个产生涡流部件4倍以上的风管直径、距离后一个产生涡流1.5倍以上的风管直径的地方。如果现场的情况不能满足上述的条件，也应选取前一个产生涡流大于后一个产生涡流的地方，并且增加断面上的测试点数目。

2）测点的确定

由于测定断面上的各点的风速不完全相等，需要根据断面的形状和尺寸确定测点的数目和位置，一般采取等面积布点法，在同一个断面上布置多个测点，分别测出各个测点的动压，求出风速，然后求出平均风速。由于风管多为矩形风管，因此下面以矩形风管为例，阐述选取测点的方法。矩形风管的测点布置如图4.18所示，各个小块的面积小于$0.05m^2$，测点位于小块的中心。

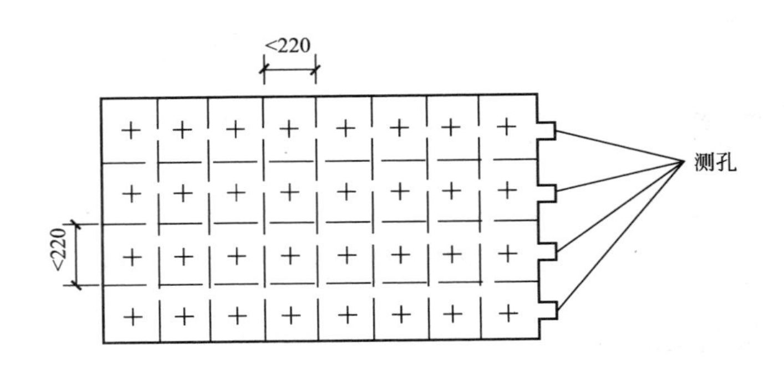

图4.18 矩形风管的测点布置

3）风速的测定

在风量的测定中，如果用毕托管测出了空气的动压值，则可以用式(4-1)和式(4-2)计算单个测点的风速。

$$P_d = \left(\frac{1}{2g}\right) v^2 \rho \tag{4-1}$$

$$v = \sqrt{\frac{2gP_d}{\rho}} \tag{4-2}$$

式中，v—风口的速度，m/s；P_d—风管的气流动压，Pa；ρ—风管内空气的密度，常温下ρ取1.2kg/m^3。

4）平均风速的计算

各个测点所测参数的算数平均值为平均风速，即

$$v_p = \frac{v_1 + v_2 + v_3 + \cdots + v_n}{n} \tag{4-3}$$

式中，v_p—断面的平均风速，m/s；v_1，v_2，…，v_n—各测点的平均风速，m/s；n—测点的个数。

5）风量的计算

知道了平均风速，就可以计算出通过测量断面的风速，即

$$L = 3600\rho F v_p \tag{4-4}$$

式中，L—断面的风量，kg/h；F—风管测定断面的面积，m^2；v_p—断面的平均风速，m/s。

2. 风口风量的测定

1）测量方法和仪表

通常采用热球风速仪或者叶轮式风速仪，在风口处直接测量风口的风量，为了使测量精确，可以使用加罩的方法。

2）测点位置和测点数

测点位置和测点数是按截面大小划分等面积小块，测其中心点风速，测点数一般要求大于4点。

3）风口平均风速的计算

按算数平均值计算风口的风速，即

$$v = \frac{v_1 + v_2 + v_3 + \cdots + v_n}{n} \tag{4-5}$$

式中，v—平均风速，m/s；v_1，v_2，…，v_n—各测点的风速，m/s；n—测点的个数。

4）风口风量的计算

利用式(4-6)计算风口的风量，即

$$L = 3600\rho F_w v K \tag{4-6}$$

式中，v—风口的平均风速，m/s；L—风口的风量，kg/h；K—考虑格栅等的影响引入的修正系数，取0.7～1；F_w—风口外框面积，m^2。

3. 送风量的调整

1）送风量调整的原理

调整空调系统风量的目的是使经处理后的空气能按设计的要求送到空调器房间，保证空调房间的温湿度。空调系统风量的调整是通过调整系统中阀门的开启度来实现的，开启程度的改变引起管网中管段阻力的改变，风量也随之发生变化。

根据阻力与风量的关系：

$$H=KL^2 \tag{4-7}$$

式中，H—风管的系统阻力；L—风管内的风量；K—风管内的阻力系数。

两根风管为并联风管，则量风管内的阻力相等：$H_1=H_2$，即 $K_1L_1^2=K_2L_2^2$，只要不改变连接两根风管的三通调节阀的位置，则系统的阻力系数 K 就不会发生变化，无论总风量如何变化，两个并联管段的风量总是按固定的比例进行分配的，即 $L_1/L_2=L_3/L_4$。如果知道各风口的设计风量的比值，无论此时总风量是否满足要求，只要先调节好各风口的实际风量，使它们的比值与实际风量的比值相等，然后调整总风量至要求值，则各风口的送风量必然会按设计的值分配，并且等于各风口的设计风量。

2）送风量调整的方法

根据上述原理，在实际调整中，按流量等比分配法调整。

（1）从最远的房间的两根并联支管开始，调整风量，使两管的实测风量比值与设计风量比值相等。

（2）用同样的方法调整其他支管的风量，使实测风量与设计风量比值相等。

（3）调整系统的总风量至设计风量。

4.5.5 空调水系统的调试内容

空调冷热水系统一般为闭式循环系统，按水泵设置不同，有一级泵系统和二级泵系统。按水量是否可调分为定水量系统和变水量系统，其中，变水量系统又分为水泵台数控制或水泵变转速控制。空调水系统的调试主要包括冷冻水系统的调试和冷却水系统的调试。下面以较为典型的一级泵变流量冷冻水系统调试为例，如图 4.19 所示，阐述空调水系统调试的过程。

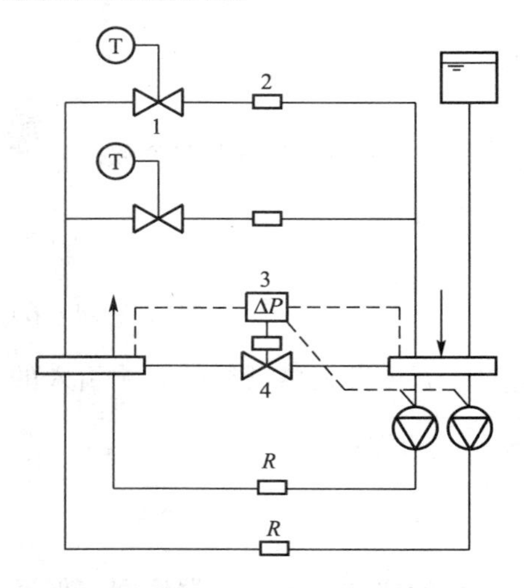

图 4.19　一级泵变流量系统原理

1. 二通阀；2. 用户；3. 压差控制器；4. 旁通阀

1. 整个系统的水量调试

首先，对整个水系统进行灌水、排气，直到水泵开启时水泵吸入口的压力稳定不变为止。根据水泵的性能曲线图，可查看水泵在安装环网下的水流量。比较水泵实际所需的水流量和水泵在安装环网下的水流量，如果不相等，则需要对管网特性曲线或水泵特性曲线进行调节。改变管网特性曲线，可以调节分、回水缸上的总阀门，改变管网的总阻力，采取逐步关小或者开大的分水缸总阀门的方法，使水泵的运行工况改变到另一个工况，水泵在安装环网下的水流量等于实际所需的水流量，此流量下对应的水泵扬程正好能克服环路阻力。水泵调速或改变联合运行工况都可以改变设备运行特性曲线，从而改变水泵实际运行工况，达到调节流量的目的。

2. 单个回路中各个系统的水量平衡调试

单个回路的系统水量平衡调试以楼层为单位，对各个楼层的水量分别进行调节。首先，要调节每层楼中各个房间的风机盘管的水流量，确定好各个楼层的风机盘管数目，先测试各个房间的温度，然后开启各个风机盘管至中档风量，待制冷半小时后再次测量房间的温度。得出各个房间的温差值 Δt。关小房间温度较大和温度较低房间的风机盘管回水管上的阀门，以使各个房间稳定时的制冷温度在设计允许的范围之内，这样逐层调节完毕之后，再调节层与层之间的水量。关小房间温度低、温降快的楼层回水管上的阀门，使各个楼层中所有房间的温降速度尽量相等，制冷稳定时的温度在允许的范围之内。

3. 各个回路之间的水量平衡调试

各个回路之间的平衡调试方法和单个回路中的水量平衡调试方法基本相同。通过控制各个回路上的回水管上的阀门来调节各个回路的水量平衡，不同的是各个回路所控制的空间区域不同，其房间的功能就不同，因此室内设计的温度也就不同，所以制冷稳定时的温度也就不相同。

4.5.6 空调冷热源机组的调试内容

在中央空调各个独立的系统调试完成后，在此基础上，就要开启制冷压缩，对冷热源机组进行调试，冷热源机组的调试就是要把机组的运行参数调整到所需的范围内，从而使机组能够满足设计的要求，既经济又安全地运行。在调试的过程中影响冷热源机组容量大小的因素主要为蒸发温度、蒸发压力、冷凝温度、冷凝压力、压缩机的吸气、排气温度和制冷剂的温度等。

1. 机组调试前的准备工作

(1) 制冷压缩机的空运转。检查压缩机装配质量是否良好，压缩机转动时有无机械碰撞的现象，油泵压力是否能灵活调节，压力值要求保持在 147.1～294.2kPa，油的温度不超过 65℃，机械能平稳运转声音正常。

(2) 制冷压缩机空气负荷试车。试车过程中要求加载和卸载正常，电动机电流相应的有明显的变化，油压、油温、轴承温度保持正常，排气温度不得超过 149℃。油封、汽缸盖和连接法兰面不应出现漏气的现象。

(3) 制冷系统的吹洗排污。制冷系统是一个密闭的系统，系统内的污物会随制冷剂循环，可能造成摩擦表面拉毛，还会堵塞膨胀阀的小孔。污物一般用压缩空气吹除。

(4) 制冷系统的试漏。将各个设备和管路封闭，对整个系统进行气密性实验，及时发现系统泄漏处并及时消除，以免冲入制冷剂泄漏造成不必要的损失。试漏的方法采用压力试漏，将具有一定压力的空气或氮气充入整个制冷系统，使设备和管道的内壁受压力，以检查其安装后的接头、法兰、焊缝、管材和设备是否严密。

(5) 抽真空。为了防止设备和管路存在漏气的缺陷，必须对系统进行抽真空。可以采用制冷机组本身的压缩机进行，也可以利用真空泵来完成。

（6）充入制冷剂。

2. 机组的调试

（1）试空车。打开压缩机两侧吸气腔及排气腔的法兰让其直通大气，而电器部分应短接使电路受到保护，启动压缩机，压缩机的转动方向应符合指示箭头所指的方向，并调整油压到196.1kPa左右。试空车进行的同时可以进行能量调节装置的动作试验，空试车的试验时间为2h，试验后拆去短路线。

（2）启动水泵。当温度和流量均正常后，把系统抽成真空，加入制冷剂，记录好加入所加制冷剂的质量。

（3）负荷试车。某试验工况为冷冻水出水温度7℃，冷却水温度视实际情况而定，通常不超过32℃，在负荷试车的同时还要进行手动、自动能量调节装置的试验，即对热力膨胀阀开度的调整。

（4）分析运行参数，鉴定运行情况。在冷水机组供冷降温运行的情况下，必须做好机组的运行记录，每隔2h记录一次压缩机及所有设备运行的电压、电流、油温、油压、吸气压力、吸气温度、排气压力、冷凝压力、冷凝温度、排气温度、蒸发压力及蒸发温度等，并要不断分析这些运行参数，鉴定冷水机组是否正常运行。如果这些参数按一定规律及预定的设想变化时，就说明冷水机组的运行是正常的。

4.5.7 空调系统的调试、运行过程中的典型问题分析

1. 空调房间的温度、相对湿度偏高

1）原因分析

（1）制冷工况空调冷量不足。空调器的冷冻水水温过高，致使表冷器处理空气时吸收空气的热量不够。在空调机组内，机械露点温度长期偏高。

（2）供暖季不能减少二次加热。二次加热器或者电加热器控制失灵，导致供热量偏多。

（3）送风量不足。空调机的送风量或者是换气次数过少，导致能带到室内的冷量少。

（4）风量分配不当，回风量大于送风量。室内产生负压，使室外的高温、高湿的空气透过门窗的缝隙进入室内，从而增加了室内的热量、湿量。

（5）风速过大。若送风机的风速过大，空气在喷水室内来不及和水进行充分的热交换。

（6）加热器、冷却器积灰太多，使空气通过时阻力增加，风量就会相应地减少，送到空调器房间的冷量也就减少了。

2）解决途径

（1）增加制冷量。调节喷水室或者冷却器的供水温度，使机械露点降低，空气的降湿效率提高，温度、相对湿度就能降低了。

（2）调整加热量。降低热源的温度或者关小加热器热水、蒸汽阀门，加大旁通风门等。

（3）检查加热器、表冷器有无堵塞现象，并进行疏通，清扫加热器，从而减小通风阻力，表冷器要及时地除霜。

(4) 调节风量。调节送回风阀门，使室内保持正压。

2. 空调房间内空气不新鲜

1) 原因分析

(1) 新风不够，新风百叶风口开度较小，新风过滤器阻力大或堵塞。

(2) 室内有产生气味的设备，而排风量不足。

2) 解决途径

(1) 调整新风量，更换过滤器，把新风百叶风口开大。

(2) 有气味的房间应增加换气次数或增设排风口，以增加排风量。

(3) 购置负氧离子发生器并放在房间内。

3. 空调系统及空调房间噪声过大

1) 原因分析

(1) 风机振动过大，风机叶轮有损坏。

(2) 风管内风速过大，送风口开度过小或者送风的速度过大。

2) 解决途径

(1) 加强风机的减振基础，更换失效的减振器。

(2) 检查风机的叶轮、轴承、主轴及其平衡情况，有损坏的应及时修复或者更换。

(3) 减小送风的风速，在房间送风口的风速要低于3m/s。

4. 制冷压缩系统运行不正常

1) 原因分析

(1) 吸入压力偏高。膨胀阀的开度过大，供给的液体过多，感温包与吸入管的接触不良，导致室内温度传到感温包上；压缩机吸气阀漏气等。

(2) 吸入压力偏低。在液体管道，膨胀阀或者吸入管道上的过滤器有堵塞的现象；膨胀阀的开度过小等。

(3) 高压压力偏高。制冷系统内有空气或者其他不能凝结的气体，冷却水的进出口水温过高，进入冷凝器的液体过多。

(4) 低压压力偏低。冷凝器供水过小，从蒸发器流入压缩机内的气体中含有液体，压缩机排气漏气等。

(5) 高压保护器动作频繁。冷凝器中冷却水供给不足或者管路堵塞，制冷剂的数量太多，保护器的值定得过低等。

(6) 低压保护器动作频繁。蒸发器上结霜过厚，液体管路、排气阀泄漏，膨胀阀感温包中的感温剂泄漏，膨胀阀或吸入管路的过滤器堵塞等。

2) 解决途径

(1) 调整膨胀阀的开启度，检查感温包与吸入管的接触是否良好，修正漏气的吸气阀。

(2) 清洗过滤网，适当地开大膨胀阀，排除过多的油。

(3) 从冷凝器中把不可凝结的气体排除，增加冷却水的水量，检查水泵、过滤器、阀门换热冷凝器的水路是否畅通，恢复热交换的面积，将多余的制冷剂排除。

(4) 调节水量，检查感温包和吸气管的接触状态。

(5) 增加冷却水的供水量，疏通管路，抽出系统内多余的制冷剂，调高保护器定值。

(6) 将膨胀阀和吸气管过滤器疏通，修正好排气阀，感温包内的感温剂漏掉后，应及时地更换膨胀阀。

4.6 建筑调试过程中的能源管理介绍

4.6.1 集中空调系统的节能管理

集中空调系统的能源管理内容主要包括空调运行人员管理、空调运行策略管理、空调运行节能检查管理、空调运行维护保养管理。空调运行能源管理结构如图 4.20 所示。

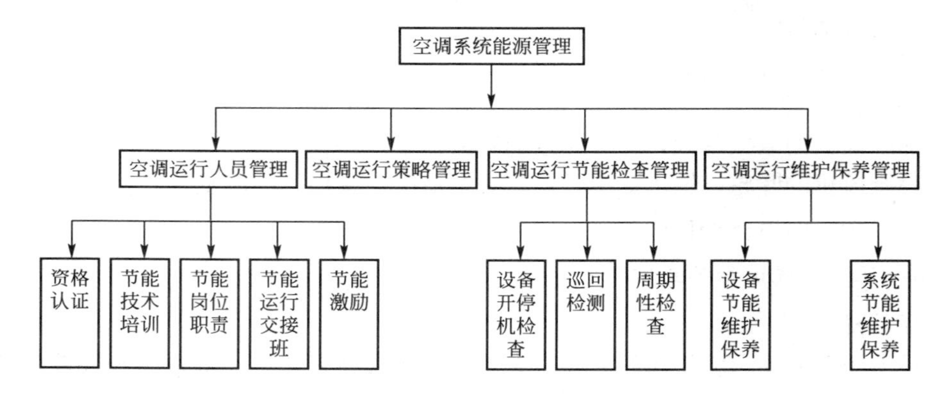

图 4.20　空调运行能源管理结构

4.6.2 负荷追踪型运行管理

负荷追踪型运行管理是指根据建筑负荷的变化调整运行策略，以达到最佳节能状态的一中能源管理方式。典型的负荷追踪型运行管理策略包括以下 4 个。

1. 新风量需求控制

目前我国的大多数设计都是根据固定的人数设计为固定的新风量，很多建筑内的人员是随机变化的，如果新风量仍按设计风量一成不变地运行，建筑内必然会出现新风过量或者新风不足的现象。为了达到节能的目的，可以采用根据二氧化碳的浓度来实现对新风量的控制。二氧化碳不仅代表了室内空气的污染程度，还代表了室内人员的密集程度。根据研究表明，由二氧化碳的浓度来实现对新风的控制，节能效果显著，最高可达 50%以上。

2. 制冷机台数控制

制冷剂台数控制的基本思想就是通过控制制冷机运行的台数，来满足建筑内用户端负荷的需求，在空调系统的运行过程中，实时地检测、判断用户端对冷量的需求是控制制冷机台数的前提。这样就可以在满足建筑物负荷需求的情况下，使机组的耗能最低及机组的性能系数最大。

3. 夜间通风技术

夜间通风是降低室内温度、提高通风效率的一种简便有效的低能耗手段，利用夜间通风可以实现冷却建筑物表面白天所吸收的热量，降低维护结构的蓄热量，减少次日空调器的开机负荷。夜间通风有很大的节能潜力，根据资料显示，夜间通风在传统房间中能节能5%，在充分利用夜间通风而设计的建筑物中，节能能达到40%。夜间通风还可以改善室内的空气品质，减少对大气环境的污染。

4. 变频调速技术

空调系统通常按设计的额定功率运行，但是当负荷下降的时候，设备仍按设计的功率运行，必然会造成能源的浪费。而变频调速技术不但能够有效地改变空调系统的工艺不足，还能大幅度地降低系统的耗能，节省运行成本。目前使用的VRV(variable refrigerant volume，变冷媒流量)多联空调系统就是通过末端装置来改变风量的变化，实现维持室内温度的目的，一般情况下能节约能源50%左右。此外，通过对风量、水量、主机的变频调节，可以实现同空调负荷实时的匹配，从而产生节能效益。

本章小结

本章主要讲述建筑节能施工的组织及墙体、门窗等各分项工程节能施工的技术要求，建筑系统调试及常见问题处理等。

本章的重点是建筑节能施工的工艺和要求，以及建筑系统调试程序。

思考题

1. 什么是建筑节能施工，具体包括哪些内容？试分析建筑绿色施工与节能施工的关系。
2. 建筑节能施工分部工程施工原则及管理要求是什么？
3. 建筑屋面、门窗和墙体节能施工的质量控制要点有哪些？
4. 建筑系统调试具体内容有哪些？如何进行建筑系统调试？
5. 暖通空调系统的调试重点是什么？建筑调试对建筑能源消耗有何影响？
6. 请查阅文献，分析说明建筑施工阶段的工程质量对建筑寿命周期能耗的影响。

第5章 建筑能源系统运行节能与控制

教学目标

本章主要讲述建筑运行过程终端用能系统的节能技术与控制方法等。通过学习，学生应达到以下目标：

(1) 掌握建筑用能分项系统运行的节能技术方法；

(2) 熟悉供配电系统、暖通空调系统、生活热水系统、给水排水系统、照明系统、电梯系统和建筑自动化与能源管理系统的运行节能技术；

(3) 了解建筑运行能耗评价指标的计算方法。

教学要求

知识要点	能力要求	相关知识
建筑终端用能系统节能运行	(1) 了解建筑供配电系统节能运行 (2) 熟悉暖通空调系统节能运行方法 (3) 了解建筑水系统节能运行方法 (4) 熟悉建筑照明和电梯系统节能运行方法	(1) 供配电系统节电率 (2) 变压器负载率 (3) 空调风系统节能 (4) 中水利用 (5) 绿色照明 (6) 物联网技术 (7) 建筑自动化 (8) 建筑能源管理
建筑能源系统自动化	(1) 了解物联网技术在建筑自动化系统中的应用途径 (2) 熟悉建筑自动化原理与能源管理策略	(1) 建筑物联网技术 (2) 建筑能源管理系统

基本概念

供配电系统节电率，变压器负载率，空调风系统节能，中水利用，雨水收集，给水系统节能控制，绿色照明，电梯节能，物联网技术，建筑自动化，建筑能源管理

引例

建筑系统运行管理是指建筑在使用过程中的系统管理，约占整个建筑全部寿命周期的95%以上，属于建筑节能全过程中的主要环节，是落实建筑节能目标、降低建筑能耗的终端环节。我国《民用建筑节能条例》将建筑物用能系统运行管理明确纳入条文之中，并对建立建筑能耗统计报告制度、建筑能效审

计、公共建筑用能管理、公共建筑室内温度控制、用能系统维护管理、供热单位耗能管理等方面提出了明确要求，为建筑节能运行管理确定了法定原则和制度。

资料显示，未来几年内写字楼、公寓、饭店、会展中心等大型公共建筑还会大幅度增加，在2020年前中国将新增约10亿m^2大型公共建筑。而国内约90%以上的大型公共建筑是典型的耗(电)能大户，在能源需求日趋紧张的情况下，采用多种手段实现建筑运行节能是必然的选择。如何进行建筑能耗监测、量化管理及效果评估，降低建筑运行过程中所消耗的能量，从而降低运行成本，成为大楼业主最为关注的问题。要想降低能源消耗就必须采取有效的方式管理能源。建筑能源管理系统(BEMS)正好提供了一套可行方案。BEMS就是将建筑物或者建筑群内的供配电、照明、电梯、空调、供热、给排水等能源使用状况，实行集中监视、管理和分散控制的管理与控制系统，是实现建筑能耗在线监测和动态分析功能的硬件系统和软件系统的统称。它由各计量装置、数据采集器和能耗数据管理软件系统组成。BEMS通过实时的在线监控和分析管理实现以下效果：①对设备能耗情况进行监视，提高整体管理水平；②找出低效率运转的设备；③找出能源消耗异常；④降低峰值用电水平。BEMS的最终目的是降低能源消耗，节省费用。伴随高校规模的不断扩大，随之而来的是校园建筑和学生数量的增加，以及不断增高的电能等消耗。以台湾某高校52栋大楼能源管理系统为例，研华科技依据BEMS提供了软硬件一体化解决方案，分析了每栋大楼功耗与功率效率，同时依据网络硬件与软件的结合，建立了一个能源管理系统，针对高校52栋大楼实施监控，更有效地提升了能源的利用率；实时监控每栋大楼的能源消耗情况，预测能源需量以及提出合理方案，改进能源的管理方式；利用校内网络的便利优势，建立了一个耗电量查询系统；为了推动与提倡校内节能氛围，建立了一个耗电量实时显示系统。

本章主要针对建筑用能系统的终端设备节能运行控制技术及能源系统运行计量策略进行介绍。

5.1 供配电系统节能运行

对供配电系统中仪表、电动机、用电设备、变压器等设备状况进行能效诊断时，主要核查是否使用淘汰产品、各电器元件是否运行正常及变压器负载率状况；对供配电系统容量及结构进行节能诊断时，核查现有的用电设备功率及配电电气参数；对供配电系统用电分项计量进行节能诊断时，核查常用供电回路是否设置电能表对电能数据进行采集与保存，并应对分项计量电能回路用电量进行校核检验；对无功补偿进行节能诊断时，核查是否采用提高用电设备功率因数的措施及无功补偿设备的调节方式是否符合供配电系统的运行要求。

5.1.1 三相电压不平衡度

三相电压不平衡度检验可分为现场初步检验和仪表检验。通过观察低压出口的多功能电表上的负序电压值和出线回路三相电流值，当负序电压超过4%或三相电流之间偏差超过15%，可初步判定为不平衡回路。对不平衡回路可依据《电能质量　三相电压不平衡》(GB/T 15543—2008)采用直接测量方法进行测定，三相电压不平衡允许值不超过2%，短时不超过4%。

5.1.2 功率因数

现场功率因数检验分为初步检验和实测。初步检验应采用补偿后功率因数表的数值，读数值时间间隔为 1min，读取 10 次，取平均值；初步判定为不合格的则采用直接测量的方法，与谐波测量同时进行，采用数字式智能化仪表在变压器出线回路进行测量，直接测量时间间隔为 3s(150 周期)，测量时间为 24h，取其平均值。功率因数不低于设计值，当设计无要求时应不低于电力部门规定值。经功率因数补偿后的低压配电系统，一般功率因数不小于 0.9，室内照明回路补偿后一般能达到 0.95。

5.1.3 各次谐波电压和电流及谐波电压和电流总畸变率

采用数字式智能化仪表，依据《电能质量　公用电网谐波》(GB/T 14549—1993)，观察基波功率因数，判断是否存在谐波。谐波电压计算结果总谐波畸变率应为 5%，其中，奇次谐波电压含有率为 4%，偶次谐波电压含有率为 2%。谐波电流计算结果应满足表 5－1 谐波电流允许值的要求。

表 5－1　谐波电流允许值

标准电压/kV	基准短路容量/MW	谐波次数及谐波电流允许值/A											
		2	3	4	5	6	7	8	9	10	11	12	13
		78	62	39	62	26	44	19	21	16	28	13	24
0.38	10	谐波次数及谐波电流允许值/A											
		14	15	16	17	18	19	20	21	22	23	24	25
		11	12	9.7	18	8.6	16	7.8	8.9	7.1	14	6.5	12

5.1.4 电压偏差

采用数字式智能化仪表现场直接测量，电压(380V)偏差为标称电压的±7%，电压(220V)偏差为标称电压的－10%～＋7%。

5.1.5 供配电系统节电率

供配电系统的节能主要是提高变压器的效率，减少各项损失。现场应首先判断变压器本身产品性能，其次通过测试变压器负载率和功率因素，量化分析供配电能耗损失的大小，指出供配电系统节能潜力和可行的节能措施。

5.1.6 变压器平均负载率

利用配电室值班记录表，计算变压器平均负载率 β，即全年时间变压器平均输出视在功率 S 与变压器额定容量 S_N 的比值。当全年平均负载率小于 20%，诊断为运行不经济。安装分项计量电能回路应全部检验，采用标准电能表进行校验。

5.2 暖通空调系统运行节能

5.2.1 暖通空调系统运行节能控制的主要内容

一般地，广义的空调系统，包括冷热源系统、输配系统和末端设备系统三部分；狭义的空调系统指冷热媒输配系统和末端设备系统两个部分。集中空调系统主要由冷热源机房、输配管网、空调机房、被控房间及室外环境等组成，如图 5.1 所示。

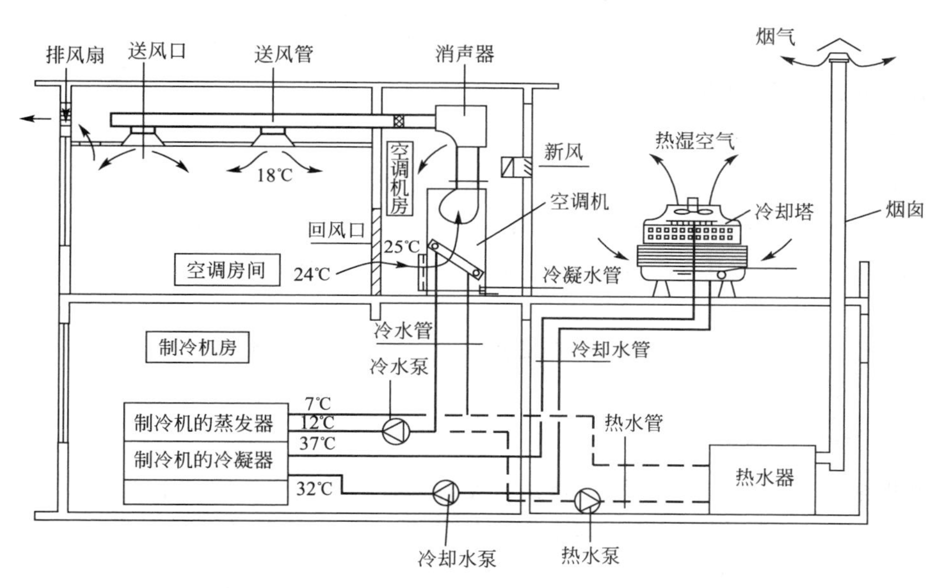

图 5.1　集中空调系统组成结构示意图

从系统组成看，冷热源机房包括水冷式冷水主机及冷却水循环系统、热水器及附属系统；输配系统又分为空调冷热水循环系统、冷却水循环系统、空调送风系统、排风系统和锅炉房排烟系统；末端设备包括空调机房的空气处理机组、风机盘管、房间送风口、回风口及排风口等。从关键设备看，空调冷源主机和热源主机是能量转换设备，空调机组和冷却塔属于热质交换设备，冷却水泵、冷冻水泵、热水泵和风机等，是流体输送动力设备。

1. 自动监测及控制

空调系统中，需要监测及控制的参数有风量、水量、压力或压差、温湿度等，监测及控制这些参数的元件包括温度传感器、湿度传感器、压力或压差传感器、风量及水量传感器、执行器及各种控制器等。实际工程中，应通过具体分析采用上述全部或部分参数的监测和控制。

2. 工况自动转换

对全年运行的空调系统而言，全年运行工况的合理划分和转换是空调系统节能的一个重要手段。但是，这些分析必须由设备进行自动的比较和切换来完成，用人工是不可能做到随时合理转换的。例如，即使是在夏天，在一天24h的运行中，空调系统仍有可能出现过渡季情况，而空调专业中所提及的过渡季绝不是人们通常所说的春秋季节，因此，只能靠自动控制系统进行实时监测、分析判定，并实现自动转换。

3. 设备的运行台数控制

设备的运行台数控制主要针对冷水机组(或热交换器)及其相应的配套设备(如水泵、冷却塔等)而言。对于不同的冷或热量需求，应采用不同台数的机组联合运行，以达到设备尽可能高效节能运行的目的。在二次泵系统中，根据需水量进行次级泵台数控制(定速次级泵)或变速控制(变速次级泵)；在冷却水系统中，根据冷却回水温度控制冷却塔风机的运行台数等，都属于设备台数控制的范围。

在多台设备的台数控制中，为了延长使用寿命，还应根据各台设备的运行时间小时数，优先启动运行时间少的设备。

4. 设备联锁、故障报警

设备的联锁通常和安全保护是相互联系的，除减轻人员的劳动强度外，联锁的另一个主要目的是设备的安全运行保护。例如，冷水机组必须在水泵已正常运行，水流量正常时才能启动；空调机组(尤其是新风空调机组)为防止盘管冬季冻裂，要求新风阀、热水阀与风机联锁等。

当系统内的设备发生故障时，自动控制系统应能自动检测故障情况并及时报警，通知管理人员进行维修或采取其他措施。

5. 集中管理

空调设备在建筑内分布较广时，对每台设备的启停控制应集中在中央控制室，这样可减少人力，提高工作效率。因此，集中管理从某个方面来看主要指远距离对设备的控制。当然，设备的远距离控制应与就地控制相结合。例如，在设备需要检修时，应采用就地控制方式，这时不能采用远距离控制，以免对人员的安全产生影响。

6. 与消防系统的配合

空调通风系统中许多设备的控制既与空调使用要求有关，又与消防有一定关系(如排风兼排烟风机)。如何处理好它们之间的关系，需要各专业设计人员进行认真的研究，并和消防主管部门协商取得一致的意见。

5.2.2 空调冷源主机及冷却水系统运行节能

冷水机组节能运行控制的目的，是在冷水机的产冷量满足建筑物内冷负荷需求的情况下，使空调设备能量消耗最少，并使其安全运行，便于维护管理，取得良好的经济效益和社会效益，即实现运行节能和优化管理。机房设备运行控制流程如图5.2所示。

运行管理中，观察是否存在冷水机停机后仍有冷冻水旁通的现象；观察是否有一台主机对应两台冷冻水泵的现象；观察冷冻水旁通阀的开关状态。测试流经各台冷机的冷冻水流量和供回水温度、压缩机电流等，通常1h记录1次；测定典型工况下冷机运行的COP；

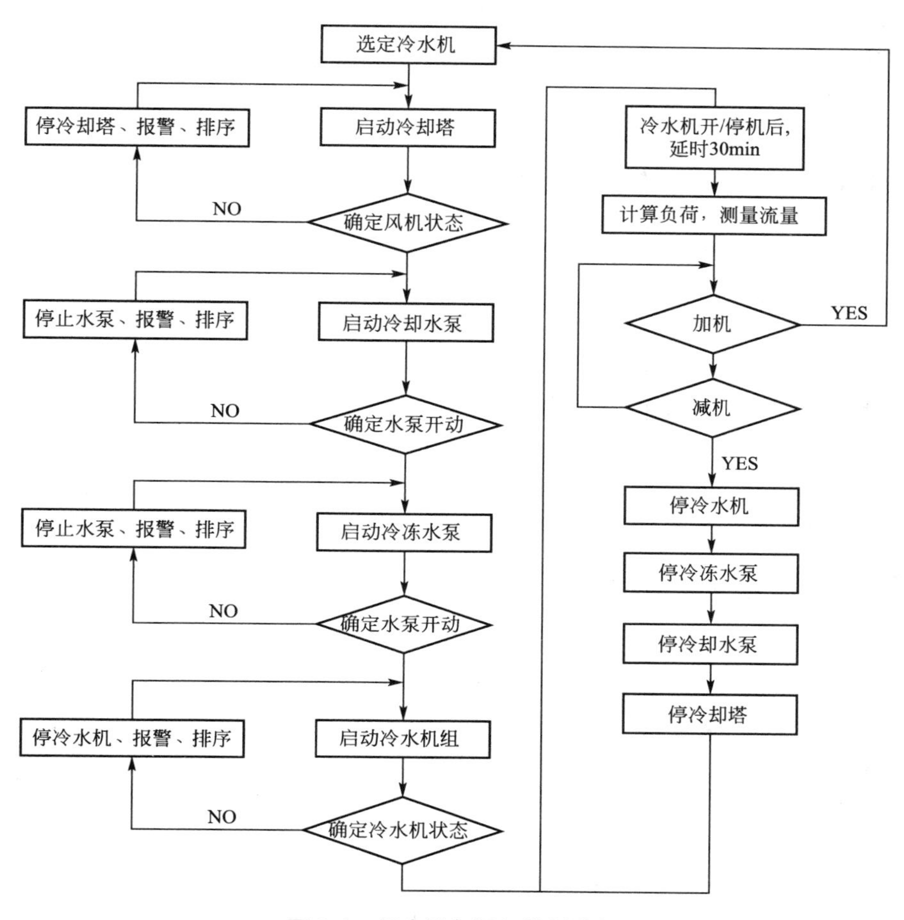

图 5.2 机房设备运行控制流程

结合运行记录分析，计算整个供冷季主机运行效率，判定机组是否高效运行；分析各台冷冻机制冷能力衰减情况，判断多台主机运行匹配是否合理。大楼冷源主机间隔 1～2h 记录 1 次，包括压缩机电压电流值(功率因数可取 0.85～0.9)，由此可累计得到当日各台冷冻机电耗，累加后可得到逐月冷机电耗。

冷却水系统运行诊断包括观察冷却塔是否存在布水不均、塔板或填料损坏现象；测试冷却塔出水温度和室外湿球温度的差异，测试典型工况下冷却塔效率，判断冷却塔是否高效运行。运行良好的冷却塔出水温度应比室外空气湿球温度高 3～5℃，理论上可以降低到室外空气的湿球温度。设计工况下冷却水供回水温度 32～37℃，设计工况下冷却塔效率为 50%，运行良好的冷却塔应高于此值。冷却水系统形式检查需要现场观察建筑物是否设有冷却水集水池，由于开式冷却水系统需要克服静水扬程使得水泵能耗增加，因此应改造为闭式系统。

5.2.3 热源主机及机房附属设备

对空调系统独立热源或生活热水供应系统的燃油或燃气锅炉，应诊断锅炉散热损失，测试锅炉效率，并与国家相关规定进行比较。锅炉损失包括排烟损失、散热损失和给水损失等，可以通过对锅炉本体保温层外壁及阀门管道等部件表面温度进行现场测试后计算。给水损失可根据补水量大小进行核算。

5.2.4 冷热水输配系统及水泵性能

调查是否存在建筑系统远端房间或区域冬季偏冷或夏季偏热现象；测试远端房间或区域末端设备回水温度，连续1～3天测试空调器集水器各回水总管温度，测试空调系统总冷冻水量和各分支管路冷水量；分析判定系统各分支环路冷量提供是否满足需要，判定各环路水力不平衡程度；当环路水力不平衡度超过15%时，通过分水器各环路调节阀进行调节，必要时可考虑设置末端加压泵。

诊断冷热水的水系统压力分布是否合理，按高度修正管路压力表读数，绘制冷冻水和冷却水系统压力分布图；判断冷机蒸发器侧、冷凝器侧是否堵塞，空调器末端水侧是否堵塞，是否存在由于阀门开度过小导致的局部阻力过大等问题。一般情况的压力损失范围：主机蒸发器和冷凝器水侧阻力8～12mH_2O（1mH_2O＝9806.65Pa），空调器末端阻力5～10mH_2O，管路阻力5～10mH_2O，冷却塔阻力3～5mH_2O，冷冻水泵扬程一般阻力20～30mH_2O；冷却水泵扬程一般阻力15～25mH_2O。若超出上述范围，则应重点分析相应环节。

诊断水泵本身是否为高效产品，高效区效率应在70%甚至80%以上。测试水泵实际工况点与设计工况点偏离情况，计算水泵运行效率。通过测试水泵运行流量、扬程和电功率，计算出实际运行效率。若因选型偏大导致水泵效率低，则给出合理的水泵选型，采取更换水泵或变频调速等措施提高水泵运行效率。

水泵耗电量测试是指通常在冷机运行记录中有对应的水泵和冷却塔开启台数，部分水泵有单独电流表，可计算得到电功率(功率因数取0.8～0.85)。如没有单独电表，可使用水泵电动机铭牌参数，有条件时可进行测量。多数水泵和冷却塔是定速运行的，因此其耗电量可直接用电功率乘以运行小时数，其中泵和冷却塔风机的运行小时数可以通过冷机运行记录或设备管理人员描述进行统计分析。对变频泵可通过电动机频率降低的幅度和变化范围估算水泵电耗。采暖系统热水循环泵与冷冻水循环泵计算方法相同。

5.2.5 空调风系统及末端设备节能诊断

空调末端设备及典型房间温度状况诊断分析包括：询问是否存在对典型房间噪声偏大或空调效果差的投诉；对于采用风机盘管的空调系统，选择出现问题的房间进行测试，分高、中和低三档测试风机盘管风量和出风温度；对全空气空调系统，选择出现问题的区域测试送风口处送风量和温度；判定是否由于空调器末端设备安装、调试或设备本身选型错误导致空调器效果差，或是否由于空调器分区不合理导致冷热不均。

一次回风机组的控制内容通常包括回风(或室内)温、相对湿度控制、防冻控制、再热控制及设备联锁等。其运行控制原理如图5.3所示。

针对现场检测，首先应检查末端设备空气侧和水侧的温差，并测试空调器末端(风机盘管和送风口)的送风量和送风状态，判断是否存在末端设备安装(如温控阀装反、软管风道压扁)或维护(风机盘管翅片堵塞、变风量末端卡死)的问题。如果空气侧温差偏大、水侧温差偏小,表明风量偏小,风侧堵塞;如水侧温差偏大,风侧温差偏小,表明水量偏小,水侧堵塞;如果水侧和风侧温差都偏大,则表明换热器污垢严重。

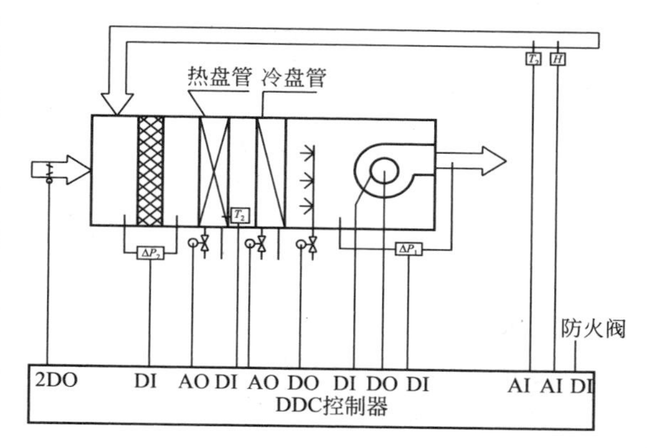

图 5.3 一次回风空调机组 DDC 原理图

如同一个空调区内不同房间出现冷热不均,需判断是由于末端设备不可调还是空调分区不合理(如内外分区、不同朝向房间分区)导致的。若是末端设备不可调导致的冷热不均,可以采用风量水量平衡或增设调节手段,如变风量或变水量措施等。若是由于分区不合理,则需要进行系统改造。

对于建筑大堂、餐厅、会议室等高大空间和区域,若存在夏季过冷或冬季过热或温度分层现象,需要现场连续(1 天以上、逐时)测试人员活动区域的温度和空间的总回风温度,诊断是否由于气流组织不合理导致温度不满足要求,或由于没有控制空调系统导致过冷或过热。

空调风系统(一次回风系统或新风系统)的诊断内容如下。现场测量空调箱各段压力,判断过滤器、表冷器和混合段压力是否合理,一般粗效过滤器阻力 100Pa,中效过滤器 160Pa,表冷器(四排)100Pa,双风机系统空调箱混风段应保持负压。测量送风系统的压力分布,判断消声设备、风道布局和末端风口阻力是否合理。一般每个消声器阻力 50Pa,风机出口余压 300～500Pa。若余压大于上述值,则需检查风道上是否有不合理的局部阻力(风阀、弯头等)。对送风系统实际风量测量,与设计风量比较,计算送风系统各支路平衡度,一般平衡度在 0.9～1.2 为合格。

风机效率测试包括:现场观察空调箱风机皮带或叶轮有无损坏导致风机丢转,实际测试风机运转效率,测量风机风量、风压和电功率,计算风机单位风量耗功率,判断是否高效运转及节能潜力(降低转速后仍能满足冷热量要求)。设计选型合理、维护得当的风机高效范围一般在 60%～70%。

空调器末端设备耗电量测试,其中空调箱耗电量等于电功率(功率因数取 0.75～0.8)乘以运行小时数。因多数空调箱没有单独电流表,可使用风机电动机铭牌参数计算电功率,有条件时可进行现场测量;运行小时数通过设备管理人员描述进行统计得到。风机盘管耗电量等于盘管电动机功率乘以每天运行时间(通过估算),同时乘以使用率(或出租率)。上述各空调设备月耗电量相加得到月空调系统用电量,并和月用电记录中空调器部分(当月总用电量减去月基础用电量,即 12 个月中用电量最低月份的用电量)相比较,分析其是否合理。

5.2.6 建筑新风系统及排风系统诊断方法

图 5.4 为一台典型的新风机组。空气—水换热器在夏季通入冷水对新风降温除湿,冬季通入热水对空气加热。干蒸汽加湿器则在冬季对新风加湿。对于这样一台新风机组,要

用计算机进行全面监测控制管理。新风机组的控制通常包括送风温度控制、送风相对湿度控制、防冻控制、二氧化碳浓度控制及各种联锁内容。

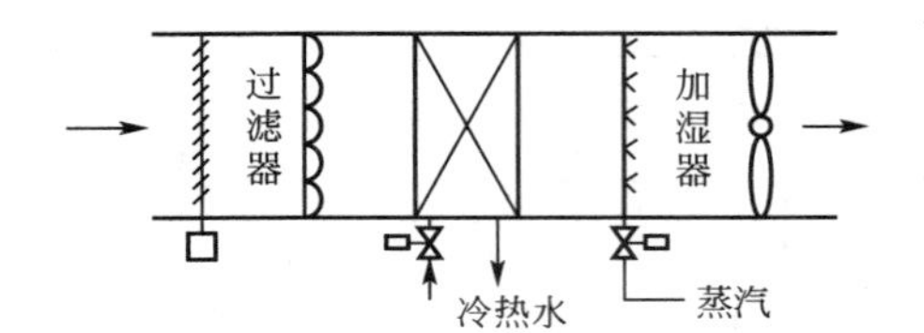

图 5.4 新风机组示意图

对建筑新风系统及排风系统诊断方法：观察室内人员的开窗行为；测试开窗进入室内的无组织通风量，计算由于开窗导致的冷热量损失；分析采用通风窗的可行性；考虑夜间通风、白天关窗的间歇通风节能措施的可行性。查看及询问建筑内部电热设备的通风方式及排热量去向，询问室内人员是否有房间或局部区域偏热导致的集中投诉情况；分析局部排风排热对空调负荷的影响情况。

对新风量及新风负荷诊断，通过询问室内人员是否存在门厅、大堂夏季偏热冬季偏冷现象；是否存在电梯啸叫或电梯门关不上现象；是否存在冬季大厅或贯通楼梯首层偏冷、越高越热现象，计算全楼总新风量、全楼总排风量和各楼层和典型区域的新风量，比较总排风量和总新风量的大小，分析各楼层或区域的新风量分配的均匀性。总排风量应比总新风量小 10%左右，保证房间一定是正压。

对于设有机械排风的建筑系统，如厨房、地下车库、卫生间等，诊断排风系统，应询问排风机工作情况(运行时间和调节手段)，是否可能调速或间歇运行，是否采用局部排风、分档排风或根据污染物浓度变频调速等技术手段，分析如何改变排风系统运行模式来降低风机电耗的潜力。

通过诊断，判断是否有无组织新风进入室内，是否有区域不合理使用新风系统，确定新风冷热量占空调负荷的比例，从而判断新风系统能耗是否合理。

5.2.7 空调用电分项计量系统诊断

现场观察暖通空调系统设备是否分项用电计量，其用电计量分项包括：冷水机组总用电量；冷冻水系统循环泵总用电量(如有高低分区，则应包括高区板式换热器二次侧冷冻水循环泵)；冷却水系统循环泵总用电量；冷却塔风机总用电量；空调箱和新风机组的风机总用电量；采暖循环泵总用电量；送、排风机总用电量；其他必要的空调系统设备的总用电量，如蓄冷空调系统中的溶液循环泵等。

5.3 生活热水系统运行节能

5.3.1 生活热水系统的组成及类型

生活热水系统属于建筑给水系统，与冷水供应的区别是水温，必须满足用水点对水温、水量的要求，因此热水系统除了给水系统的管道、用水器具等外，还有“热量”的供应，需要热源、加热系统等。建筑内的热水供应系统按照热水供应范围的大小，可分为集中热水供应系统、局部热水供应系统和区域热水供应系统。

集中热水供应系统的热源应首先利用工业余热、废热、地热和太阳热，如无以上热源，应优先采用能保证全年供热的城市热力管网或区域性锅炉房供热。局部热水供应系统宜采用蒸汽、煤气、炉灶余热或太阳能等。

热水供水方式分为开式供水和闭式供水，如图 5.5 所示。开式供水方式的特点是在管网顶部设水箱，管网与大气相通，系统水压决定于水箱的设置高度，而不受室外给水管网水压的波动影响，适用于室外水压变化较大，且用户要求水压稳定时。需要注意的是，该方式必须设置高位冷水箱和膨胀管或开式加热水箱。而闭式供水方式的特点是冷水直接进入加热器，管路简单，水质不易受污染，但供水水压稳定性差，安全可靠性差，适用于屋顶不设水箱且对供水压力要求不太严格的建筑，同时需要注意的是为了确保系统的安全运转，需设安全阀。

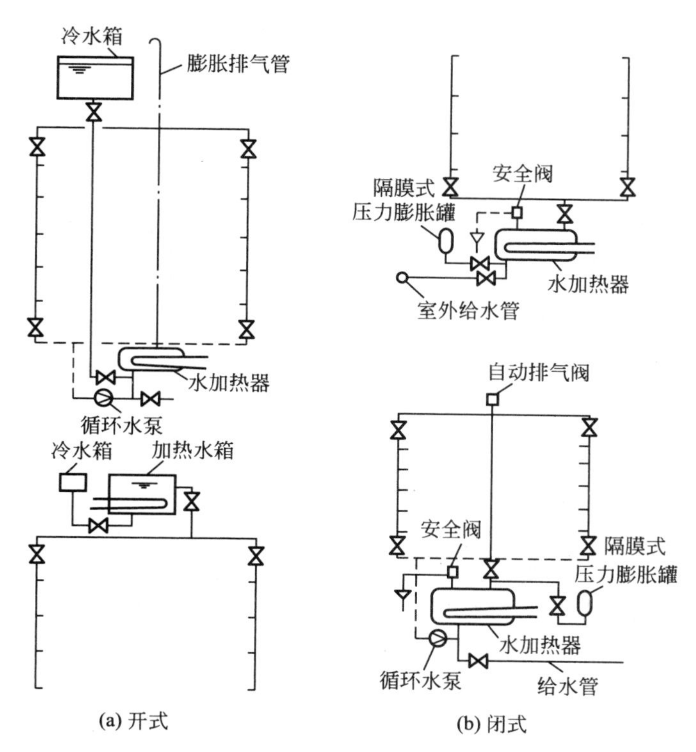

图 5.5 生活热水系统

5.3.2 生活热水系统的节能运行与控制

热水用水定额、供水水温、水质、耗水量、耗热量等热水系统的基本设计参数对热水系统的合理运行、能耗等有巨大影响。热水用水定额应根据建筑的使用性质、热水水温、卫生器具完善程度、热水供应时间和地区条件按《建筑给水排水设计规范(2009 年版)》(GB 50015—2003)的规定选择。据资料介绍：对多项设有集中热水供应系统的居住小区进行实测调查，结果显示居民热水用水定额均低于“规范”热水用水定额的下限值。热水供水水温对节能的影响主要是热水管道的热损失。因此，在满足配水点处最低温度要求的条件下，根据热水供水管线长短、管道保温情况等适当采用低的供水温度，以缩小管内外温差，减少热量的损失，节约能源。热水的供水水质对节能的影响主要是冷水的硬度。硬度大，易在设备及供水管道内形成水垢，大大降低热交换效果，导致热能损失。因此，对硬度大的冷水应根据实际情况采取适当的水质软化或实质稳定措施。

热水系统的加热设备应根据使用特点、耗热量、热源情况、燃料种类等因素进行考虑。从节能的角度来说，选择间接水加热设备时应考虑使被加热水侧阻力损失小，所需循环泵扬程低，能保证系统冷、热水压力平衡；选择热水循环泵时应根据管网大小、使用要求等，确定适当的控制循环泵启停的温度，这样能减少管道的热损失和循环泵的开启时间；选择燃油类热水设备时应选用热效率高、燃料燃烧完全、无须消烟除尘的设备。

热水供应系统应安装自动温度调节装置。温度调节器分为直接式自动温度调节装置和间接式自动温度调节装置。前者必须直立安装，温包放置在水加热器热水出口的附近，它把感受到的温度传给温度调节器，自动调节热媒流量，达到自动调温的目的；后者的温包把温度传给电触点温度计，当温度计指针转到大于或低于规定的温度触点时，自动启动电动机，关小或开大阀门，调节热媒流量，自动调温。

生活热水系统改造措施主要包括：安装热水限流器，减少热水消耗；降低生活热水的温度；对蓄热箱和管道进行保温，减少热水系统的损失；取消集中式热水系统，安装分散型热水器；设置专用的热水锅炉；分别设置高温热水罐和低温热水罐；安装太阳能热水系统；利用废热和热泵等。

5.3.3 太阳能热水系统的节能运行

1. 太阳能热水系统的内涵

太阳能热水系统是指将太阳辐射转换为热能以加热水，并输送至各用户所必需的完整系统，通常包括太阳能集热器、储热器、循环泵、连接管、支架及其他零部件、控制系统和必要时配合使用的辅助热源，如图 5.6 所示。

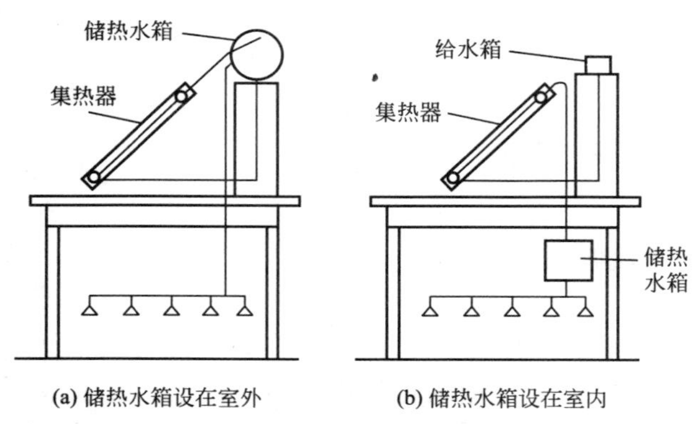

(a) 储热水箱设在室外　　(b) 储热水箱设在室内

图 5.6　太阳能热水供热系统

太阳辐射热能是一种低密度、不稳定的分散性能源，其能源的供给是无法随时满足使用要求的。为保证太阳能热水系统的供水安全可靠性，必须要有可靠的辅助能源，且其加热能力的设计应按不考虑太阳热能加热能力计算，以保证热水系统在连续阴雨天的条件下仍可使用。太阳能热水器宜与使用辅助能源的水加热设备联合使用，共同构成带互补热源的太阳能热水系统。

2. 太阳能热水系统分类

太阳能热水系统按其集合程度分为以下 4 种。

1) 分户集热、分户储热的分户式太阳能热水系统

优点：使用上互不干涉，责任和权益明确；物业管理相对简单，开发商愿意接受。

缺点：管道数量很多，屋面和竖向管道的布置困难；集热器收集的太阳能资源不能共享，调节余缺，不利于提高太阳能热水系统的总体效益。

2) 集中集热、分户储热的半集中式太阳能热水系统

优点：一般采用双循环方式，太阳能热源部分与室内热水系统完全独立；互不干扰和依存；不受室内给水系统的压力分区影响；能有效防止冬季的管道冻裂和水质较硬时管道结垢。

缺点：必须每户设温度传感器和可靠的电磁阀控制热媒流量，以保证各户储热水箱中的热量不倒流至管网；加热为间接换热的方式，有一定热损失。

3) 集中集热、集中储热的集中式太阳能热水系统

优点：集热器和储热容积的共享，可以使同一单元的热水使用峰值下降、均衡度提高；有利于提高系统的经济效益；供水的温度和水量保证率高；类似于集中热水系统。

缺点：有收取热水费的管理问题，若不采用集中辅助加热的形式，系统内各用户用热量不均衡且难以控制；若采用集中辅助加热的形式，收取水费及维护管理比较复杂。

4) 集中集热、储热、加热的方式

优点：集热器和储热容积的共享，可以使同一单元的热水使用峰值下降、均衡度提高；有利于提高系统的经济效益；供水的温度和水量保证率高；集中加热后相当于集中热水系统。

缺点：有收取热水费的管理问题，采用集中辅助加热的形式，收取水费及维护管理比较复杂。

太阳能热水系统发展到目前为止，绝大多数系统仍然是各用户独立的分户式太阳能热水系统。这种系统原理简单，安装、维护、使用时互不干扰，独立性很强，很受开发商的欢迎。但因其分散，会造成太阳能热水系统对太阳热能资源的利用不充分。其主要原因是太阳热能的可利用时段及热水生产量与使用量之间存在巨大的差异，差异的平衡可以采用调节元件(如储热水箱)予以解决，也可以利用规模的适当扩大以调节使用上的随机不平衡。分户系统在这方面的缺陷是显而易见的，也就是说在同一单元中会出现如下情况：有些家庭储热水箱中的热水因某日不使用而闲置并冷却，而另一些家庭却因不够用而不得不采用辅助加热装置强行加热，造成能源消耗加大。

3. 集热循环泵

集热循环泵的流量是根据太阳能集热器的面积大小确定的。集热循环泵的扬程应包括在设计流量条件下的循环供回水管路的水头损失、流过集热器的水头损失，以及通过水泵本身和阀门、过滤器等的水头损失。集热循环泵的启闭，应按太阳能集热器上部的水温与储热水箱下部水温温差实施控制。控制启闭的温差宜在高于 15℃时启泵，低于 5℃时停泵。为了保证循环泵吸水安全要求，集热循环泵靠近储热水箱时，应避免循环泵的设置位置过高(管网上端)，而在循环泵吸水管上出现低压或负压释气现象，使循环泵出现空

转、气蚀等不利状况。循环泵虽然功率小、噪声低，但不能忽视其对卧室、书房等有安静要求房间的影响。集热循环泵的吸水管上应设阀门，出水管上应设阀门、止回阀及压力表。

集中热水供应系统和分户热水供应系统的用水量较大者应设保温循环系统。保温循环泵的启闭视系统的大小、用水温度的要求，采用定时定温循环或连续循环。辅助加热设备的启停有各种方式，但其宗旨是对太阳能热水系统的一个补充。其原则是，首先应充分地利用太阳能，在太阳能不能满足要求的情况下适时开启辅助加热装置，保证热水系统的供水品质，也可以根据当地的供电价格政策，结合峰谷电差价选择加热时段，并按时段实行变温控制，以使经济效益最大化。

4. 太阳能热水系统的运行控制

太阳能热水系统的控制器应具备如下智能化管理功能。

(1) 显示集热系统循环泵的工作状况，控制集热循环泵的启闭，并反馈信息。

(2) 显示储热水箱的热水温度，并反馈信息。

(3) 在非承压式系统中显示储热水箱的水位。

(4) 对辅助加热设备按设定程序进行启停控制，并显示反馈信息。

(5) 在集中热水供应系统中应记录瞬时热水用水量、温度压力及其变化曲线(用水量、温度及供水压力变化曲线图)。

5.3.4 热泵热水系统的节能运行

热泵热水系统根据低温热源侧介质的不同分为以下 3 种。

1) 水源热泵

水源热泵又可分为地表水水源热泵(含污水源热泵)、地下水水源热泵。换热器直接与水发生热交换获取能量。

2) 土壤源热泵

土壤源热泵实际上是水源热泵的另一个形式。换热器通过与土壤中水分和土壤的共同作用发生热交换获取能量。

地下水水源热泵和土壤源热泵又统称为地源热泵，属可再生能源的范畴。这两项热泵的热源系统一般都及采暖及空调系统共源，而且通常情况下生活热水所占的份额较小，热源系统有暖通专业提供即可。

3) 空气源热泵

空气源热泵的换热器与空气发生热交换获取能量，是目前应用最广泛的热泵热水系统，如图 5.7 所示。

一般而言，在最冷月平均气温不小于 10℃的地区，系统可不设辅助热源；在最冷月平均气温 0～10℃的地区，系统应设辅助热源；在最冷月平均气温不大于 3℃的地区，建议在进行经济比较后确定空气源热泵机组是否全年运行；在最冷月平均气温不大于 0℃的地区，经技术经济比较后可采取采暖季节有燃煤(气)锅炉等供应热水，其余季节由空气源热泵系统供热水的季节运行方式；空气源热泵机组的工作气温不得超出其允许值，常见允许下限值为−7℃，常见允许上限值为 43℃。

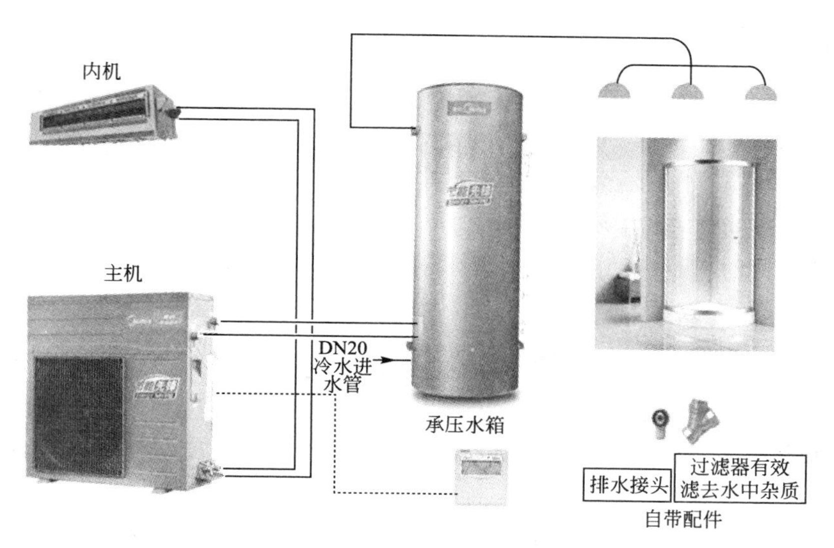

图 5.7　空气源热泵热水系统

5.4 给水排水系统运行节能

建筑运行节能是指在保证建筑物使用功能和质量的前提下，降低建筑物的能源消耗，合理有效地利用能源，包括降低建筑给水排水系统的日常运行能耗、尽量采用中水和雨水回收技术。

5.4.1　建筑中水的概念

建筑中水包括建筑物中水和小区中水，是指把民用建筑或建筑小区内的生活污水或生产活动中属于生活排放的污水等杂排水收集起来，经过处理达到一定的水质标准后，回用于民用建筑或建筑小区内，用作小区绿化、景观用水、洗车、清洗建筑物和道路及室内冲洗便器等的供水系统。

1. 建筑中水的利用技术及方法

建筑中水水源可选择的种类如下。

（1）建筑物的生活排水，包括建筑物内洗浴排水、盥洗排水、洗衣排水、厨房排水、冲厕排水。

（2）建筑小区内建筑物杂排水、小区生活污水和小区内的雨水。

（3）建筑物空调循环冷却系统排污水和冷凝水。

（4）建筑物游泳池排污水等。

2. 中水水质标准

（1）中水用作建筑杂用水和城市杂用水，其水质应符合《城市污水再生利用 城市杂用水水质》(GB/T 18920—2002)的规定。

(2) 中水用于景观环境用水，其水质应符合《城市污水再生利用 景观环境用水水质》(GB/T 18921—2002)的规定。

(3) 中水用于食用作物、蔬菜浇灌用水时，应符合《农田灌溉水质标准》(GB 5084—2005)的要求。

(4) 中水用于采暖系统补水等其他用途时，其水质应达到相应使用要求的水质标准。

(5) 当中水同时满足多种用途时，其水质应按最高水质标准确定。

3. 中水处理流程的选择

中水处理流程应根据中水原水的水质、水量及中水回用对象，以及对水质、水量的要求，经过水量平衡，提出若干个处理流程方案，再从投资、处理场地、环境要求、运行管理和设备供应情况等方面进行技术经济比较后择优确定，选择中水处理流程时应注意以下几个问题。

(1) 根据实际情况确定流程。确定流程时必须掌握中水原水的水量、水质和中水的使用要求。由于中水原水收取范围不同而使水质不同，中水用途不同而对水质要求不同，各地各种建筑的具体条件不同，其处理流程也不尽相同。选择流程时切忌不顾条件地照搬照套。

(2) 因为建筑物排水的污染物主要为有机物，所以绝大部分处理流程是以物化和生化处理为主的。生化处理中又以生物接触氧化的生物膜法为常用方法。

(3) 当以优质杂排水或杂排水为原水时，一般采用以物化为主的工艺流程或采用一段生化处理辅以物化处理的工艺流程。当以生活污水为中水原水时，一般采用二段生化处理或生化物化相结合的处理流程。为了扩大中水的使用范围，改善处理后的水质，增加水质稳定性，通常结合活性炭吸附、臭氧氧化等工艺。

(4) 无论何种方法，消毒灭菌的步骤及保障性是必不可少的。

(5) 应尽可能选用高效的处理技术和设备，并应注意采用新的处理技术和方法。

(6) 应重视提高管理要求和管理水平及处理设备的自动化程度。不允许也不能将常规的污水处理厂缩小后搬入建筑或建筑群内。

4. 中水处理站的设置

建筑物和建筑小区中水处理站的位置确定应遵循以下原则。

(1) 单幢建筑物中水工程的处理站应设置在其地下室或邻近建筑物处，建筑小区中水工程的处理站应接近中水水源和主要用户及主要中水用水点，以便尽量减少管线长度。

(2) 其规模大小应根据处理工艺的需要确定，应适当留有发展余地。

(3) 其高程应满足原水的顺利接入和重力流的排放要求，尽量避免和减少提升，宜建成地下式或地上地下混合型式。

(4) 应设有便捷的通道，以及便于设备运输、安装和检修的场地。

(5) 应具备污泥、废渣等的处理、存放和外运措施。

(6) 处理站应具备相应的减振、降噪和防臭措施。

(7) 要有利于建筑小区环境建设，避免不利影响，应与建筑物、景观和花草绿地工程相结合。

5.4.2 建筑设计中常见雨水回收利用的技术措施

建筑中常见雨水回收利用系统主要是由回收系统、储存净化系统和渗透系统所组成的，如图5.8所示。

1. 回收系统

1）屋面回收系统

屋面回收系统主要是由集水面、雨水斗、屋面集水沟、管道系统、雨水回收池和弃流系统所组成的。屋面作为雨水主要的集水面，其设计对雨水回收的水质有着重要的影响，当前较为常用的有种植屋面和新型防水卷材屋面。种植屋面能够降低雨水的径流速度，还起到了改善城市生态环境和美化城市景观的作用；新型防水卷材屋面较为常用的有APP(塑性体)高聚物改性沥青防水卷材等，使用这种新型的防水材料在倒置式屋面或普通屋面上，都能极大地减少对雨水的污染。

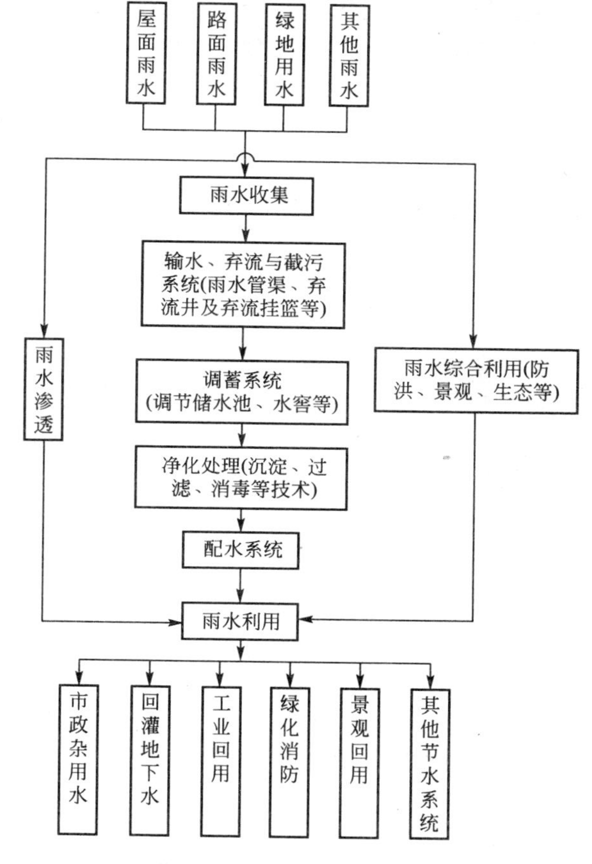

图5.8 城市雨水利用系统

2）硬地回收系统

硬地回收系统主要收集建筑小区内大面积的硬地和路面的雨水，包括输水管道、集雨区和初级截污系统。而输水管道主要包括输水明渠和输水暗渠。

3）绿地雨水回收系统

绿地雨水回收系统的主要作用是收集小区中超过绿地和小型铺装地面渗透能力的所汇集的雨水，包括集雨区和输水管道。输水管道与硬地回收系统相似，也包括输水明渠和输水暗渠。在绿地雨水回收系统中通常还大量使用了可渗透的铺装材料。

2. 储存净化系统

1）调节池

调节池也称初期径流池，主要是弃流下雨初期收集的雨水，同时通过调节雨水的流速，以满足净化池的净化需要。

2）净化池

净化池也称沉淀池，是根据初期弃流后的雨水水质情况及试验结果，并采用相应的化学和物理方法对雨水进行处理，最终出水的水质需满足城市相应用水规范要求。

3. 渗透系统

渗透系统主要采用渗透井、渗透池、渗透管沟、渗透地面等雨水渗透设施，使雨水能分散渗透到地下，不仅能降低地表径流量和回补地下水，还能有效地缓解排水系统压力和地面沉降。

屋面雨水收集利用的方式按泵送方式不同可以分为直接泵送雨水利用系统、间接泵送雨水利用系统、重力流雨水利用系统 3 种方式。按雨水管道的位置分为外收集系统和内收集系统。屋面雨水可选择下列工艺流程：

(1) 屋面雨水→滤网→初期雨水弃流→景观水面；

(2) 屋面雨水→滤网→初期雨水弃流→蓄水池自然沉淀→过滤→消毒→供水调节池→杂用水。

5.4.3 建筑雨水回收利用的案例分析

传统城市雨水收集是在雨水落到地面上后，一部分通过地面下渗补充地下水，不能下渗或来不及下渗的雨水通过地面收集后汇流进入雨水口，再通过收集管道收集后，排入河道或通过泵提升进入河道，即传统城市雨水管理以雨水尽快汇集至收集系统、经收集输送后快速排除为目标。随着城市化程度的提高，高强度的人类活动改变了城市地表环境的结构与功能，使得相当比例的软性透水性下垫面变为被不透水表面(路面、屋面、地面)所覆盖，改变了地表生态环境的结构和功能，影响了雨水截留、下渗和蒸发等环节，导致水的自然循环规律发生变化，加剧了流域洪涝灾害发生的频率和强度。因此，传统的雨水管理模式表现出城市洪灾风险加大、雨水径流污染严重、雨水资源大量流失、生态环境破坏等主要问题。

国际上雨水资源处理、处置和管理的理念发生了显著变化，雨水蓄渗、缓排、利用等已成为雨水管理的重要内容。德国、美国和日本是雨水资源利用和管理开展较早的国家，从 20 世纪 70 年代至今经过几十年的发展，取得了较为丰富的实践经验，制定了较为系统全面的法律法规，利用经济、技术和管理手段，开发了多种多样的雨水利用技术措施，形成了较为完善的雨水资源利用管理框架和技术体系。

例如，上海世界博览会(以下简称世博会)核心区域的世博中心、演艺中心、主题馆、中国馆等四大永久场馆和世博轴，都对屋面雨水加以收集利用，如图 5.9 所示。世博演艺

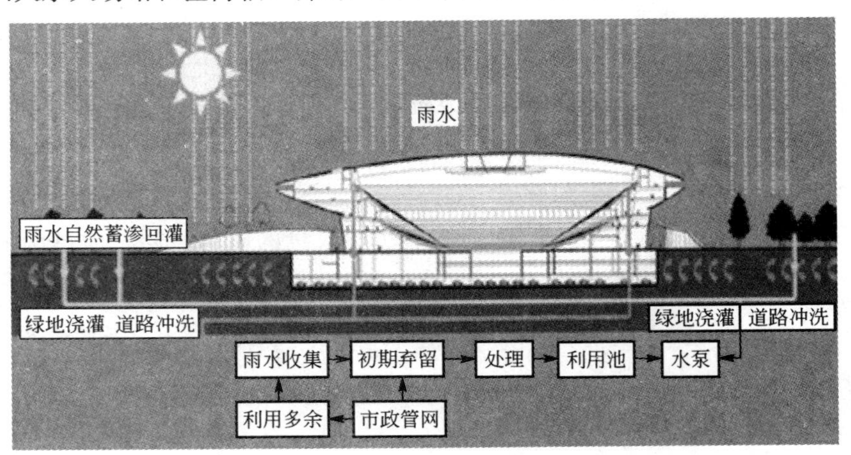

图 5.9 上海世博演艺中心的雨水收集利用系统

中心位于世博浦东园区北端，紧临黄浦江，世博轴以东，总建筑面积 12.6 万 m^2，在建筑设计上，世博演艺中心采用了光电幕墙系统、江水源冷却系统、气动垃圾回收系统、空调凝结水与屋面雨水收集系统、程控绿地节水灌溉系统等多项环保节能技术，注重可再生材料的使用，其目标是成为一座“绿色生态建筑”。演艺中心采用了设计完善的雨水利用系统，将空调凝结水与屋面雨水回收、处理，用作道路冲洗和绿化浇灌用水，采用程控型绿地喷灌或滴灌等节水灌溉技术，提高了水资源利用效率。

5.4.4 建筑给排水节能的主要途径

1. 采用新型节水器材和节水型卫生器具

一套好的设备能够对水资源的节约产生非常大的作用。例如，通常淋浴喷头每分钟喷水约 20L，而节水型喷头则每分钟只需要约 9L 水，节约了一半的水量。厨房的洗涤盆、沐浴水嘴和盥洗室的面盆龙头采用瓷芯节水龙头和充气水龙头代替普通水龙头，在水压相同的条件下，节水龙头比普通水龙头有着更好的节水效果，且在静压越高、普通水龙头出水量越大的地方，节水龙头的节水量也越大。中国正在推广使用 6L 水箱节水型大便器。设计人员应在保证排水系统正常工作的情况下，建议用户使用小容积水箱大便器，也可以参照国外的做法，采用两档冲洗水箱。两档冲洗水箱在冲洗小便时，冲水量为 4L(或更少)；冲洗大便时，冲水量为 9L(或更少)。另外，采用延时自闭式水龙头和光电控制式水龙头的小便器、大便器水箱，也是建筑节水的有效措施。延时自闭式水龙头在出水一定时间后自动关闭，可避免长时间流水现象。出水时间可在一定范围内调节，但出水时间固定后，不易满足不同使用对象的要求，比较适用于使用性质相对单一的场所，如车站、码头等地方。光电控制式水龙头可以克服上述缺点，且不需要人触摸操作，可用在多种场所，但价格较高。目前，光电控制小便器已在一些公共建筑中安装使用。由此可见，卫生器具和配水器具的节水性能直接影响着整个建筑节水的效果。所以在选择节水型卫生器具和配水器具时，除了要考虑价格因素和使用对象外，还要考察其节水性能的优劣。大力推广使用节水型卫生器具和配水器材是建筑节水的一个重要方面。

2. 运用真空节水技术

为了保证卫生洁具及下水道的冲洗效果，可将真空技术运用于排水工程，用空气代替大部分水，依靠真空负压产生的高速气水混合物，快速将洁具内的污水、污物冲洗干净，达到节约用水、排走污浊空气的效果。一套完整的真空排水系统包括带真空阀和特制吸水装置的洁具、密封管道、真空收集容器、真空泵、控制设备及管道等。真空泵在排水管道内产生 40～50kPa 的负压，将污水抽吸到收集容器内，再由污水泵将收集的污水排到市政下水道。据统计，在各类建筑中采用真空技术，平均节水率可超过 40%；若在办公楼中使用，节水率则可超过 70%。

3. 完善热水供应循环系统

随着人们生活水平的提高，小区集中热水供应系统的应用也得到了充分的发展，建筑热水循环系统的质量也逐渐变得越来越重要了。大多数集中热水供应系统存在严重的浪费现象，主要体现在开启热水装置后，不能及时获得满足使用温度的热水，而是要放掉部分冷水之后才能正常使用。这部分冷水未产生应有的使用效益，因此称为无效冷水。这种水流的浪费现象是由于设计、施工、管理等多方面原因造成的。新建建筑的集中热水供应系统在选择循环方式时需综合考虑节水效果与工程成本，根据建筑性质、建筑标准、地区经济条件等具体情况，尽可能选用支管循环方式或立管循环方式，减少乃至消除无效冷水的浪费。

4. 回收利用中水和雨水

中国的建筑排水量中生活废水所占份额，住宅为69%，宾馆、饭店为87%，办公楼为40%，如果收集起来经过净化处理成为中水，用作建筑杂用水和城市杂用水，如厕所冲洗、道路清扫、城市绿化、车辆冲洗、建筑施工、消防等杂用，从而替代等量的自来水，这样相当于增加了城市的供水量。

通常情况下，雨水通过地表径流而白白浪费。雨水利用就是将雨水收集起来，经过一定的设施和药剂处理后，得到符合某种水质指标的水再利用的过程。建筑物收集雨水的一般结构是，由导管把屋顶的雨水引入设在地下的雨水沉沙池，经沉积的雨水流入蓄水池，由水泵送入杂用水蓄水池，经加氯消毒后送入中水管道系统。为解决降尘和酸雨问题，一般将降雨前2min的雨水撇除。

由于中水工程是影响到整个建筑的系统工程，在已建成建筑中改造比较困难。同时又因为其初期投资较高，所以要想制定成为标准规范，至少在目前看来是比较难于让开发商接受的。但是从长远看，在水资源越发缺乏的情况下，建设第二水资源——中水势在必行。它是实现污水资源化、节约水资源的有力措施，也是今后节约用水发展的必然方向。

5. 设置消防储水池

高层建筑中消防用水量与生活用水量往往相差甚远，消防给水系统的设计流量可能是生活给水系统设计流量的几倍。由于消防储水要求满足在火灾延续时段内消防的用水总量，在消防水与生活储水池合建的情况下，会由于消防储水量远大于生活储水量而致使生活供水在储水池中停留时间过长，余氯量早已耗尽而造成水质的劣化。所以为保证水池中的水质符合卫生标准，应定期更换储水池中的全部存水，包括消防储水。因此，当两个系统储水量相差较大时，应将两个系统的储水池分建，这样既可以延长消防储水池的换水周期，从而减少了水量的浪费，又可以保证生活饮用水的水质符合要求。同时，还应注意使消防储水池尽可能地与游泳池、水景合用，做到一水多用、重复利用及循环使用。高层建筑群或小区应尽可能共用消防水池和加压水泵，消防储水量按其中最大的一座高层建筑需水量来计算。这样，既可避免消防加压给各建筑设计带来的诸多技术问题，又可以节省工程建设投资和设备投资，降低运转费用，便于集中管理，从而避免小区内多座储水池的大量消防储水及定期换水而造成的浪费。

6. 合理利用市政管网余压，注意给水管道的减压节流

在城市供水中，根据城市供水规模大小不同，一般市政给水管网压力均在0.2～0.4MPa之间。合理利用市政管网压力，采用分区供水方式，可以减少二次加压能耗。某些工程设计中将管网进水直接引入储水池中，白白损失掉了市政管网压力，尤其是当储水池位于地

下层时，反而把市政管网压力全部转化成负压，这样极不合理。因此当市政管网压力能保证0.3MPa时，5层及以下楼层便可采用市政管网直接供水，5层以上采用无负压变频供水设备供水。这样既不浪费市政管网余压，又不至于使低楼层管网压力过高，造成能耗及水量浪费。即使在分区后，各区最低层配水点的静水压一般仍高达300～400kPa，而在给排水系统设计中，卫生器具的额定流量是在流出水龙头为20～30kPa的前提条件下所得的。若不采取减压节流措施，卫生器具的实际出水流量将会是额定流量的4～5倍，随之带来的是水量浪费、水压过高的弊病，而且易产生水击、噪声和振动，导致加速管件的损坏和破裂。因此，必须注意给水管道的减压节流。减压节流的有效措施是控制给水系统配水点的出水压力，可在配水点前安装节流孔板、减压阀等来避免部分供水点的超压，同时选用合适的水龙头，使竖向分区的水压分布更加均匀。所以在高层建筑给水系统竖向分区后仍应注意给水管道的减压节流的问题。

7. 合理应用变频供水设备

变频系统主要有恒压变量变频及变压变量变频两种，有条件时应尽量将恒压点移至最不利用的水点附近，形成变压变量系统，较为节能。变频技术实现节能是有前提的。目前变频一般会改变频率，频率最小可变为25Hz，即转速最低应维持50%以上，一般离心泵运行的高效区流量范围为(1～0.15)Q。在供水曲线低于上述限制区段时，应设置稳压泵，对于极小供水流量持续时间较长时，还应增设气压罐。供水$H=\Delta Z+SQ^2$，对于供水高程区间较大时，节能越不明显，因此适当分区是必要的。

在变频供水装置中，水泵的选用十分重要。应让水泵基本在高效区运行。选用$Q-H$特性曲线随流量的增大，扬程逐渐下降的曲线，在额定转速时的工作点应位于高效区的末端，泵组宜多台运行。对于用水量不大的单体建筑可选三台，即一台变频、一台工频、一台备用轮换工作。每台泵流量按设计流量的60%选择。对于小区集中供水，可采用大泵、中泵多台并联且配备夜间小泵（单台主泵的1/3～1/2)加气压罐组合供水，在运行过程中根据用水量随时调整。对于冷却塔补水等有规律的供水，可在变频装置中结合配置工频泵供水。

8. 自动控制计量与运行监控

计量用水也是建筑节水的重要手段，采用该技术主要是为了避免大便器延时自闭阀延时器调整及故障的及时处理，调节水池水箱等水位上限无监控，一旦进水阀门出现故障，进水水位超过溢流口却不能及时发现造成用水浪费等现象，因此在设计过程中应尽量选用自动控制和质量好的产品及设计思路。

给排水监控系统的主要功能是通过计算机控制及时调整系统中水泵的运行台数，以达到供水量和需水量、来水量和排水量之间的平衡，实现水泵的高效率运行，进行低能耗的最优化控制，其原理如图5.10所示。

给水系统监控功能：地下储水池水位、楼层水池水位、地面水池水位的监测及高/低水位超限时的报警；根据水池(箱)的高/低水位控制生活给水泵的启/停，监测生活给水泵的工作状态和故障现象；工作泵出现故障时，备用泵能自动投入工作；气压装置压力的监测与控制。

排水系统包含排水水泵、污水集水井、废水集水井等。其监控功能包括：集水井和废水集水井水位监测及超限报警；根据污水集水井与废水集水井的水位，控制排水泵的启

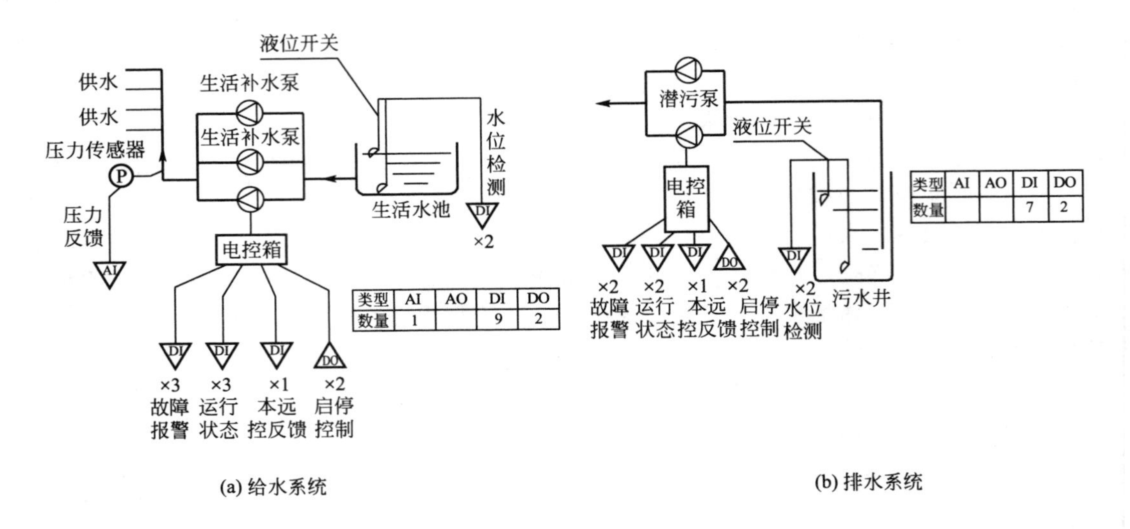

(a) 给水系统　　(b) 排水系统

图 5.10　建筑给排水监控原理

停。当水位达到高限时，联锁启动相应的水泵，直到水位降至低限时联锁停泵；排水泵运行状态的监测及发生故障时报警。

5.5 照明系统运行节能

5.5.1　建筑绿色照明

绿色照明是指通过科学的照明设计，采用效率高、使用寿命长、安全和性能稳定的照明电器产品(电光源、灯用电器附件、灯具、配线器材，以及调光控制器和控光器件)，改善并提高人们工作、学习、生活的条件和质量，从而创造一个高效、舒适、安全、经济、有益的环境，并充分体现现代文明的照明。绿色照明是美国国家环境环保局于 20 世纪 90 年代初提出的概念。完整的绿色照明内涵包含高效节能、环保、安全、舒适等四项指标，缺一不可。高效节能意味着以消耗较少的电能获得足够的照明，从而明显减少电厂大气污染物的排放，达到环保的目的。安全、舒适指的是光照清晰、柔和及不产生紫外线、眩光等有害光照，不产生光污染。

绿色照明主要包含三项内容：照明设施、照明设计及照明维护管理，具体可分为五方面的内容：①开发并应用高光效的光源；②开发并应用高光效的灯具和智能化照明控制系统；③合理的照明方式；④充分利用自然光；⑤加强照明节能的管理。

绿色照明光源主要推广使用能耗低、光效高、光色好、使用寿命长的新光源。例如，将 T5 和 T8 双端稀土三基色荧光灯、紧凑型荧光灯、金属卤化物灯，以及无极荧光灯和夜间景观显示的 LED(light - emitting diode，发光二极管)、LE 无汞荧光灯等作为节能照明工具。办公室照明电器节电主要从光源和镇流器入手，配合采用具有聚光、反射功能的灯罩等，适合于办公照明的灯具包括细管荧光灯和紧凑型荧光灯，以及电子镇流器和节能型电感镇流器。用紧凑型荧光灯取代白炽灯，可节电70%～80%，且使用寿命长5～10倍；以细管荧光灯取代粗管荧光灯，可节电15%～50%；以电子镇流器或节电型电感器替代普通电感镇流器可节电30%左右。要满足对照明质量和视觉环境条件的更高要求，不能靠降低照明标准来实现节能，而是要充分运用现代科技手段提高照明工程设计水平和方法，提高照明器材效率来实现。高效照明工具光导照明系统由采光罩、光导管和漫射器三部分组成。其照明原理是通过采光罩高效采集室外自然光线并导入系统内重新分配，经过特殊制作的光导管传输和强化后，由系统底部的漫射器把自然光均匀高效地照射到场馆内部，从而打破了“照明完全依靠电力”的观念。

5.5.2 建筑人工照明节能技术

1. 选用绿色照明产品

1）采用高效节能的电光源

(1) 用卤钨灯取代普通照明白炽灯(节电50%～60%)。

(2) 用自镇流单端荧光灯取代白炽灯(节电70%～80%)。

(3) 用直管型荧光灯取代白炽灯和直管型荧光灯的升级换代(节电70%～90%)。

(4) 大力推广高压钠灯和金属卤化物灯的应用。

(5) 低压钠灯的应用。

(6) 推广LED的应用。

2）采用高效节能照明灯具

(1) 选用配光合理、反射效率高、耐久性好的反射式灯具。

(2) 选用与光源、电器附件协调配套的灯具。

3）采用高效节能的灯用电器附件

(1) 用节能电感镇流器和电子镇流器取代传统的高能耗电感镇流器。

(2) 采用各种照明节能的控制设备或器件，如光传感器、热辐射传感器、超声传感器、时间程序控制、直接或遥控调光。

【例5-1】 用12W LED筒灯替换32W普通节能筒灯。按电价1.00元/(kW·h)为例，地下商场营业照明时间每天9h，1支筒灯每天电费如下。

普通节能筒灯：32W×9h×1(支)÷1000W/kW=0.288kW·h

LED筒灯：12W×9h×1(支)÷1000W/kW=0.108kW·h

改造后每支筒灯每天节约电费：0.288kW·h−0.108kW·h=0.18kW·h

节电率为62.5%，每天每支筒灯的节电费为0.18元。

【例5-2】 用1支19W LED筒灯替换26W×2支的普通节能筒灯。按电价1.00元/(kW·h)为例，地下商场营业照明时间每天9h，1支筒灯每天电费如下。

普通节能筒灯：52W×9h×1(支)÷1000W/kW=0.468kW·h

LED筒灯：19W×9h×1(支)÷1000W/kW=0.171kW·h

改造后每支筒灯每天节约电费：0.468kW·h−0.171kW·h=0.297kW·h

节电率为63.5%，每天每支筒灯的节电费为0.297元。

2. 智能化照明控制系统

智能化照明控制系统是利用先进电磁调压及电子感应技术，对供电进行实时监控与跟踪，自动平滑地调节电路的电压和电流幅度，改善照明电路中不平衡负荷所带来的额外功耗，提高功率因素，降低灯具和线路的工作温度，达到优化供电的目的。照明系统节电控制如图5.11所示。其主要特点为以下9个。

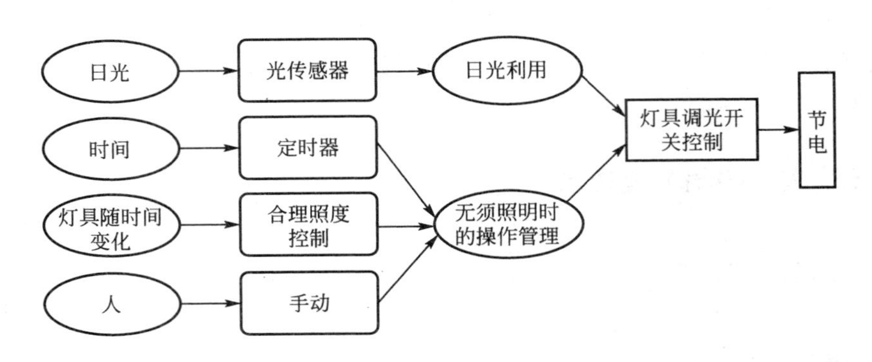

图5.11 照明系统节电控制

（1）系统可控制任意回路连续调光或开关。

（2）场景控制。可预先设置多个不同场景，在场景切换时淡入、淡出。

（3）可接入各种传感器对灯光进行自动控制。

（4）移动传感器。通过对人体红外线检测达到对灯光的控制，如人来灯亮、人走灯灭(暗)。

（5）光亮照度传感器。对某些场合可根据室外光线的强弱调整室内光线，如学校教室的恒照度控制。

（6）时间控制。某些场合可以随上下班时间调整亮度。

（7）红外遥控。可用手持红外遥控器对灯光进行控制。

（8）系统联网。可通过系统联网，利用上述控制手段进行综合控制或与楼宇智能控制系统联网。

（9）可通过对声、光、热、人及动物的移动检测达到对灯光的控制。

5.5.3 地下车库照明系统节能改造案例

项目概况：某物业小区地下车库的一层面积为10000m^2，现用照明单管44W的普通T8直管，共1000支，每天照明时长为24h。

改造方案：采用某公司智能红外T8 LED荧光灯16W灯亮度相当于44W的T8荧光灯，功率因数高达0.9以上，自身损耗小，与T8荧光灯比可节省90%的电能，无汞，无紫外线，输入电压范围大，且无噪声和频闪等特点，适合24h照明场合改造使用。1000支T8与LEDT8灯管节能效果比较，按每天照明24h、一年工作365天、电价1元/(kW·h)、维修人工费20元/h计算。改造前后对比见表5-2和表5-3。

表 5-2 地下车库照明系统改造前后综合对比

对比项目		1000 支 44W 的 T8 荧光灯	1000 支 16W 的 T8 LED 荧光灯	改造后效果
性能对比	光效对比	60lm/W	85lm/W	光效提高 60%以上
	显色指数	70～80	＞70	色彩更舒适自然
	频闪	有	无	避免错觉，有效缓解视觉疲劳
节能效果	照明时长	24h/天	24h/天	
	每天耗电量	1000 支×(36W+8W)×24h÷1000W/kW=1056kW·h	1000 支×16W×24h÷1000W/kW=384kW·h	日节电 672kW·h
	每年耗电量	1056kW·h×365 天=385440kW·h	384kW·h×365 天=140160kW·h	年节电 245280kW·h
	每年电费	385440 元	140160 元	年节省电费 245280 元
维护成本	使用寿命	4000～5000h	4 万～6 万 h	更耐用
	每年更换灯具	1000 支	两年保修，两年内无须费用	传统的一般每半年换一次，一年需要更换 1000 支
	更换灯具费用	10 元/支×1000 支=10000 元（每支按 10 元计算）	0 元	每年多出 10000 元
	维护人工费	0.05h×1000 元×20 元/h=1000 元（按 3min 即 0.05h 换一支，人工费 20 元/小时计算）	两年内无更换	每年节省维护人工费 1000 元
使用 LED-T8-16W 荧光灯每年减少二氧化碳排放量［二氧化碳排出量的排出系数以 0.39kg/(kW·h)计算］				245280kW·h × 0.39kg/(kW·h)=95659.2kg

表 5-3 地下车库照明系统不同灯具用电量及电费对比

选用灯具	荧光灯	LED 荧光灯	LED 智能荧光灯
功　率	36W+$\frac{6W}{(整流器)}$=42W	15W+$\frac{1W}{(电源)}$=16W	11W+$\frac{1W}{(电源)}$=12W（晚间或白天无人无车时只有 2.5W，平均每小时功率约 6W）
使用时间	24h	24h	24h

（续）

选用灯具	荧光灯	LED荧光灯	LED智能荧光灯
1年内使用的用电量	42W×24h×365天×1000支÷1000W/kW=367920kW·h	16W×24h×365天×1000支÷1000W/kW=140160kW·h	6W×24h×365天×1000支÷1000W/kW=52560kW·h
1年内使用的电费	367920kW·h×1元/kW·h=367920元	140160kW·h×1元/(kW·h)=140160元	52560kW·h×1元/(kW·h)=52560元

根据以上数据比较可知，地下车库42W荧光灯替换成LED荧光灯1年可省电费227760元，节约电费约62%；替换成某公司LED智能荧光灯1年可省电费315360元，节约电费约86%。

5.6 电梯系统运行节能

现在电梯的使用数量越来越多，在对宾馆、写字楼等的用电情况调查统计中，电梯用电量占总用电量的17%～25%以上，仅次于空调器用电量，高于照明、供水等的用电量。

2012年中国共生产52.9万台电梯，与2011年的45.7万台相比，同比增长了15.8%。截至2012年底，全国在用电梯总数已达245万台，并以每年20%左右的速度增长，电梯保有量、年产量、年增长量均已位列世界第一。随着技术的不断发展和中国节能减排政策的不断落实，国内节能电梯产量占电梯总产量的比例不断增大。为配合国家有关建筑物节能政策的实施，各地出台电梯更换或改造计划，将到期需更换的电梯通过更换或技术改造替换成节能电梯。节能电梯未来的市场需求量主要包括三个方面：一是新增需求量；二是旧电梯的更换量；三是节能改造量。

5.6.1 电梯系统的组成

电梯基本组成包括机械和电气两个部分，从空间上分为以下四部分。

1）机房部分(控制间)

电源开关、控制柜、曳引机、导向轮、限速器，一般设置在电梯井道顶部(机房上置式)，是电梯系统的心脏。

2）井道部分

导轨、导轨支架、对重、缓冲器、限速器张紧装置、补偿链、随行电缆、底坑、井道照明。

3）层站部分

层门(厅门)、呼梯装置(召唤盒)、门锁装置、层站开关门装置、层楼显示装置。

4）轿厢部分

轿厢、轿厢门、安全钳装置、平层装置、安全窗、导靴、开门机、轿内操纵箱、指层灯、通信报警装置。

其中，曳引机是电梯轿厢升降的主拖动机械，曳引机结构包括电动机、联轴器、制动器、减速箱(无齿轮曳引机没有减速器)、曳引轮、底座和光电码盘(调速电梯中有)。电梯使用电动机的特征：断续周期工作、频繁启动、正反转、较大的启动力矩、较硬的机械特性、较小的启动电流、良好的调速性能(对调速电机)。电梯系统节能的关键就是曳引系统的电动机的效率。

交流异步电动机形式的选择：无调速要求、负荷较小时选用鼠笼式感应电动机；有调速要求、负荷较大时选择绕线转子异步电动机。

一般使用带可控硅整流的直流电动机，是电梯发展的方向。

5.6.2 电梯节能技术

电动机拖动系统节约电能的途径主要有以下两大类。

第一类是提高电动机拖动系统的运行效率。例如，风机、水泵调速是以提高负载运行效率为目标的节能措施；电梯曳引机采用变频器调速取代异步电动机调压调速，是以提高电动机运行效率为目标的节能措施。这类节电技术与暖通空调系统风机水泵节电运行原理相似，不再赘述。

第二类是将运动中负载上的机械能(位能、动能)通过能量回馈器变换成电能(再生电能)并回送给交流电网，或供附近其他用电设备使用，使电动机拖动系统在单位时间消耗电网电能下降，从而达到节约电能的目的。以下做简要介绍。

1. 改进机械传动和电力拖动系统

采用变频调速的电梯在启动运行达到最高运行速度后具有最大的机械功能，电梯到达目标层前要逐步减速直到电梯停止运动为止，这一过程是电梯曳引机释放机械功能量的过程。升降电梯是一个位能性负载，为了均匀拖动负荷，电梯由曳引机拖动的负载由载客轿厢和对重平衡块组成，只有当轿厢载重量约占电梯满载的50%(1t载客电梯乘客为7人左右)时，轿厢和对重平衡块才相互平衡，否则，轿厢和对重平衡块就会有质量差，使电梯运行时产生机械位能。例如，将传统的蜗杆减速器改为行星齿轮减速器或采用无齿轮传动，机械效率可提高15%～25%；将交流双速拖动(AC-2)系统改为变频调压调速(VVVF)拖动系统，电能损耗可减少20%以上。

电梯运行中多余的机械能(含位能和动能)通过电动机和变频器转换成直流电能储存在变频器直流回路中的电容中，回送的电能越多，电容电压就越高，如不及时释放电容器储存的电能，就会产生过压故障，使通信变频器停止工作，电梯无法正常运行。目前国内绝大多数变频调速电梯均采用电阻消耗电容中储存电能的方法来防止电容过电压，但电阻耗能不仅降低了系统的效率，电阻产生的大量热量还恶化了电梯控制柜周边的环境。

2. 采用(IPC-PF系列)电能回馈器将制动电能再生利用

有源能量回馈器的作用就是能有效地将电容中储存的电能回送给交流电网供周边其他用电设备使用，节电效果十分明显，一般节电率可达15%～50%。此外，由于无电阻发热元件，机房温度下降，可以节省机房空调器的耗电量。

电梯作为垂直交通运输设备，其向上运送与向下运送的工作量大致相等，驱动电动机通常是在拖动耗电或制动发电状态下工作。当电梯轻载上行及重载下行及电梯平层前逐步减速时，驱动电动机工作在发电制动状态下。此时是将机械能转化为电能，过去这部分电能不是消耗在电动机的绕组中，就是消耗在外加的能耗电阻上。前者会引起驱动电动机严重发热，后者需要外接大功率制动电阻，不仅浪费了大量的电能，还会产生大量的热量，导致机房升温，甚至还需要增加空调器降温，从而进一步增加了能耗。利用变频器交—直—交的工作原理，将机械能产生的交流电(再生电能)转化为直流电，并利用一种电能回馈器将直流电电能回馈至交流电网，供附近其他用电设备使用，使电力拖动系统在单位时间内消耗电网电能下降，从而使总电度表走慢，起到节约电能的目的。目前对于将制动发电状态输出的电能回馈至电网的控制技术已经比较成熟，用于普通电梯的电能回馈装置市场价在 4000～10000 元，可实现节电 30%以上。

采用永磁同步拖动于制动电能回馈技术。能源再生技术和电梯的完美结合将打破传统无齿轮电梯从节能到“造”能的飞跃，将节能、环保的行业使命进行得更为彻底。这会是电梯能耗的历史性突破、电梯节能史上的一个分水岭。应用制动电能回馈技术可在此耗电水平节电率为 16%～42%，平均节电 30%左右。

3. 更新电梯轿厢照明系统

使用 LED 更新电梯轿厢常规使用的白炽灯、荧光灯等照明灯具，可节约照明用量 90%左右，灯具使用寿命是常规灯具的 30～50 倍。LED 灯具功率一般仅为 1W，无热量，而且能实现各种外形设计和光学效果，美观大方。

4. 采用先进电梯控制技术

采用目前已成熟的各种先进控制技术，如轿厢无人自动关灯技术、驱动器休眠技术、自动扶梯变频感应启动技术、群控楼宇智能管理技术等均可达到很好的节能效果。

在一些高层建筑中，由于客流量较大，往往在该建筑的某一区域需要两台以上的电梯同时使用。采用通信模块和通信线缆将多台电梯连接起来，再将电梯的并联调度原则应用到电梯控制系统中，使多台电梯的运行能统一调度，实现电梯更优化并联控制。

5.6.3 电梯节能运行标准及产品

1. 电梯节能运行标准——《VDI4707》

《VDI4707》是一项专门针对电梯能效的标准，由来自德国、瑞士及奥地利的专家根据瑞士能效使用机构的研究结果制定，于 2009 年 3 月开始正式在欧洲发行，目前有德文和英文两种版本。与 ISO 25745《电扶梯能效标准》不同，《VDI4707》是一项自愿性质的、只针对直梯的测试标准；而 ISO 25745 则是从《维也纳协议》下发展出来的标准，可对直梯和扶梯两种电梯进行测试。

《VDI4707》目前包含两部分：第一部分为针对整梯的能效评估标准，为审核和提高电梯系统能效提供了重要依据；第二部分于 2010 年年底开始实施，专为电梯中的零部件而制定，通过对零部件耗能情况的测试、评估及改善，达到提升电梯整体性能的目的。

《VDI4707》依据电梯运行和待机时所需要的能量的不同，将其能耗标准分为 A～G 共 7 个等级，如图 5.12 所示。此外，根据电梯的使用频率、日运行时间、日待机时间和建筑物类别及其使用情况的不同，《VDI 4707》还将电梯分成了由低到高的 5 个类别。

2. 电梯节能运行产品

1）新型能量回馈器

新型能量回馈器与目前国内外其他能量回馈器相比的一个最主要的特点是，具有电压自适应控制回馈功能。一般能量回馈器都是根据变频器直流回路电压U_{PN}的大小来决定是否回馈电能，回馈电压采用固定值U_{HK}。由于电网电压的波动，U_{HK}取值偏小时，在电网电压偏高时会产生误回馈；U_{HK}取值偏大时，则回馈效果明显下降(电容中的储能被电阻提前消耗了)。

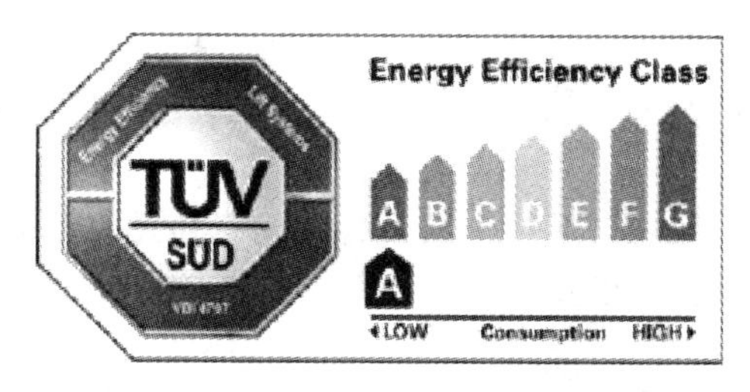

图 5.12　电梯绿色认证标志 VDI 4707

新型能量回馈器采用电压自适应控制，即无论电网电压如何波动，只有当电梯机械能转换成电能送入直流回路电容中时，新型能量回馈器才能及时将电容中的储能回送电网，有效地解决了原有能量回馈的缺陷。

此外，新型能量回馈器具有十分完善的保护功能和扩展功能，既可以用于现有电梯的改造，也适用于新电梯控制柜的配套。新电梯控制柜采用新型能量回馈器供电，不仅可以大大节约电能，还可以有效地改善输入电流的质量，达到更高的电位兼容标准。

新型能量回馈器适用电压等级广泛，如 220VAC、380VAC、480VAC、660VAC 等均可。

2）电梯专用节能柜

加拿大加能公司 IPC－PF 系列电梯回馈制动单元，是采用加拿大技术生产制造的电梯专用高性能回馈式制动单元。升降电梯在使用电梯回馈节能产品后，能有效地将电容中储存的直流电能转换成交流电能回送到电网，节电率达 25%～45%。此外，由于无电阻发热元件，降低了机房的环境温度，同时也改善了电梯控制系统的运行温度，使控制系统不再“死机”，延长了电梯使用寿命。机房可以不再使用空调器等散热设备，可以节省机房空调器和散热设备的耗电量，节能环保，使电梯更省电。IPC－PF 系列电梯回馈制动单元已通过国家电梯质量监督检验中心的产品性能检测、北京节能环保中心的节能测试及深圳电子产品质量检测中心的安全检测，如图 5.13 所示。

图 5.13　IPC 第 6 代 PFE 系列电梯能量回馈装置

IPC－PF 系列产品适用于所有电梯变频器，且广泛成功应用于三菱、富士、日立、奥的斯、蒂森、通力、永大、优力维特、三荣、德圣米高等品牌电梯。

例如，深圳市某大厦共 8 台高层电梯，每台电梯每月的原有用电量在 2500kW・h 左右，现在安装使用电梯节能产品后，每台电梯每个月的用电量在 1600kW・h 左右，每月实现的节电量超过 900kW・h，在 24 个月内就可收回成本。

5.7 建筑自动化与能源管理系统

5.7.1 基于物联网技术的楼宇自动化集成技术

物联网是指通过各种信息传感设备，实时采集任何需要监控、连接、互动的物体或过程，采集其声、光、热、电、力学、化学、生物、位置等各种需要的信息，与互联网结合形成的一个巨大网络，目的是实现物与物、物与人、所有的物品与网络的连接，方便识别、管理和控制。物联网是新一代信息技术的重要组成部分，其英文名称是“the internet of things”，表示“物联网就是物物相连的互联网”，有两层意思：第一，物联网的核心和基础仍然是互联网，是在互联网基础上的延伸和扩展的网络；第二，其用户端延伸和扩展到了任何物品与物品之间进行的信息交换和通信。物联网技术架构如图 5.14 所示。

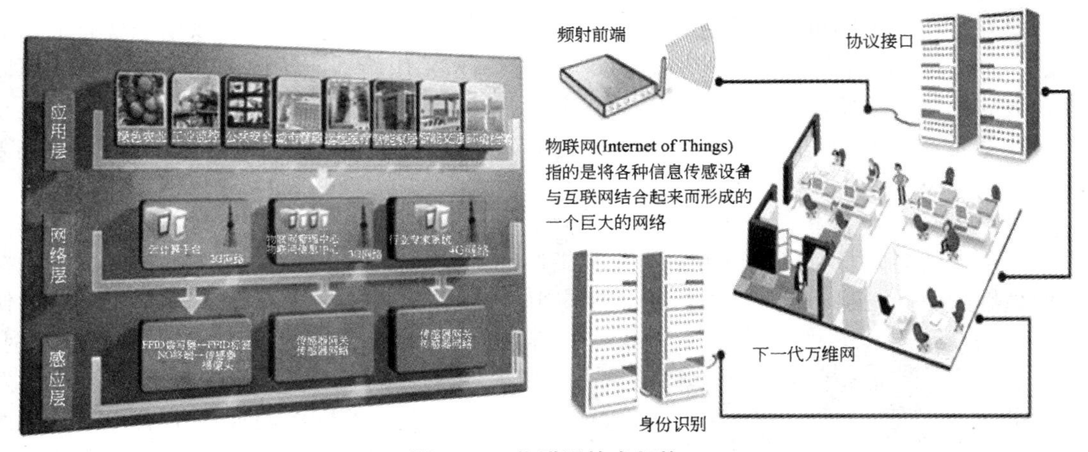

图 5.14 物联网技术架构

感知层由各种传感器及传感器网关构成，包括二氧化碳浓度传感器、温度传感器、湿度传感器、二维码标签、RFID 标签和阅读器、摄像头、GPS(global positioning system，全球定位系统)等感知终端。感知层的作用相当于人的眼耳鼻喉和皮肤等神经末梢，它是物联网识别物体、采集信息的来源，其主要功能是识别物体、采集信息。网络层由各种私有网络、互联网、有线和无线通信网、网络管理系统和云计算平台等组成，相当于人的神经中枢和大脑，负责传递和处理感知层获取的信息。应用层是物联网和用户(包括人、组织和其他系统)的接口，它与行业需求结合，能实现物联网的智能应用。

物联网基于云计算平台和智能网络，可以依据传感器网络，用获取的数据进行决策，改变对象的行为，进行控制和反馈。建筑冷热源机房控制与楼宇自控无缝连接，可以实现以下功能：

(1) 楼宇自动化(building automation，BA)系统提供需求参数；

(2) 机房控制系统能根据负荷提供合适的冷量；

(3) 实现负荷平衡控制策略；

(4) 避免能量的过度需求；

(5) 确保设备的正常运行。

例如，江森自控有限公司的能源管理软件可以提供七类能源管理报告：能源概览(big picture energy)、分类能源消耗(consumption)报告、供能(production)设备报告、电力能源(electrical energy)使用报告、能源成本(energy cost)报告、设备运行时间(equipment runtime)报告、日负荷(load profile)报告。

江森自控有限公司的 Metasys 系统具有强大的集成能力，其网络结构是采用国际标准的、通用的局域网络以太网(ethernet)，通过相关的接口通信协议，采用 DDE、OPC、SQL/ODBC 等技术，可将楼宇自动化控制系统、消防报警、保安等系统全面集成在一起，运用标准化、模块化及系列化的开放性设计，实现信息资源与任务共享，大大提高管理的灵活性。

根据集中管理、分散控制这种集散式监控结构的设计原则来实现整体功能，其 BAS (broadband access server，宽带接入服务器)子系统示意图如图 5.15 所示。

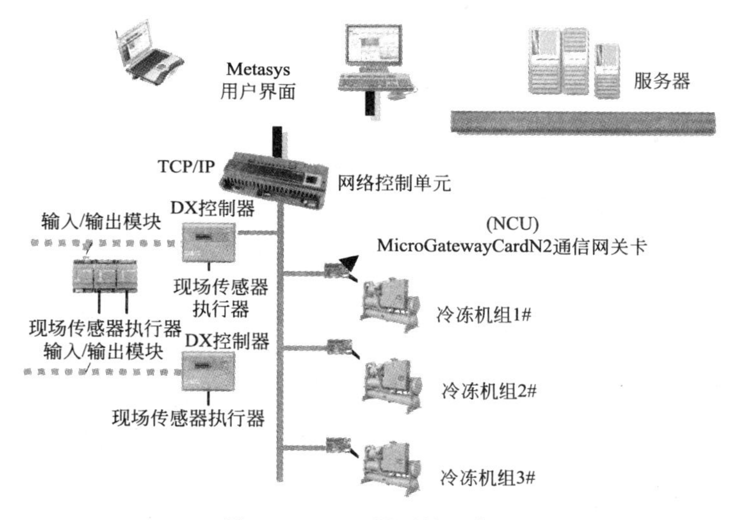

图 5.15　BAS 子系统示意图

从 BAS 子系统结构示意图可知，系统包括中央操作站、网络控制器、直接数字控制器(DDC)和被控对象(三台冷水机组)等层次单元。其中，中央操作站及网络控制器是通过 Ethernet 网(管理层)将各节点连接起来的；安装在建筑物各处的直接数学控制器(DDC)，将通过自动化层连接到网络控制器上，与中央操作站保持紧密联系；传感器及执行器等下层与被控对象连接，同时连接至上层各直接数字控制器内。

楼宇自动化控制系统是一个智能化的控制管理系统，主要有一系列的控制器、传感器等组成，这些控制器与被控制的机电设备(如照明、水泵、风机、空调设备等)的控制信号的主要类型见表 5-4。

表 5-4　控制信号的类型、符号及内容

序号	控制信号的类型	符号	具体内容
1	模拟量输入	AI	温度、湿度、压力、压差、流量、二氧化碳浓度、一氧化碳浓度、液位、电流、电压、电阻等传感器检测信号

（续）

序号	控制信号的类型	符号	具体内容
2	模拟量输出	AO	电动调节阀门开度、变频调速装置等执行装置动作
3	数字量输入	DI	开关状态、故障报警、手动/自动状态
4	数字量输出	DO	自动开关控制

为保证项目楼宇自动化系统的正常实施，要确认所有需由楼宇自动化系统控制的机电设备(空调机、新风机、冷却塔、水泵、风机、楼层照明等)的电气配电箱内都具备上述触点，可以接入楼宇自动化系统的控制器上。

5.7.2 建筑能源管理系统

1. 建筑能源管理系统内涵

建筑能源管理系统(building energy management system，BEMS)就是将建筑物或者建筑群内的变配电、照明、电梯、空调器、供热、给排水等能源使用状况，实行集中监视、管理和分散控制的管理与控制系统，是实现建筑能耗在线监测和动态分析功能的硬件系统和软件系统的统称。它由各计量装置、数据采集器和能耗数据管理软件系统组成。建筑能源管理系统通过实时的在线监控和分析管理实现了以下效果：①对设备能耗情况进行监视，提高整体管理水平；②找出低效率运转的设备；③找出能源消耗异常之处；④降低峰值用电水平。建筑能源管理系统的最终目的是降低能源消耗，节省费用。

为了给能耗统计、能源审计、能效公示、用能定额和超定额加价等制度的建立准备条件，促使办公建筑和大型公共建筑提高节能运行管理水平，住房和城乡建设部在 2008 年 6 月正式颁布了一套《国家机关办公建筑及大型公共建筑能耗监测系统技术导则》(以下简称导则)，共包括 5 个导则：分项能耗数据采集技术导则、分项能耗数据传输技术导则、楼宇分项计量设计安装技术导则、数据中心建设与维护技术导则、系统建设、验收与运行管理规范。

根据建筑的使用功能和用能特点，导则将国家机关办公建筑和大型公共建筑分为八类：①办公建筑；②商场建筑；③宾馆饭店建筑；④文化教育建筑；⑤医疗卫生建筑；⑥体育建筑；⑦综合建筑；⑧其他建筑(指除上述 7 种建筑类型外的建筑)。对于每一类建筑，需要采集的数据指标分为建筑基本情况数据和能耗数据采集指标两大类。建筑基本情况数据包括建筑名称、建筑地址、建设年代、建筑层数、建筑功能、建筑总面积、空调器面积、采暖面积、建筑空调系统形式等，表征建筑规模、建筑功能、建筑用能特点的参数。能耗数据采集指标包括各分类能耗和分项能耗的逐时、逐日、逐月和逐年数据，以及各类相关能耗指标。建筑能耗分类、分项指标的内容见表 5-5。

表 5-5 建筑能耗分类、分项指标的内容

分类能耗	电量、水耗量、燃气量(天然气量或煤气量)、集中供热耗热量、集中供冷耗冷量
分项能耗(将分类能耗中电量分项，其他不分)	照明插座用电(照明和插座用电、走廊和应急照明用电、室外景观照明用电)、空调器用电(冷热站用电、空调器末端用电)、动力用电(电梯用电、水泵用电、通风机用电)、特殊用电(信息中心、厨房餐厅等其他特殊用电)

（续）

能耗指标	建筑总能耗(折算标准煤量)、总用电量、分类能耗量、分项用电量、单位建筑面积用电量、单位空调器面积用电量、单位建筑面积分类能耗量、单位空调器面积分类能耗量、单位建筑面积分项用电量、单位空调器面积分项用电量

能耗监测与管理子系统由各计量装置、数据采集器、管理系统(Web服务器)组成，它能帮助用户建立实时能耗数据采集系统、能耗数据统计与分析系统、能源使用计划和能源指标系统。图5.16给出了能耗监测与管理子系统的系统架构，系统采用三层的分布式结构。该系统可以满足用户以下需求。

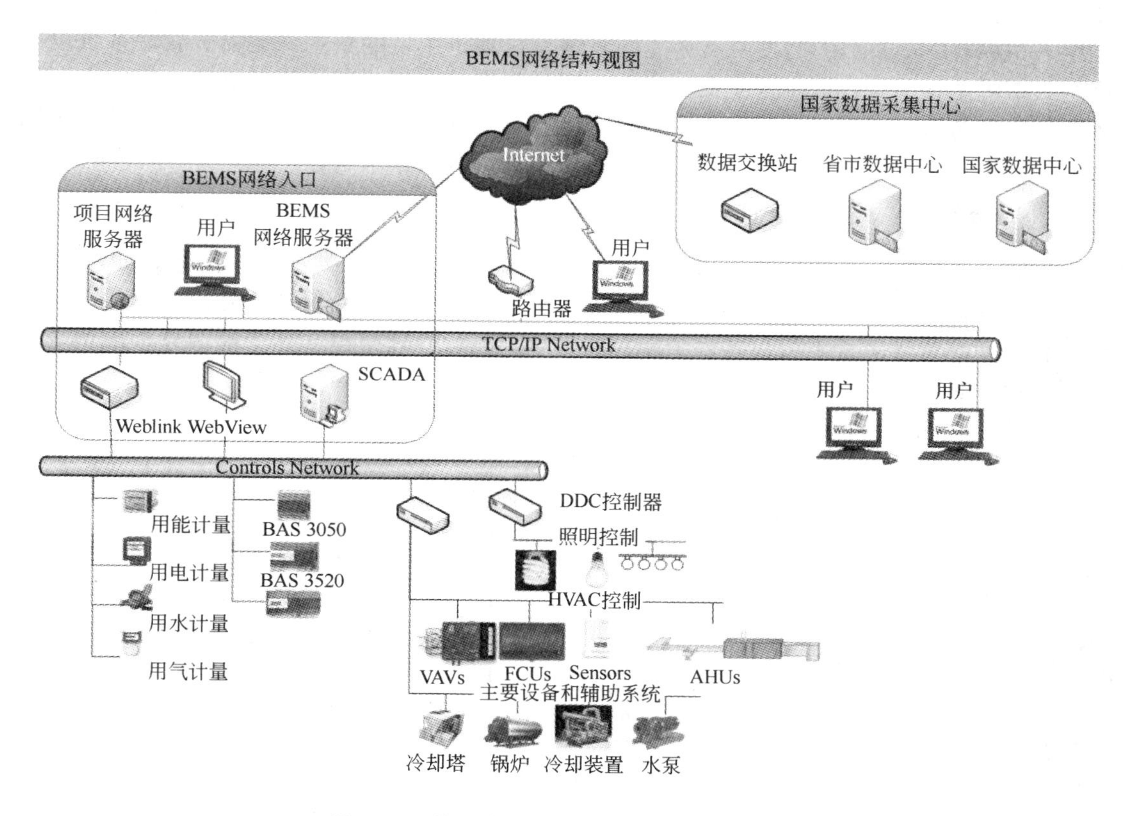

图5.16 能耗监测与管理子系统的系统架构

1）建立实时能耗数据采集系统

实时能耗数据采集系统包括各计量装置、数据采集器和数据采集软件。实时数据保存到能源管理系统的能耗数据库中，各级管理人员在自己的办公室里就可以利用浏览器访问建筑能源管理系统，根据权限浏览全部或部分相关能源计量信息。

2）建立能耗数据统计与分析系统

能耗数据统计与分析系统提供了各分类分项能耗数据的逐时、逐日、逐月、逐年的统计图表和文本报表，以及各类相关能耗指标的图表，各级管理人员可以对能源的班用量、日用量、月用量进行比对，分析能源使用过程中的漏洞和不合理情况，调整能源分配策略，减少能源使用过程中的浪费，达到节能降耗的目的。

3）建立能源使用计划

根据目前的能源使用情况，制订能源使用计划。根据能源使用需求，制订能源采购、生产、供应计划，做到生产有目的、使用有计划，在能源方面保障生产平稳且能源使用合理、节俭，避免浪费现象的发生。

4）建立能源指标系统

对于不同种类能源的使用情况，必须折合成标准单位才能进行比较和综合。

各种计量装置用来度量各种分类分项能耗，包括电能表(含单相电能表、三相电能表、多功能电能表)、水表、燃气表、热(冷)量表等。计量装置具有数据远传功能，通过现场总线与数据采集器连接，可以采用多种通信协议(如 Modbus 标准开放协议)将数据输出。网络入口(Web access)的监控节点为能耗监测与管理子系统的数据采集器。管理系统设在网络入口的工程节点，数据采集器通过以太网将数据传至管理系统的数据库。用户在网络入口的工程节点可以对能源管理工程进行组态和浏览能耗数据，管理系统的通信接口可以将能耗数据按照导则远传至上层的数据中转站或省部级数据中心。

2. 建筑能源管理系统案例

以某大楼为例，配置好的能源管理组表示了该大楼的各分类和分项能耗，如图 5.17 所示。能耗监测与管理子系统提供了灵活的组态功能，用户可以根据实际需要配置能源管理工程。能源管理工程下可包含多个能源管理组，能源管理组包含多个能源管理成员，也可包含能源管理组，可实现以下功能。

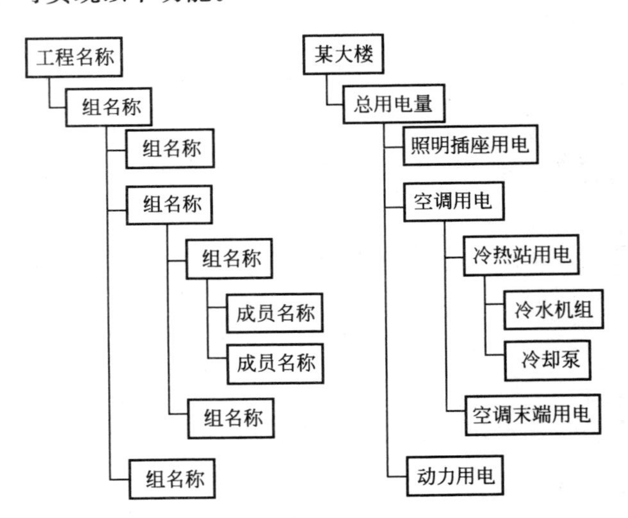

图 5.17 建筑能源管理组结构

(1) 能耗报告(energy profile)。各能源管理组逐时、逐日、逐月、逐年能耗值报告，帮助用户掌握自己的能源消耗情况，找出能源消耗异常值。单位建筑面积能耗等多种相关能耗指标报告为能耗统计、能源审计提供了数据支持。温度、湿度参考功能能帮助分析能耗数据与环境数据的相关性。

(2) 能耗排名(energy ranking)。不同时间范围下能源管理组的能耗值排序，能帮助找出能效最低和最高的设备单位。

(3) 能耗比较(energy comparison)。不同时间范围内能源管理组能耗值的比较。

(4) 日平均报告(average daily profile)。任何一天每15min平均能耗需求的报告。能帮助用户了解自己的能耗模式并找出超出预期的峰值需求，为与电力公司签订合同时提供参考。

(5) 偏差分析(deviation report)。任何一天不同时段能耗值与管理设定值的偏差表示。红色偏差值表示实际能耗值超出了能耗使用计划值，指出了能源消耗的增加倾向。

(6) 最大值/最小值分析(max/min value analysis)。不同时间范围内能耗值的最大值/最小值分析。可以分析各系统和设备能源消耗与时间的相关关系。

(7) 一次能源折算(primary energy profile)。将建筑能耗值折算为热量、标准煤及原油、原煤等一次能源消耗量和相对的二氧化碳释放量。

(8) 成本报告(cost profile)。各能源管理组逐日、逐月、逐年能耗费用报告。根据能量表的数据和费率结构计算能耗费用，帮助管理能源成本。用户可以设定能耗成本基准，根据与实际成本偏差设定预算，有助于减少能源采购中的风险。

(9) 成本排名(cost ranking)。不同时间范围下能源管理组的成本值排序。能帮助找出能源消费最低和最高的设备单位。

(10) 统计报表(statistical report)。分类和分项能耗数据的年/月/日统计报表。使用户对企业能源消耗情况一目了然，并能帮助用户合理分配能源使用结构。

本章小结

本章主要讲述建筑用能分项系统的节能运行技术，对建筑供配电系统、暖通空调系统、生活热水系统、给水排水系统、照明系统和电梯系统等的节能运行及能耗控制进行介绍。

本章的重点是建筑能源系统自动化方案及运行策略。

思考题

1. 什么是建筑节能运行？建筑节能运行的主要影响因素有哪些？
2. 建筑供配电系统运行质量评价指标有哪些？
3. 建筑暖通空调系统运行节能的主要途径是什么？
4. 建筑生活热水供应系统和给水排水系统运行节能的重点在哪里？
5. 建筑照明系统运行节电的途径有哪些？绿色照明标准的主要内容包括哪些内容？
6. 如何实现电梯运行节电？
7. 建筑自动化在能源系统中的作用是什么？
8. 请查阅文献，简要说明建筑主要终端用能设备的节能途径。

第6章 可再生能源在建筑中的应用

教学目标

本章主要讲述可再生能源、建筑气候资源概念；太阳能、地热能和空气能在建筑中的应用途径，建筑可再生能源应用的地域性问题等。通过学习，学生应达到以下目标：

(1) 了解可再生能源的概念；

(2) 熟悉太阳能在建筑中的应用技术途径；

(3) 熟悉地热能在建筑中的应用技术途径；

(4) 熟悉空气能在建筑中的应用技术途径；

(5) 了解可再生能源在建筑中应用的地域性问题。

教学要求

知识要点	能力要求	相关知识
可再生能源与气候资源	(1) 了解可再生能源的种类及特点 (2) 掌握建筑气候资源的含义	(1) 可再生能源 (2) 气候资源
太阳能在建筑中的应用	(1) 熟悉太阳能的特性 (2) 太阳能在建筑中的应用途径 (3) 熟悉太阳能建筑一体化技术	(1) 太阳能的特性 (2) 太阳能热水系统
地热能在建筑中的应用	(1) 熟悉地热能的特性 (2) 了解地热能在建筑中的应用技术途径	(1) 地热能的特性 (2) 地源热泵空调系统
空气能在建筑中的应用	(1) 熟悉空气能的特性 (2) 了解空气源热泵系统在建筑中的应用途径	(1) 空气能/空气源 (2) 空气源热泵空调/热水系统
可再生能源建筑应用的地域性	(1) 了解建筑可再生能源地域性的特征 (2) 熟悉基于地域性的建筑可再生能源应用的问题	(1) 建筑可再生能源技术的地域性 (2) 建筑可再生能源应用的技术集成

基本概念

可再生能源，气候资源，太阳能热水系统，地源热泵空调系统，空气源热泵空调系

统，建筑可再生能源技术的地域性，建筑可再生能源应用的技术集成

引例

凡是可以不断得到补充或能在较短周期内再产生的能源称为再生能源，反之称为非再生能源。风能、水能、海洋能、潮汐能、太阳能和生物质能等是可再生能源；煤、石油和天然气等是非再生能源。地热能本身是非再生能源，但从地球内部巨大的蕴藏量来看，又具有再生的性质。新近利用或正在着手开发的能源叫做新能源，是相对于常规能源而言的，包括太阳能、风能、地热能、海洋能、生物能、氢能以及用于核能发电的核燃料等能源。由于新能源或能量密度较小，或品位较低，或有间歇性，按已有的技术条件转换利用的经济性尚差，只能因地制宜地开发和利用；但新能源大多数是可再生能源。对中国能源产业将产生重大影响的《新兴能源产业规划(2011—2020)》，规划名称由新能源变身新兴能源，一字之差，涵盖范围从风能、太阳能等可再生能源扩展至煤炭、天然气等传统能源的升级换代。目前，我国一次能源供应的8%和电力供应的16%来自可再生能源，到2020年将分别达到15%和21%，甚至更高。截至2010年底，财政部同住房和城乡建设部共实施了386个可再生能源建筑应用示范项目、210个太阳能光电建筑应用示范项目、47个可再生能源建筑规模化应用城市、98个示范县。全国太阳能光热应用面积14.8亿m^2，浅层地能应用面积5.725亿m^2，光电建筑应用已建成及正在建设的装机容量达1271.5MW，形成年替代常规能源2000万tce的能力，超额完成“十一五”实现替代常规能源1100万tce的目标。地源热泵技术已经在多种类型的工程中应用，根据对国内160余项典型地源热泵工程的统计显示：地源热泵市场分布为办公楼40%、宾馆及酒店19%、住宅12%、厂房9%、别墅及度假村7%、商场6%、学校建筑5%、医院建筑3%。

太阳能光热、光电、地热能、风能在建筑中的应用已有诸多案例。比如，2010年上海世博会汉堡案例馆，汉堡馆的大门并不像其他展馆的大门一样一直打开着，汉堡馆大门总是关闭着，而这正是中国境内首栋获得认证的“被动房”(即“超低能耗房”)。尽量减少大门开关次数，也是保证“被动房”无需空调和暖气就能四季恒温(维持在25℃)的一个诀窍。“汉堡之家”的温度依靠地源热泵抽取地下水来调节。建筑屋顶还有厚达18cm的隔热墙，外墙的红砖也通过特殊的烧制方法，能提供很好的隔热效果。而看似普通的窗户更有门道，每一扇都是经汉堡“被动房研究所”认证过的特殊材料制成的三层玻璃，隔热效果非常好，窗外还配有防热辐射层和可移动的网状遮阳板。展馆安装了中央通风设备，以保证室内空气质量，为楼内所有房间提供经过加热或制冷的除湿新风。这个通风设备还带有热回收功能，夏天提供新鲜空气的同时回收屋内产生的热量，回收率至少可达90%。展馆的能源主要来自于阳光以及建筑里的人与室内电器的热能。除了每个人、每盏灯的热量都会被保存之外，屋顶还装有450m^2太阳能光伏设备，可提供建筑运营所需的80%左右的电能。

本章重点介绍与建筑紧密结合的可再生能源建筑应用技术，包括空调采暖系统可再生能源技术、生活热水系统可再生能源技术、建筑供冷系统可再生能源技术等，以及太阳能、地热能和空气能等可再生能源建筑的应用。

6.1 可再生能源概述

可再生能源是指从自然界直接获取的、可连续再生、永续利用的一次能源，包括太阳能、风能、水能、生物质能、地热能、海洋能等非化石能源。这些能源基本上直接或间接来自太阳能，具有清洁、高效、环保、节能的特点。由于可再生能源是可以重复产生的自然能源，其主要特性有：可供人类永续利用而不枯竭；环境影响小，属于绿色能源；资源

丰富，分布广泛，可就地开发利用，能源密度低，大都具有周期性供应特征，开发利用需要较大空间；初期投资较高，但运行成本低，大部分技术容易为公众所接受等。我国建筑中可再生能源种类主要有太阳能热水器、太阳房、光伏发电、地热采暖、地源热泵、空气源热泵、秸秆和薪柴生物质燃料、沼气等。

6.1.1 全球可再生能源利用状况

国际能源署（International Energy Agency，IEA）2012 年 7 月 5 日发布报告称，2011—2017 年，全球可再生能源发电量预计每年平均增长 5.8%，并在 2017 年达到 6.4 万亿 kW·h。报告指出，对包括风能、太阳能、生物质能和水力发电等可再生能源的发电量和发电能力进行预测，2011—2017 年，绿色电力预计将比此前 7 年高出近 60%；同时，受积极的政策目标、电力需求的上升及充足的财政资源等因素推动，2011—2017 年，中国可再生能源发电能力的增长将占全球增长的 40%，美国、印度、德国和巴西依次排在中国之后。由国际能源署支持的可再生能源研究机构 REN21(21 世纪可再生能源政策网)发布的《2010 全球可再生能源现状》报告指出，2008 年以来，全球用于可再生能源发电和供热的投资，已经超过普通核电、燃煤和燃气发电的总投资。与 2008 年相比，现在全球可再生能源发电、供热能力超过 12.3 亿 kW，提高 7%，约占全球发电总能力 48 亿 kW 的 1/4。BEN21 指出，在 2008 年全球总发电能力中，可再生能源占 18%(其中水电占 15%，其他可再生能源发电占 3%)，传统化石能源占 69%，核电占 13%。2009 年，德国在可再生能源发电中投资最多；其次为中国，两国投资在 250 亿～300 亿美元；再次为美国，投资 150 亿美元；意大利、西班牙大致为 50 亿美元。2009 年年底，中国的可再生能源发电容量为世界第一，达 2.26 亿 kW；其次是美国，达 1.44 亿 kW；最后是加拿大、巴西和日本。

从世界可再生能源的利用与发展趋势看，风能、太阳能和生物质能发展最快，产业前景最好。风力发电技术成本最接近于常规能源，因而也成为产业化发展速度最快的清洁能源技术。根据统计资料显示，风电是近几年世界上增长速度最快的能源，年增长率达 27%（表 6-1）。太阳能、生物质能、地热能等其他可再生能源的发电成本也已接近或达到大规模商业生产的要求，为可再生能源的进一步推广利用奠定了基础。

表 6-1 全球可再生能源发电技术现状及成本特点分析

技术名称	特点	成本/[美分/(kW·h)]	成本走向及降低可能
大水电	电站容量：10～18000MW	3～4	稳定
小水电	电站容量：1～10MW	4～7	稳定
陆地风能	风机功率：1～3MW；叶片尺寸：60～100m	4～6	全球装机容量每翻一番，成本降低 12%～18%，未来将通过优选风场、改良叶片/电机设计和电子控制设备来降低成本
近海风能	风机功率：1.5～5MW；叶片尺寸：70～125m	6～10	市场依然较小，未来通过培育市场和改良技术来降低成本
生物质发电	电站容量：1～20MW	5～12	稳定

为进一步推进可再生能源产业的发展，我国制定了《可再生能源中长期发展规划》。规划明确提出，到2010年，可再生能源年利用量达到3亿t标准煤，占能源消费总量的10%；到2020年，可再生能源年利用量要达到6亿t标准煤，占能源消费总量的15%。如果上述目标能够实现，则可再生能源将在优化能源结构、改善生态环境、建设资源节约型和环境友好型社会等方面发挥重大作用。

6.1.2 中国太阳能资源分布状况

中国太阳能资源分布的主要特点有：太阳能的高值中心和低值中心都处在22°N～35°N这一带，青藏高原是高值中心，四川盆地是低值中心；太阳年辐射总量，西部地区高于东部地区，而且除西藏和新疆两个自治区外，基本上是南部低于北部；由于南方多数地区云、雾、雨多，在30°N～40°N地区，太阳能的分布情况与一般的太阳能随纬度而变化的规律相反，太阳能不是随着纬度的增加而减少的，而是随着纬度的增加而增长的。按接受太阳能辐射量的大小，全国大致上可分为五类地区，见表6-2。

表6-2 我国太阳能资源分布

地区类型	年日照时数/(h/a)	年辐射总量/[MJ/(m^2·a)]	主要地区	备　注
一类	3200～3300	6680～8400	宁夏北部、甘肃北部、新疆南部、青海西部、西藏西部	最丰富地区
二类	3000～3200	5852～6680	河北西北部、山西北部、内蒙古南部、宁夏南部、甘肃中部、青海东部、西藏东南部、新疆南部	较丰富地区
三类	2200～3000	5016～5852	山东、河南、河北东南部、山西南部、新疆北部、吉林、辽宁、云南、陕西北部、甘肃东南部、广东南部、福建南部、江苏北部、安徽北部	中等地区
四类	1400～2000	4180～5016	湖南、广西、江西、浙江、湖北、福建北部、广东北部、陕西南部、安徽南部	较差地区
五类	1000～1400	3344～4180	四川大部分地区、贵州	最差地区

一类地区：全年日照时数为3200～3300h，辐射量在6680～8400MJ/(cm^2·a)，主要包括宁夏北部、甘肃北部、新疆南部青海西部和西藏西部等地。这些地区是中国太阳能资源最丰富的地区，与印度和巴基斯坦北部的太阳能资源相当。特别是西藏，地势高，太阳光的透明度也好，太阳辐射总量最高值达9210MJ/(cm^2·a)，仅次于撒哈拉大沙漠，居世界第二位，其中拉萨是世界著名的阳光城。

二类地区：全年日照时数为 3000～3200h，辐射量在 5852～6680MJ/(cm^2 · a)，相当于 200～225kg 标准煤燃烧所发出的热量。主要包括河北西北部、山西北部、内蒙古南部、宁夏南部、甘肃中部、青海东部、西藏东南部和新疆南部等地。此区为我国太阳能资源较丰富区。

三类地区：全年日照时数为 2200～3000h，辐射量在 5016～5852MJ/(cm^2 · a)，相当于 170～200kg 标准煤燃烧所发出的热量。主要包括山东、河南、河北东南部、山西南部、新疆北部、吉林、辽宁、云南、陕西北部、甘肃东南部、广东南部、福建南部、江苏北部和安徽北部等地。

四类地区：全年日照时数为 1400～2200h，辐射量在 4180～5016MJ/(cm^2 · a)。相当于 140～170kg 标准煤燃烧所发出的热量。主要是长江中下游、福建、浙江和广东的一部分地区，春夏多阴雨，秋冬季太阳能资源较多。

五类地区：全年日照时数约 1000～1400h，辐射量在 3344～4180MJ/(cm^2 · a)。相当于 115～140kg 标准煤燃烧所发出的热量。主要包括四川、贵州两省。此区是我国太阳能资源最少的地区。

一、二、三类地区，年日照时数大于 2000h，辐射总量高于 5016MJ/(cm^2 · a)，是中国太阳能资源丰富或较丰富的地区，面积较大，约占全国总面积的 2/3 以上，具有利用太阳能的良好条件。四、五类地区虽然太阳能资源条件较差，但仍有一定的利用价值。

6.1.3 中国地热能资源分布状况

地热资源种类繁多，按其储存形式，可分为蒸汽型、热水型、地压型、干热岩型和熔岩型五大类；按温度可分为高温(高于 150℃)、中温(90～150℃)和低温(低于 90℃)地热资源。中国建筑地热利用历史悠久，窑洞、地窖都是浅层地热能利用的原始方式，主要以中低温地热资源为主。根据地热流体的温度不同、利用范围不同。20～50℃用于沐浴、水产养殖、饲养牲畜、土壤加温脱水加工；50～100℃用于供暖、温室、家庭用热水、工业干燥；100～150℃用于双循环发电、供暖、制冷、工业干燥、脱水加工、回收盐类、罐头食品；150～200℃用于双循环发电、制冷、工业干燥、工业热加工；200～400℃可直接发电及综合利用。

地热能是驱动地球内部一切热过程的动力源。地球陆地以下 5km 内，15℃以上岩石和地下水总含热量相当于 9950 万亿 t 标准煤。中国地热资源开发利用前景广阔。据初步估算，全国主要沉积盆地距地表 2000m 以内储藏的地热能，相当于 2500 亿 t 标准煤的热量。

地热能利用可分为两大类，一类是温度在 150℃以上的高温地热资源，主要分布于喜马拉雅地区和台湾地区两个地热带，以发电为主；另一类是浅层地热能，水温在 50～120℃的低温地热资源，分布广泛，适宜建筑温室、热水、采暖和温泉等直接利用。地表浅层是一个巨大的太阳能集热器，收集了 47%的太阳能量，比人类每年利用能量的 500 倍还多，它不受地域、资源等限制，成为一种清洁的可再生能源形式。浅层地热能是指地表以下一定深度范围内，温度一般低于 25℃，在当前技术经济条件下具备开发利用价值的地球内部的热能资源。地球内部温度分布情况如图 6.1 所示。

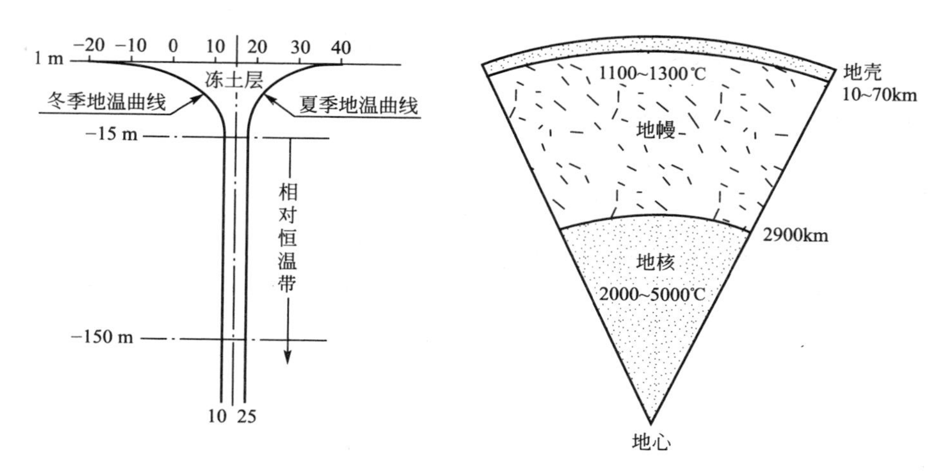

图 6.1　地球内部温度分布情况

目前，中国已发现的水温在25℃以上的热水点(包括温泉、钻孔及矿坑热水)约4000余处，分布广泛。温泉最多的西藏、云南、台湾、广东和福建，温泉数约占全国温泉总数的1/2以上；其次是辽宁、山东、江西、湖南、湖北和四川等省，每省温泉数都在50处以上。截至2009年6月，国内应用浅层地热能供暖制冷的建筑项目共2236个，建筑面积近8000万m^2，其中80%集中在京津冀辽等华北和东北南部地区。

为配合落实可再生能源法，原建设部(现为住房和城乡建设部)要求建设领域可再生能源利用的重点是抓好以下几方面的工作：太阳能光热及光电在建筑中的应用研究；地源热泵、水源热泵在建筑中的推广应用；热电冷三联供技术在城市供热、空调系统中的研究与应用；生物质能发电技术的研究与应用；太阳能、沼气和风能在集镇中的推广应用；垃圾燃烧在发电、供热中的应用。本章主要介绍太阳能、地热能和空气能的建筑应用。

6.2 建筑可再生能源技术的气候适应性

气候状况是影响建筑用能的最基本的环境条件。气候资源是一种可利用的可再生资源，包括太阳辐射、热量、水分、空气、风能等。建筑气候资源就是指建筑微环境相关的气候资源。建筑气候决定了建筑能源需求的地域性，表现在建筑节能设计方案选择、建筑节能材料获取、暖通空调节能技术路线筛选等方面。张慧玲等根据国内各地的气候特点，以采暖度日数HDD18、供冷度日数CDD26为主要指标，以冬季太阳辐射热、夏季相对湿度等为辅助指标提出了中国建筑节能气候分区，根据全国336个城市HDD18和CDD26的分布情况，将HDD18划分为4级，分别代表冬季温暖0～1000，冷1000～2000，寒冷2000～3800，严寒3800～8000；将CDD26划分为2级，分别代表夏季凉爽0～50，热50～650；再根据辅助指标对336个城市进行分析将全国划分为8个区，即严寒无夏、冬寒夏凉、冬寒夏热、冬冷夏凉、冬冷夏热、冬暖夏热、冬寒夏燥和冬暖夏凉地区。根据各个分区的气候特点确定所适用的建筑节能技术。其建筑节能气候分区指标的确定主要考虑的气象要素包括：影响建筑设计的气候要素；影响建筑热工设计的气候要素；影响建筑设备应用与性能的气候要素，其中，重点是影响暖通空调能耗、设备与系统能效比的气候要素。表 6－3 列出了 7 种主要暖通空调技术在建筑节能气候分区的适用情况，表明了各地区建筑节能技术的气候适应性和地域特征。

表 6－3　暖通空调技术在各气候区的适用性

技术类型 气候区	气源热泵	水源热泵	地源热泵	太阳能采暖	太阳能除湿	蒸发冷却	自然通风
严寒无夏	×	○	×	☆	×	×	○
冬寒夏凉	×	○	×	☆	×	×	○
冬寒夏热	○	○	☆	☆	○	○	☆
冬冷夏凉	○	○	○	×	○	×	☆
冬冷夏热	☆	○	☆	×	☆	×	☆
冬暖夏热	☆	○	○	×	☆	×	☆
冬寒夏燥	×	×	○	☆	×	☆	☆
冬暖夏凉	○	○	○	○	○	○	☆

注：×不适用，○适用，☆非常适用。

杨柳等通过对建筑气候设计研究，建立了“被动式太阳能设计气候分区”，以冬季被动式太阳能时间利用率为主要指标，以夏季热湿不舒适度为次要指标，将全国分为 9 个建筑被动式气候设计区。在被动式气候分区的基础上，确定与地区气候相适应的建筑被动式设计策略和设计原则，为建筑节能设计贯彻“被动优先”理念提供了很好的借鉴，形成基于气候的建筑节能设计地域特色。例如冬季不同地区采用的建筑保温综合设计原则、建筑防风综合处理原则、充分利用太阳能等原则；夏季有效控制太阳辐射、充分利用自然通风、利用建筑蓄热性能减少室外温度波动的影响、建筑防热设计、干热气候地区利用蒸发冷却降温、利用通风除湿和构筑“开放型”建筑等原则。这些原则充分体现了建筑节能设计的气候适应性原理，也是节能建筑节能的气候适应性要求，是建筑节能地域特色最充分的展示和应用。表 6－4 给出了国内不同建筑气候分区代表城市的基于气候特征的建筑被动式节能技术策略。

表 6－4　不同气候区建筑节能技术设计策略对比

建筑气候分区	代表城市	建筑节能技术被动设计策略	中国民用建筑热工设计规范要求
严寒地区	哈尔滨	冬季：主动式太阳能＋被动式太阳能；夏季：自然通风	必须充分满足冬季保温要求，一般可不考虑夏季防热
寒冷地区	北京	冬季：主动式太阳能＋被动式太阳能；夏季：自然通风（或蓄热降温）	必须满足冬季保温要求，部分地区兼顾夏季防热

（续）

建筑气候分区	代表城市	建筑节能技术被动设计策略	中国民用建筑热工设计规范要求
夏热冬冷地区	重庆	冬季：被动式太阳能 夏季：自然通风＋隔热＋遮阳	必须满足夏季防热要求，适当兼顾冬季保温
夏热冬暖地区	广州	夏季：自然通风＋遮阳	必须充分满足夏季防热要求，一般可不考虑冬季保温
温和地区	昆明	冬季：被动式太阳能 夏季：自然通风	部分地区应考虑冬季保温，可不考虑冬季防热

中国不同地区建筑能源需求的特征是：北方城镇采暖能耗是除农村能耗外，占我国建筑能耗比例最大的一类建筑能耗，单位面积能耗高于其他各项建筑能耗；基于目前较低的室内采暖设定温度和间歇采暖方式，夏热冬冷地区城镇住宅单位面积采暖用电量较低；城镇住宅除采暖外的能耗总量从1996—2008年增加了2.5倍，而且随着生活水平的提高还在逐年上升；农村住宅商品能耗总量有显著增加，生物质能比例逐年下降；公共建筑电力消耗增长较快，由于大型公共建筑比例增加导致公共建筑能耗增长超过了公共建筑面积的增长速度。所以，国内建筑能耗由于地区气候差异，表现出很强的地域特征，不同气候地区的建筑节能技术政策和技术策略都要与地域环境相适应。

6.3 太阳能在建筑中的应用

6.3.1 太阳能在建筑中的应用途径

太阳能在建筑领域中的应用主要有光热利用、光电利用。光热利用技术较为成熟且应用广泛，中国在太阳能热水利用方面已成为世界上容量最大、最有发展潜力的太阳能热水器市场，但太阳能供热综合系统在我国发展比较缓慢。

太阳能热水器是直接利用太阳热能的有效途径，国产太阳能热水器性能和质量已达到国际先进水平，与建筑一体化整合设计取得较大进展，在低层建筑、农村建筑和城市多层建筑应用日益广泛。目前中国太阳能热水器的销售量是欧洲的10倍，无论是从生产量还是保有量来看，都居世界第一位。根据《中国太阳能热利用产业发展研究报告(2008—2010)》，2009年热水器年产量4200万m^2，同比增长35.5%，其中，4000万m^2为真空管集热器，约占95%，社会保有量达到1.45亿m^2，同比增长16%，年节省能源约2175万t标准煤，年减排二氧化碳约6000万t，详见表6-5。2009年太阳能热水器生产量占世界78%，保有量占全世界54%。在我国，95%以上的产品为全玻璃真空管式太阳能热水器。

表 6-5　2001—2010 年我国太阳能热水器年产量和保有量

年份	年产量			保有量		
	万 m^2	MW	比上年增长	万 m^2	MW	比上年增长
2004	1350	9450	12.5%	6200	43400	24%
2005	1500	10500	11.1%	7500	52500	21%
2006	1800	12600	20%	9000	63000	20%
2007	2300	16100	30%	10800	75600	20%
2008	3100	21700	25.8%	12500	87500	15.7%
2009	4200	29400	35.5%	14500	101500	16%
2010	4900	34300	16.7%	16800	117600	15.9%

（资料来源：中国行业咨询网研究部研究部.）

被动式太阳房无须使用机械设备和动力，通过加强围护结构保温隔热，使室内有足够重质材料蓄存热量，有直接受益式、集热蓄热墙式、附加阳光间式、屋顶蓄热式等多种形式，是太阳能丰富的农村、牧区建筑最经济合理利用太阳能的一种方式。主动式太阳房需要用电作为辅助能源，将太阳能直接转换为某种形式可资利用的热能，为常规采暖系统补充热量。例如，用热水集热式地板辐射采暖兼生活热水供应系统、热风集热式供热系统、太阳能空调系统等；或者利用多种方式进行太阳热能发电，一般在经济较为发达的地区建造。

太阳能热利用技术的发展历程，是从低温热利用(如热水、干燥、温室等)方面开始，逐步向较高温度和技术较复杂的各领域(如制冷、发电)展开的。图 6.2 是建筑中最常见的两种太阳能利用途径，图 6.2(a)为太阳能光热系统，可作为生活热水或采暖热源；图 6.2(b)为太阳能光电系统，可供建筑自身分布式电源供电或市政并网供电。

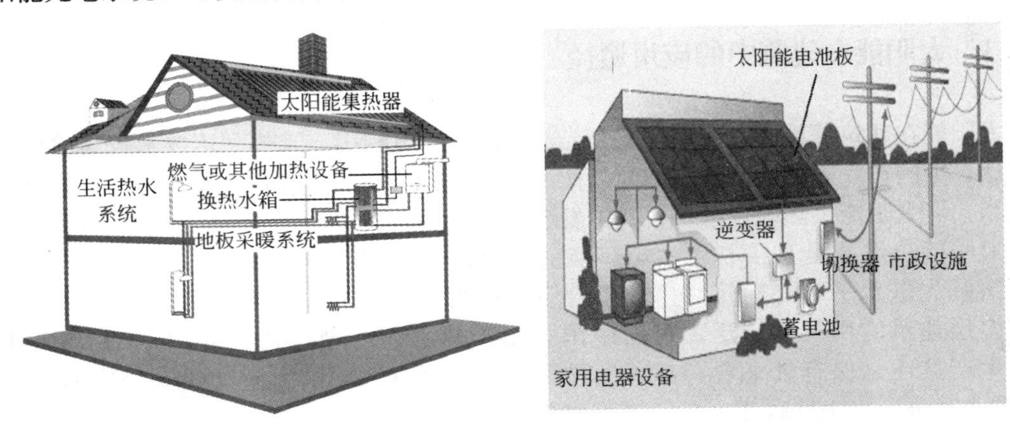

(a) 太阳能光热系统　　(b) 太阳能光电系统

图 6.2　太阳能光热系统和光电系统流程示意

例如，上海世博园总建筑面积达 200 万 m^2 左右，加上 300 多家星级宾馆的用电需求量，能源需求总量巨大。在世博会中心、南市发电厂和沪上·生态家等场馆建立的光伏建筑一体化并网发电系统正好解决了这一问题。其中，主题馆、中国馆、和谐塔等主要场馆设施，以及部分国家的自建馆，都安装了太阳能设施，与上海主电网并网发送，为城市大规模开发利用太阳能摸索经验。上海世博会还有各种结合太阳能技术应用的景观与展示，如太阳能路灯、太阳能庭院灯、草坪灯、太阳能电子显示屏、太阳能雕塑、太阳能喷泉、太阳能售货亭、太阳能公交候车亭和太阳能游船等。

6.3.2 太阳能热水系统

太阳能供暖系统就是利用太阳能转化为热能，通过集热设备采集太阳光的热量，再通过热导循环系统将热量导入至换热中心，然后将热水导入地板采暖系统，通过电子控制仪器控制室内水温。在阴雨雪天气系统自动切换至燃气锅炉辅助加热，让冬天的太阳能供暖得以实现。春夏秋季可以利用太阳能集热装置生产大量的免费热水。

太阳能热水系统一般包括太阳能集热器、储水箱、循环泵、电控柜和管道等。太阳能热水系统按照其运行方式可分为4种基本形式：自然循环式、自然循环定温放水式、直流式和强制循环式，如图6.3所示。

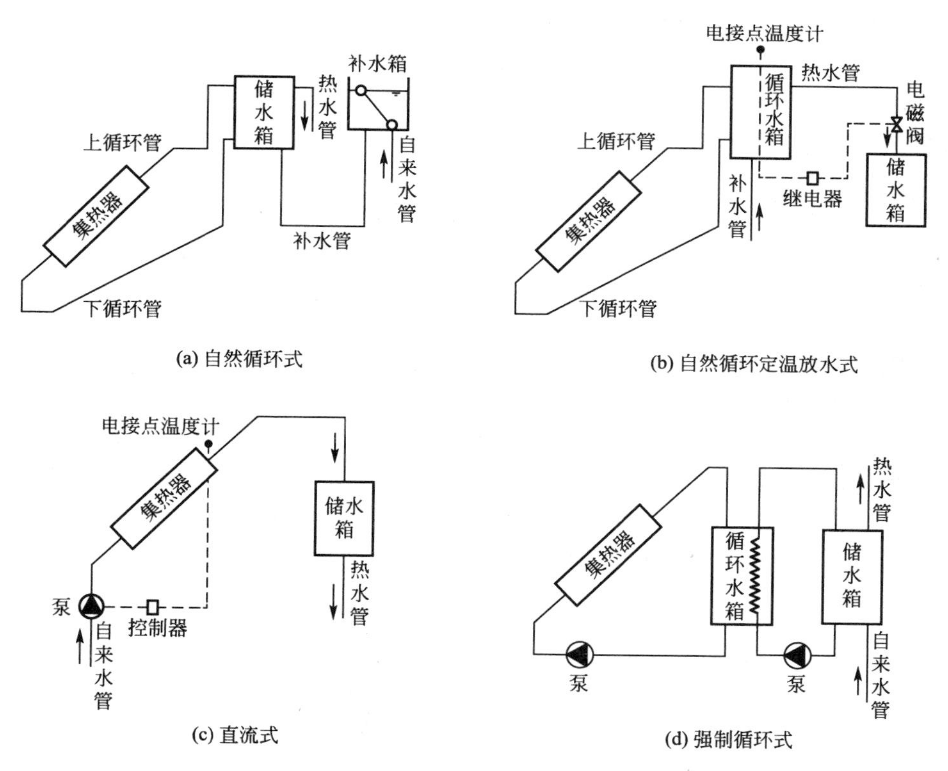

图6.3 太阳能热水系统的四种基本形式

太阳能热水系统运行方式主要有定温循环、温差循环、定温-温差循环3种常用方式。定温循环是指集热系统的温度达到设定值时，将上水电磁阀打开上水，集热系统中的热水通过落差流到储热系统中。一般用于小型的自然循环加热系统。由于没有泵等外部动力的强迫运行，因此较多采用定温放水的运行方式。温差循环是指集热系统与储热系统的温差到达设定值时，循环泵进行循环，将集热系统中的热水循环至储热系统中，周而复始，从而不断加热储热装置中的水。此方式多用于间接循环系统中。定温-温差循环是指集热系统的温度达到设定值时，将上水电磁阀打开上水，集热系统中的热水通过落差流到储热系统中，直至储热系统的水满，上水电磁阀关闭，此时启动温差循环方式，即当集热系统与储热系统的温差达到设定值时，循环泵启动进行循环，周而复始，从而使储热装置中的水升至更高的温度。这种运行方式用于大型集中供热水系统中。

目前，中国家用太阳能热水器和小型太阳能热水系统较多采用自然循环式，大、中型太阳能热水系统多采用强制循环或自然循环定温放水式。实际工程中，太阳能热水系统常与辅助热源相结合，以满足在太阳辐照不足时的供热需求。辅助热源可以是电加热、燃气加热或热泵热水装置。电加热采用最多，具有使用简单、容易操作的优点，但对水质和电热水器有较高要求。在有燃气的地方，可以和燃气热水器配合使用，满足热水供应需求。在南方地区，宜优先考虑将高效节能的空气源热泵热水器作为辅助加热热源。

太阳能集热器是用来收集太阳能的装置，太阳能利用都离不开集热装置。太阳能集热器的分类如下：按集热器的传热工质类型分为液体集热器、空气集热器；按进入采光口的太阳辐射是否改变方向分为聚光型集热器、非聚光型集热器；按集热器是否跟踪太阳分为跟踪集热器、非跟踪集热器；按集热器内是否有真空空间分为平板式集热器、真空管集热器；按集热器的工作温度范围分为低温集热器、中温集热器、高温集热器。以下具体介绍平板式集热器、全玻璃真空集热器、聚光型集热器。

1. 平板式集热器

平板式集热器吸收太阳辐射能的面积与其采光窗口的面积基本相等，外形像一个平板，如图 6.4 所示，主要由透明盖板、吸热体、保温材料和壳体组成，透明盖板安放在吸热体的上方，它的作用是让太阳光辐射透过，减少热损失和减少环境对吸热体的破坏。结构简单，固定安装，不需要跟踪太阳，可采集太阳的直接辐射和漫射辐射，成本低。吸热体材料常采用普通钢、不锈钢、铝、铜和玻璃等。普通钢通常进行镀锌处理，可以提高耐腐蚀性；铝的导热系数比普通钢大，热效率也高，为耐腐蚀往往有涂层；铜的导热好、耐腐蚀、易加工，但与普通钢、铝相比价格相对高。作为吸热材料，其基本要求是太阳光吸收率高和红外发射率较低、导热性好、耐腐蚀性好、力学性能好、加工性能好和价格低廉。吸热体的构造有瓦楞式、极管式和扁盒式。

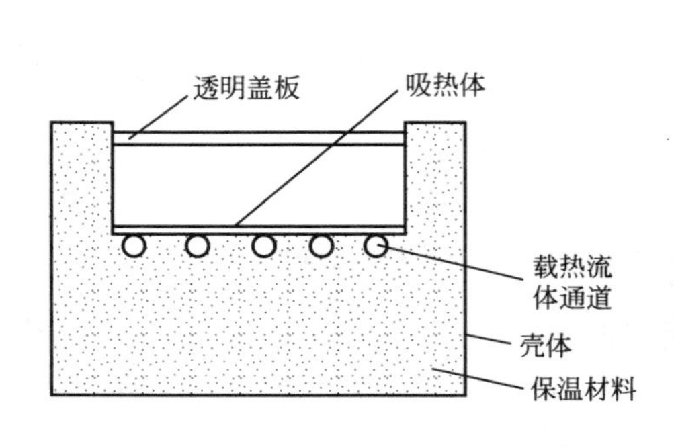

图 6.4　平板式集热器结构示意图及外形

常用的透明盖板材料有普通玻璃、钢化玻璃、透明玻璃钢和透明塑料等。普通玻璃的透光率较高，红外反射率低，抗老化能力强；钢化玻璃的力学性能较好；透明玻璃钢透光率高，力学性能好，并且不易老化，其性能介于钢化玻璃和透明塑料之间；透明塑料的透光率较高，但容易老化，目前仅用于内层盖板。普通玻璃、钢化玻璃和透明玻璃在用作盖板时，往往都采用涂膜的方法，以减少太阳光的反射而造成的热损失。涂层材料往往是SnO_2、TiO_2、Ag/TiO_2、ZnS/Ag/ZnS等。涂层的制备方法有气体沉积法、热喷涂法和化学热解法。在集热器的背面和侧面都装有绝缘材料，它可以减少热损失和提高热效率，同时增加集热器的强度。绝缘材料要求导热系数低、绝热性好，一般采用玻璃棉、矿渣棉和蛭石等。

2. 全玻璃真空集热器

全玻璃真空集热器的结构如图6.5所示，它由两根同心的玻璃管组成，内外圆管之间抽真空。集热器内气体的压强小于5×10^{-2} Pa，在内管的外表面上沉积选择性吸收涂层，涂层通过吸热实现加热内玻璃管的传热流体。全玻璃真空集热器上的玻璃主要是硼硅玻璃，外管表层制备反射薄膜。

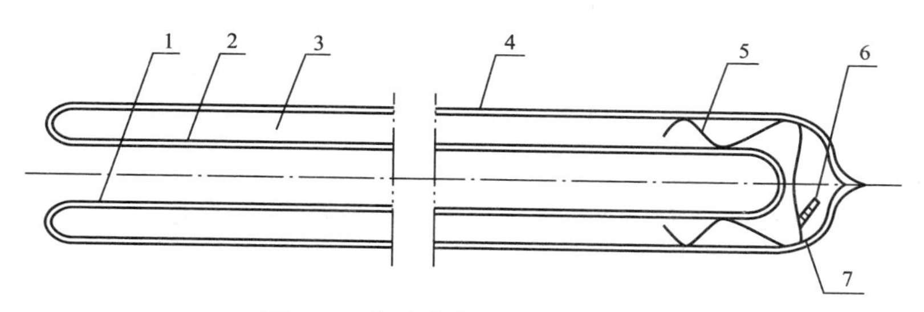

图6.5 全玻璃真空集热器的结构

1. 内玻璃管；2. 太阳选择性吸收涂层；3. 真空夹层；4. 罩玻璃管；5. 支承件弹簧卡子；6. 吸气剂；7. 吸气膜

3. 聚光型集热器

利用光学系统，反射式或折射式增加吸收表面的太阳能辐射的太阳能集热器称为聚光型集热器，相当于在平板式集热器中附加了一个辐射聚焦器，提高了辐射热的吸收，也附加了聚焦器的散热损失和光子损失，如图6.6所示。聚光镜只能聚焦直射光，所以通常设置跟踪装置，目的是保持聚光镜的采光面与太阳直射相垂直。要提高聚光型集热器的热效率，必须使接收器具有高吸收率和低发射率，解决的办法是在接收器表面制备选择性吸收涂层。

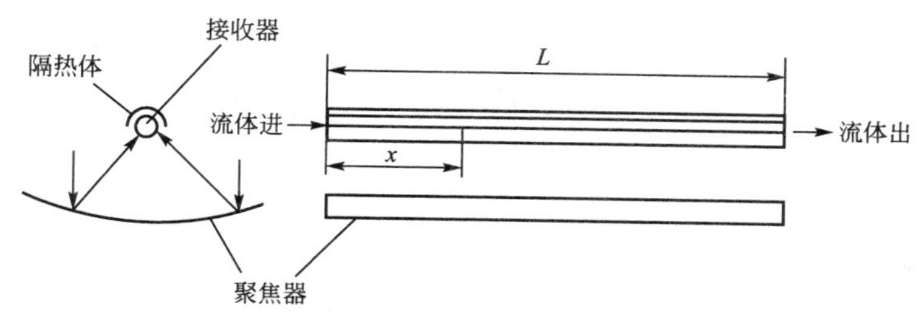

图6.6 柱状抛物面聚光型集热器的圆柱形接收器示意图

6.3.3 建筑太阳能热水系统的选型

推广太阳能热水系统，对于降低建筑能耗比例，推进建筑节能起到很大的作用。根据中国农村能源行业协会太阳能热利用专业委员会提供的数据，见表6-6。

表6-6 中国太阳能热水器(系统)总量

项　目	2010年实际数据	2020年规划数据
年产量/万 m^2	4900	4500
保有量/万 m^2	16800	30000～45000
千人拥有量/m^2	122	210～315
年能源替代量(万 tce)①	2520	4500～6750
相当于电量/(亿 kW·h)	784	1400～2100
占建筑能耗比例	5.7亿 tce 的4.4%	6.9亿 tce 的7.2%～10%
占全国能耗比例	22亿 tce 的1.1%	30亿 tce 的1.7%～2.5%

① tce为吨标准煤。

太阳能热水系统主要分为3种类型：集中集热-集中储热辅热的集中热水供应系统、集中集热-分散储热辅热的集中分散热水供应系统、分散集热-分散辅热的分散热水供应系统。集中热水供应系统尤其适宜在公共建筑中应用，并可以和大型常规能源集中供热系统结合。此系统适用于低层、多层、小高层和高层等住宅建筑，宾馆、浴池、学校等公共建筑和其他工业用中低温热水，当用于住宅建筑时，会存在后期运行收费问题。集中分散热水供应系统可用于低层、多层、小高层和高层等住宅建筑、宾馆公用建筑。分散热水供应系统多用于住宅建筑。关于辅助能源的类型，在目前的燃油、气、电等常规能源中，以目前的设备成本和燃料成本看，燃气辅助为第一选择，其设备投资不高，运行费用相对最低。

6.3.4 太阳能制冷系统

实现太阳能制冷有两种途径：①太阳能光电转换，利用电力制冷；②太阳能光热转换，以热能制冷。前一种途径成本高，以目前太阳能电池价格计算，在相同制冷功率情况下，造价为后者的4～5倍。目前，国际上太阳能空调系统主要采用后一种途径，通过太阳能集热器与除湿装置、热泵、吸收式或吸附式制冷机组相结合来实现。

利用光热转换效应的太阳能空调供冷热方式——太阳能吸收式空调系统，其工作流程如图6.7所示。该系统可以实现夏季制冷、冬季采暖、全年提供生活热水等多项功能，主要由热管式真空管集热器、溴化锂吸收式制冷机、储热水箱、储冷水箱、生活用热水箱、循环水泵、冷却塔、风机盘管、辅助热源等组成。其工作原理为：在夏季，水由自来水管经过滤器进入储水箱，水位达到上限时，自动控制器关闭电磁阀门，水泵驱动水循环流动，将集热管的热量传递到水箱中。当热水温度达到一定值(正常情况下能达到90℃左右)

时，从储水箱进吸收式制冷机提供热媒水；从吸收式制冷机流出已降温的热水并流回储水箱，再由太阳能集热器加热成高温热水；从吸收式制冷机产生的冷媒水流到空调箱(或风机盘管)，以达到制冷空调的目的。当太阳能不足以提供高温的热媒水时，可以另外启动辅助加热装置(电加热或微型燃油、燃气锅炉加热)。在冬季，太阳能集热器加热的热水进入储水箱，当热水温度达到一定值时，从储水箱直接向空调箱(或风机盘管)提供热水，以达到供热采暖的目的。在非空调采暖季节，只要将太阳能集热器加热的热水直接通向生活热水储水箱中的换热器，通过换热器就可将储水箱中的冷水逐渐加热以供使用。

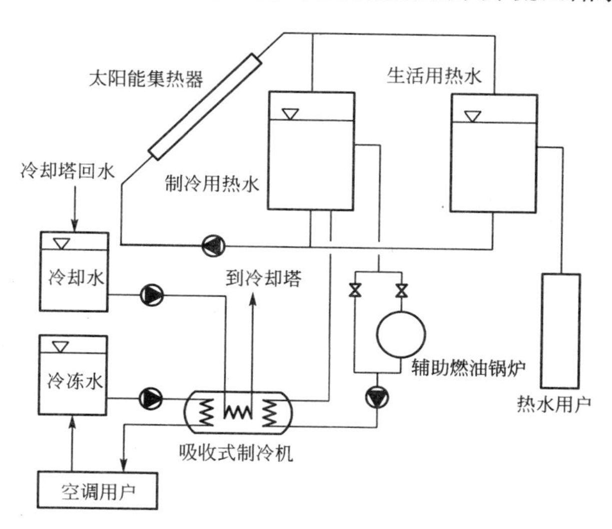

图 6.7 太阳能吸收式空调系统示意图

太阳能吸收式空调系统采用太阳能热水器作为高温热源驱动吸收式制冷机，以燃油锅炉为辅助热源，该系统能同时供制冷用热水和生活用热水，属于冷热一体化系统。一般热源设计温度为75℃，热源水温在60～65℃也能稳定制冷，该系统 COP 在 0.4 以上。为了使制冷机组达到更高的性能系数，需要较高的集热器运行温度，通常需要选用在较高运行温度下仍具有较高热效率的集热器。

6.3.5 太阳能一体化建筑

通过建筑朝向、建筑空间布置，以及建筑材料和结构、构造的恰当选择等建筑设计技术将太阳能技术与建筑进行整合，形成被动式太阳能一体化建筑，如太阳房(solar house)和太阳能通风建筑。太阳能采暖技术直接利用太阳辐射能供暖，也称太阳房。现代技术正在不断扩展和完善太阳能的功能，新式太阳房具有太阳能收集器、热储存器、辅助能源系统和室内暖房风扇系统，可以节能 75％～90％。

1. 直接受益被动式太阳房

利用温室效应的被动式太阳房主要由集热墙、排气孔、通风孔组成。当太阳照射到集热墙时，墙内的空气在被加热后会由于冷热空气密度不同而产生对流。由于热空气上升，会使其源源不断进入室内，而室内底层的冷空气则被集热墙吸收，形成循环对流后，室内的温度就会慢慢升高。当没有阳光时，关闭集热墙的通风孔，房屋的四壁和顶棚的保温性得到保障，室温可以保持。当天气炎热时，将集热墙上部通向室内的通风孔关闭，再打开顶部的排气孔，如有地下室还可引入冷空气。这种集热墙将起到抽风作用，使室内的空气加速运动，达到降温的目的。直接受益被动式太阳房的示意图如图6.8 所示，将房屋朝南的窗户扩大，或做成落地式大玻璃窗。冬季太阳光通过玻璃窗直接照射到室内地面、墙壁和家具上，大部分太阳辐射能被其吸收并转换成热量，从而使其温度升高；少部分太阳辐射能被反射到室内的其他表面，再次进行太阳能的吸收、反射过程。温度升高后的地面、墙壁和家具，一部分热量以对流和辐射方式加热室内空气，以达到采暖的目的；另一部分热量则储存起来到夜间再逐渐释放出，使室内空气继续保持一定温度。墙体采用蓄热性能好的重质材料，可以使白天和夜间的室内温度波动变小，在夏季还能起到调节室温、延缓室内温度升高的作用。此外，窗户应具有较好的密封性能，并配备保温窗帘。

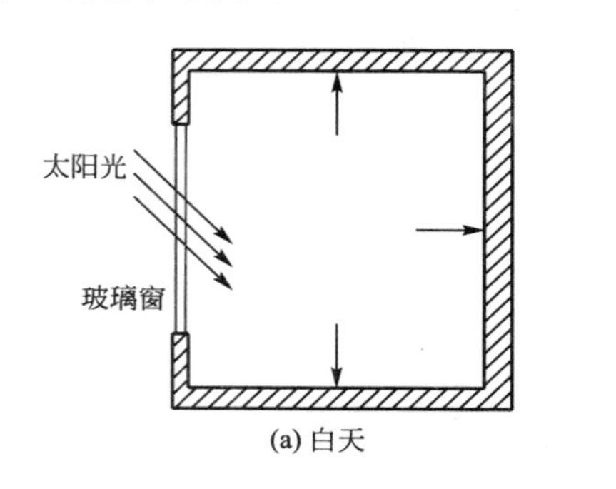

(a) 白天

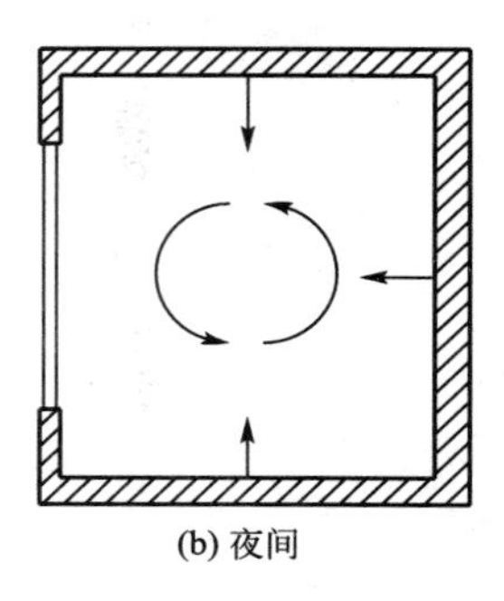
(b) 夜间

图 6.8　直接受益被动式太阳房的示意图

2. 集热蓄热墙被动式太阳房

集热蓄热墙也称特朗贝墙，因法国科学家特朗贝最先设计出来而得名。根据其结构特点，有实体式和水墙式两种类型，如图 6.9 所示。实体式集热蓄热墙一般设置在朝南的实体墙上，其外部装上玻璃板作为罩盖；墙体的外表面涂以黑色或深棕色、墨绿色等其他颜色作为吸热面；玻璃板和墙体之间形成空气夹层；在墙体的上下部开设风口，如图 6.9(a)所示。若水墙代替实体墙，则水墙上下不再设风口，利用水作为蓄热材料，一般安置在南墙或阳光能照射的房间墙内，水墙的容器可以采用塑料或金属制作，如图 6.9(b)所示。与实体墙式相比，水墙式加热快、加热均匀且蓄热能力强，但其运行管理比较麻烦。

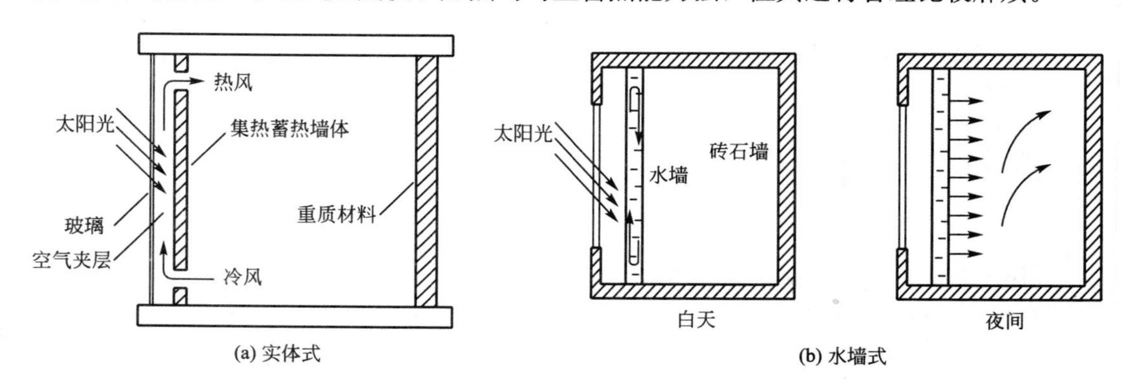

(a) 实体式　　(b) 水墙式

图 6.9　集热蓄热墙太阳房示意图

3. 其他形式的被动式太阳房

其他形式的被动式太阳房包括：附加阳光式，就是在房屋主体南面附加一个玻璃温室，相当于直接受益式和集热蓄热墙式的组合形式，如图 6.10(a)所示；屋顶集热蓄热式，利用屋顶进行集热蓄热，类似于蓄热墙，其集热和储热由同一部件完成，如图 6.10(b)所示；热虹吸式，就是利用虹吸作用进行加热循环，又称对流式，如图 6.10(c)所示。

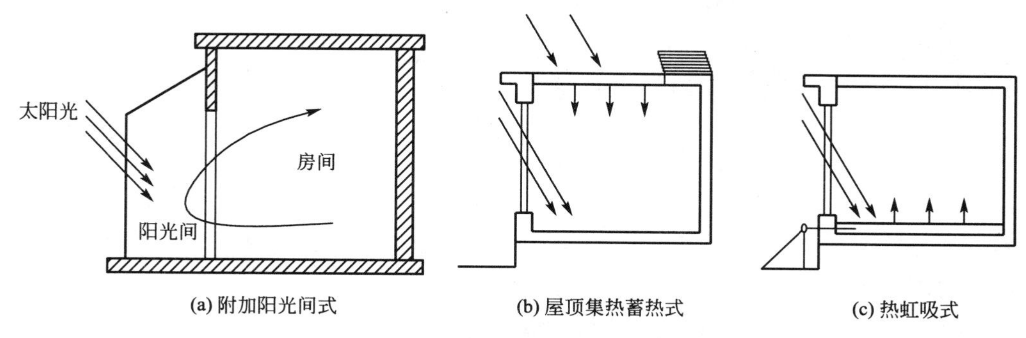

(a) 附加阳光间式　(b) 屋顶集热蓄热式　(c) 热虹吸式

图 6.10　其他形式的被动式太阳房示意图

4. 太阳能强化自然通风

基于热压诱导自然通风原理，利用太阳能烟囱实现建筑被动式冷却，有利于改善建筑室内热环境，其原理如图 6.11 所示。在夏季，南墙下风口和北墙上风口开启，并打开南墙玻璃板上通向室外的排气窗，利用空气夹层的热烟囱作用，将室内热空气抽出，达到降温的目的。

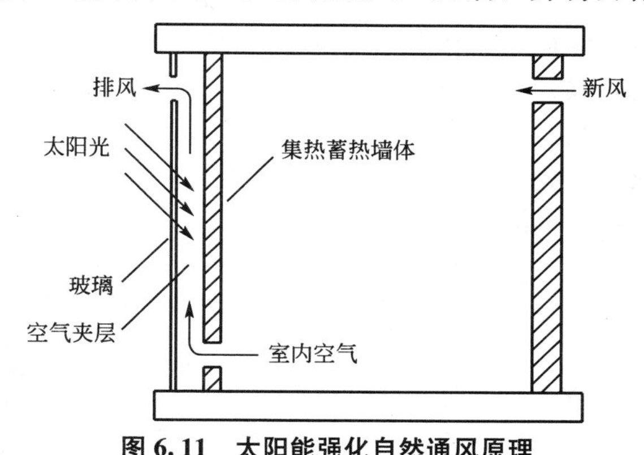

图 6.11　太阳能强化自然通风原理

被动式太阳能建筑的优点是构造简单、造价低廉、维护管理方便。但是，被动式太阳能建筑也有缺点，主要是室内温度波动较大、舒适度差，在夜间、室外温度较低或连续阴天时需要辅助热源来维持室温。而主动式太阳能建筑不是自然接受太阳能取暖，而是安装了一套机械系统来实现热循环供暖，通常在建筑物上装设一套集热、蓄热装置与辅助能源系统，使人类能主动地利用太阳能。主动式太阳房本身就是一个集热器，通过建筑设计把隔热材料、遮光材料和储能材料有机地用于建筑物，实现房屋吸收和储存太阳能，从而形成一体化的太阳能建筑。

6.4 地热能在建筑中的应用

6.4.1　浅层地热能建筑应用的发展

1912 年，瑞士人首次提出利用浅层地热能作为热泵系统低温热源的概念。1946 年，美国在俄勒冈州的波特兰市中心区建成第一个地源热泵系统。但直到 20 世纪 70 年代初世界上出现了第一次能源危机，地源热泵才开始受到重视，许多公司开始了地源热泵的研究、生产和安装。这一时期，欧洲建立了很多水平埋管式土壤源地源热泵，主要用于冬季供暖。20 世纪 80 年代后期，地源热泵技术已经趋于成熟，更多的科学家致力于地下系统的研究，努力提高热吸收和热传导效率，同时越来越重视环境的影响问题。

地能或地表浅层温度在四季相对稳定，冬季比环境空气温度高，夏季比环境空气温度低，地源热泵比传统空调系统运行效率要高40%。地能温度较恒定的特性，使得热泵机组运行更可靠、稳定，也保证了系统的高效性和经济性。据美国国家环境保护局(Environmental Protection Agency，EPA)估计，设计安装良好的地源热泵，平均来说可以节约用户30%～40%的供热制冷空调的运行费用。从地源热泵应用情况来看，北欧国家主要偏重于冬季采暖，而美国则注重冬夏联供。由于美国的气候条件与我国很相似，因此研究美国的地源热泵应用情况，对我国地源热泵的发展有着借鉴意义。

20世纪70年代初期，天津、北京将地热应用到供热领域；90年代全国开始大量学习和引进欧洲热泵技术并用于地热采暖工程，到2000年全国地热供热面积达到1100万m^2，到2003年全国已开采地热井约800眼，全年开采热水量约1.5亿m^3；截至2009年6月，我国应用浅层地热能采暖制冷的建筑项目共2236个，建筑面积近8000万m^2，其中80%集中在京津冀辽等华北和东北南部地区。

建筑利用浅层地热的采集方式主要有打井抽取地下水和地埋管方式。水源热泵、地源热泵就是一种利用地表浅层地热资源既能供热又能制冷的高效节能环保型空调系统。地源热泵以岩土体为冷热源，是由水源热泵机组、地埋管换热系统、建筑物内系统组成的供热空调系统。冬季，把地能中的热量“取”出来，提高温度后，供给室内采暖；夏季，把室内的热量“取”出来，释放到地下，在以年为周期内循环的系统内保持热平衡，实现地热和地下水的永续利用。

6.4.2 地源热泵空调系统

热泵是一种能从自然界的空气、水或土壤中获取低品位热，经过电力做功，输出可用的高品位热能的设备，可以把消耗的高品位电能转换为3倍甚至3倍以上的热能，是一种高效供能技术。热泵技术在空调领域的应用可分为空气源热泵、水源热泵及地源热泵(也称地热泵)三类。地源热泵是利用地下常温土壤和地下水相对稳定的特性，通过深埋于建筑物周围的管路系统或地下水，采用热泵原理，通过少量的高位电能输入，实现低位热能向高位热能转移与建筑物完成热交换的一种技术。地源热泵空调系统主要分为3个部分：室外地能换热系统、水源热泵机组系统和室内采暖空调末端系统，如图6.12所示。

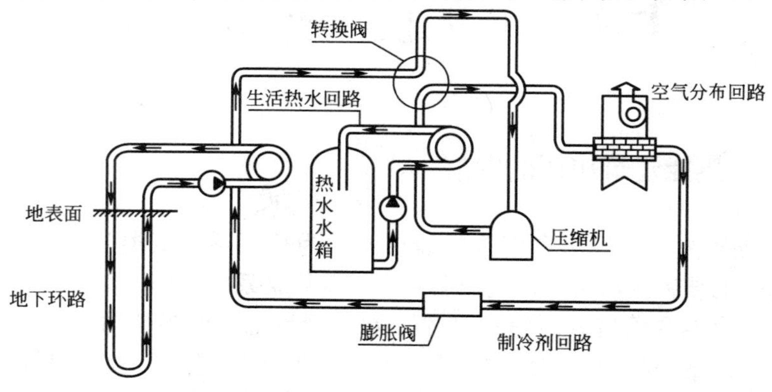

图6.12 地源热泵工作流程

其中水源热泵机组主要有两种形式：水-水型机组或水-空气型机组。3个系统之间靠水或空气换热介质进行热量的传递，水源热泵与地能之间的换热介质为水，与建筑物采暖空调末端的换热介质可以是水或空气。

1. 地源热泵的分类

地源热泵中央空调节能是因为地源热泵技术借助了地下的能量，地下的能量来自于太阳能，是可再生能源。按低温热源种类不同，分为地表水源、地下水源和大地耦合(土壤源)热泵，每一类型又可以根据换热管的结构、布置形式等进行分类。地源热泵技术包含抽地下水方式、埋管方式、抽取湖水或江河水方式等。只要有足够的场地可埋设管道(地下冷热交换装置)或政府允许抽取地下水的，就应该优先考虑选择地源热泵中央空调。

地表水地源热泵系统，由潜在水面以下的多重并联的塑料管组成的地下水热交换器取代了土壤热交换器，只要地表水在冬季不结冰，均可作为低温热源使用。中国的地表水资源丰富，用其作为热泵的低温热源，可获得较好的经济效益。地表水相对于室外空气是温度较高的热源，且不存在结霜问题，冬季温度也比较稳定。利用地表水作为热泵的低温热源，要附设取水和水处理设施，如清除浮游生物和垃圾、防止泥沙等进入系统，以免影响换热设备的传热效率或堵塞系统，而且应考虑设备和管路系统的腐蚀问题。

地源热泵空调系统种类繁多，其分类如图6.13所示。

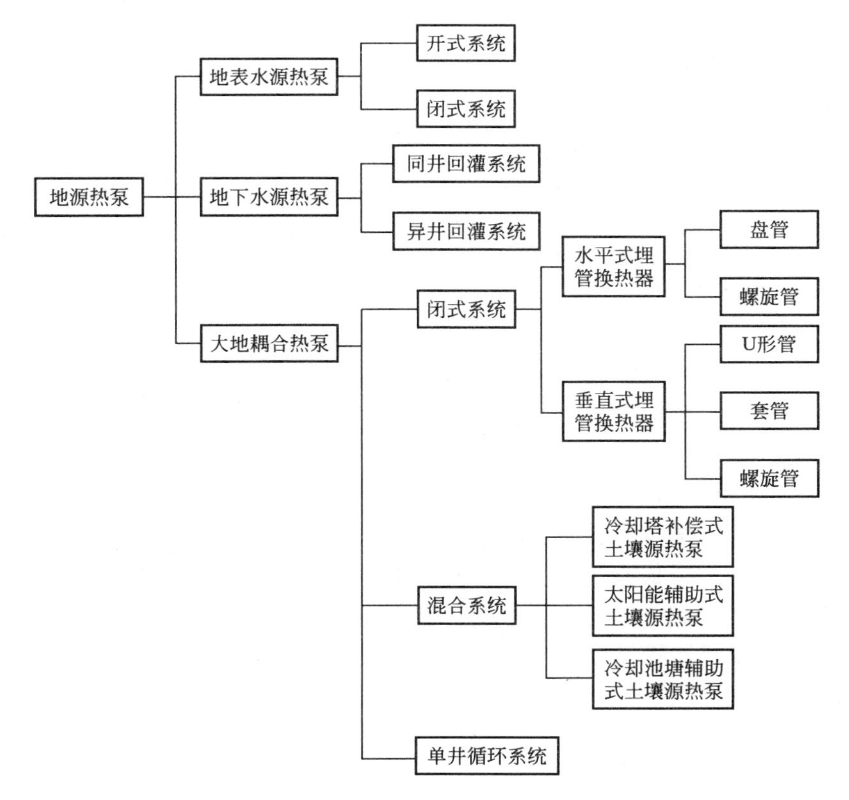

图6.13 地源热泵的分类

地下水位于较深的地层中，由于地层的隔热作用，其温度随季节变化的波动较小，特别是深井水的温度常年基本不变，对热泵的运行非常有利，是很好的低温热源。但如果大量取用地下水会导致地面下沉或水源枯竭，因此，地下水作为热源时必须与深井回灌相结合，即采用“冬灌夏用”和“夏灌冬用”的蓄冷(热)措施，保护地下水资源。

大地耦合热泵又称土壤源热泵。土壤是热泵良好的低温热源。通过水的流动和太阳辐射热的作用，土壤的表层储存了大量的热能。土壤的温度变化不大，并有一定的蓄热作用。热泵可以从土壤表层吸收热量，土壤的持续吸热率(能量密度)为20～40W/m^2，一般在25W/m^{2}左右。土壤的主要优点：①温度稳定，全年波动较小，冬季土壤温度比空气高，因此热泵的制热系数较高；②土壤的传热盘管埋于地下，热泵运行中不需要通过风机或水泵采热，无噪声，换热器也不需要除霜；③土壤有蓄能作用。

2. 地源热泵的制冷工况

地源热泵系统在制冷状态下，地源热泵机组内的压缩机对冷媒做功，使其进行气-液转化的循环。通过冷媒-空气热交换器内冷媒的蒸发将室内空气循环所携带的热量吸收至冷媒中，在冷媒循环的同时再通过冷媒-水热交换器内冷媒的冷凝，由循环水路将冷媒中所携带的热量吸收，最终通过室外地能换热系统转移至地下水或土壤里。在室内热量通过室内采暖空调末端系统、水源热泵机组系统和室外地能换热系统不断转移至地下的过程中，通过冷媒-空气热交换器(风机盘管)，以13℃以下的冷风的形式为房间供冷。

3. 地源热泵的供热工况

地源热泵系统在供热状态下，地源热泵机组内的压缩机对冷媒做功，并通过四通阀将冷媒流动方向换向。由室外地能换热系统吸收地下水或土壤里的热量，通过水源热泵机组系统内冷媒的蒸发，将水路循环中的热量吸收至冷媒中，在冷媒循环的同时再通过冷媒-空气热交换器内冷媒的冷凝，由空气循环将冷媒所携带的热量吸收。在地下热量不断转移至室内的过程中，通过室内采暖空调末端系统向室内供暖。

4. 地下换热器设计

地下换热器是地源热泵系统的关键设备。地下换热器的设计是否合理直接影响到热泵的性能和运行的经济性。地下换热器设计可按以下4个步骤进行。

(1) 确定地下换热器埋管形式。地下换热器的埋管主要有两种形式，即竖直埋管和水平埋管。选择哪种方式主要取决于场地大小、当地岩土类型及挖掘成本。在各种竖直埋管换热器中，目前应用最为广泛的是单U形管。

(2) 确定管路的连接方式。地下换热器管路连接有串联方式与并联方式两种。采用何种方式，主要取决于安装成本与运行费。对竖直埋管系统，并联方式的初投资及运行费均较经济，且为保持各环路之间的水力平衡，常采用同程式供水系统。

(3) 选择地下换热器管材及竖埋管直径。目前国外广泛采用高密度聚乙烯作为地下换热器的管材，按SDR11管材选取壁厚，管径(内径)通常为20～40mm，而国内大多采用国产高密度聚乙烯管材。

(4) 地下换热器的尺寸确定及布置。

① 确定地下换热器换热量。夏季与冬季地下换热器的换热量可分别根据以下计算式确定：

$$Q_{夏}=Q_0\left(1+\frac{1}{COP_1}\right) \tag{6-1}$$

$$Q_{冬}=Q_k\left(1-\frac{1}{COP_2}\right) \tag{6-2}$$

式中，Q_0—热泵机组制冷量，kW；Q_k—热泵机组制热量，kW；COP_1—热泵机组制冷时的性能系数；COP_2—热泵机组制热时的性能系数。COP 一般在 3.5～4.4。

② 确定地下换热器长度。地下换热器的长度与地质、地温参数及进入热泵机组的水温有关。在缺乏具体数据时，可依据国内外实际工程经验，按每米管长换热量 35～55W 确定地下换热器所需长度。

③ 确定地下换热器钻孔数及孔深等参数。竖埋管管径确定后，可根据式（6－3）确定钻孔数：

$$n=\frac{4000W}{\pi v d_i^2} \tag{6-3}$$

式中，n—钻孔数；W—机组水流量，L/s；v—竖埋管管内流速，m/s；d_i—竖埋管内径，mm。

各孔中心间距一般取 4.5m 左右。对竖直单 U 形管，埋管深度一般为 40～90m，孔深 h 可根据式(6－4)确定：

$$h=\frac{L}{2n} \tag{6-4}$$

式中，n—钻孔数；L—地下换热器长度。

④ 地下换热器阻力计算。地下换热器阻力包括沿程阻力和局部阻力。埋管进出口集管采用直径较大的管子，流速大小按以下原则选取：对于内径小于 50mm 的管子，管内流速应在 0.6～1.2m/s 范围内；对于内径大于 50mm 的管子，管内流速应小于 1.8m/s。地埋管换热器多采用聚乙烯(PE) 管，PE 管内壁光滑，绝对粗糙度 K 值不超过 0.01mm，是钢的 20%，并且内壁光滑，使壁内不易结垢，流体摩擦阻力小。在实际工程中，地埋循环管多为并联连接到大直径的集管上，连接时均采用同程回流式系统，各环路的阻力容易平衡，水系统阻力计算方法与一般空调水系统类似。

⑤ 地下换热器环路水泵选型。为了保证充分的地热交换和地下管道的水力平衡，地下埋管系统应严格控制水流的临界速度。因为水流处于层流状态时，传热会恶化，甚至由于水流速度慢，会出现气塞现象，造成水力不平衡。因此要对地下换热器系统进行分析，计算出最不利环路所得的管道压力损失，加上热泵机组以及系统内其他部件的压力损失，从而确定水泵的流量与扬程，选择能满足循环要求的水泵的型号，确定水泵台数。

⑥ 地下换热器水管承压能力校核。在一般情况下，地埋管换热器最低处是最高压力点，系统停止运行时，最低处压力等于系统静水压力的差与大气压力之和；系统启动的瞬间，最低处压力等于静水压力差、大气压与水泵全压之和；系统正常运行时，最低处压力等于静水压力差、水泵全压的一半与大气压力之和。管路所需承受的最大压力等于大气压力、U 形管内外液体重力作用静压差和水泵扬程总和。选用的管材允许工作压力应大于管路的最大压力。不同管材的承压能力不同，在输送 20℃水的 PE 管最大允许工作压力分别为：0.4MPa、0.6MPa、0.8MPa、1.0MPa、1.25MPa、1.6MPa。

5. 地埋管的敷设方式(图 6.14)

1) 水平地埋管

单层管最佳埋深为 0.8～1.0m，双层管最佳埋深为 1.2～1.9m，但均应埋在当地冻土深度以下。水平地埋管由于埋深较浅，换热器性能不如垂直地埋管，而且施工时占用场地大，在实际工程中，往往是单层埋管与多层埋管搭配使用。螺旋管优于直管，但不易施工。由于浅埋水平管受地面温度影响大，地下岩土冬夏热平衡好，因此适用于单季使用的情况(如欧洲只用于冬季供暖和生活热水供应)。水平地埋管换热器可不设坡度。最上层埋管顶部应在冻土层以下 0.4m，且距地面不宜小于 0.8m。

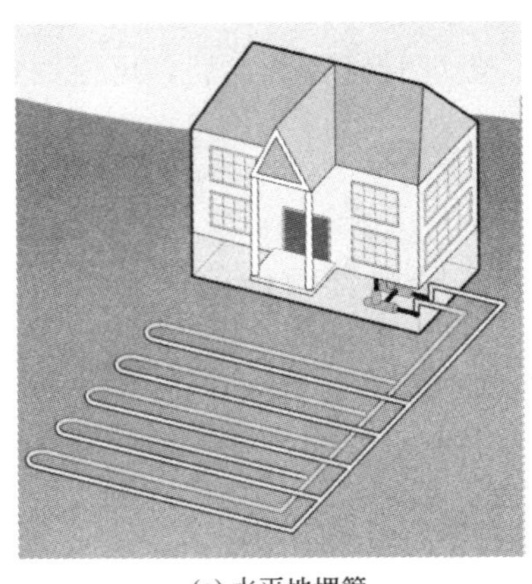

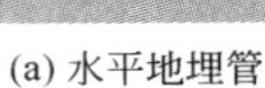

(a) 水平地埋管　　(b) 竖直地埋管

图 6.14　地源热泵地埋管敷设方式

2) 竖直地埋管

竖直地埋管间距建议为：工程规模较小，埋管单排布置，地源热泵间歇运行，埋管间距取 3.0m；工程规模较大，埋管多排布置，地源热泵间歇运行，埋管间距建议取 4.5m；若连续运行(或停机时间较少)建议取 5～6m。岩土体吸、释热量平衡时，宜取小值，反之，宜取大值。从换热角度分析，间距大则热干扰小，对换热有利，但占地面积大，埋管造价也有所增加。

按埋设深度不同分为浅埋(埋深≤30m)、中埋(埋深 31～80m)和深埋(埋深≥80m)。一般来讲，浅埋管的优点是，投资少，成本低，对钻机的要求不高，可使用普通型承压(0.6～1.0MPa) 塑料管；受地面温度影响，地下岩土冬夏热平衡较好。其缺点是，占用场地面积大，管路接头多，埋管换热效率较中埋、深埋低。深埋管的优点是，占用场地面积小，地下岩土温度稳定，换热量大，管路接头少。其缺点是，投资大，成本高，需采用高承压(1.6～2.0MPa)塑料管，对钻机的要求高。中埋管的性能介于浅、深埋管之间，塑料管可用普通承压型的。对国内外工程实例进行统计的结果表明，中埋的地源热泵占多数。

在实际工程中是采用水平式还是垂直式埋管，以及垂直式埋管的深度取多少，取决于场地大小、当地岩土类型及挖掘成本。如场地足够大且无坚硬岩石，则水平式较经济；当场地面积有限时则应采用垂直式埋管。

6. 地源热泵的优缺点

1）地源热泵的优点

（1）地源热泵技术属于可再生能源利用技术。它不受地域、资源等限制。这种储存于地表浅层近乎无限的可再生能源，使得地能也成为清洁的可再生能源的一种形式。

（2）地源热泵属于经济有效的节能技术。地能或地表浅层地热资源的温度一年四季相对稳定，冬季比环境空气温度高，夏季比环境空气温度低，是很好的热泵热源和空调冷源，这种温度特性使得地源热泵比传统空调系统运行效率要高40%，因此要节能和节省运行费用40%左右。另外，地能温度较恒定的特性，使得热泵机组运行更可靠、稳定，也保证了系统的高效性和经济性。

（3）地源热泵环境效益显著。地源热泵的污染物排放，与空气源热泵相比，相当于减少40%以上，与电供暖相比，相当于减少70%以上，如果结合其他节能措施，节能减排更显著。虽然也采用制冷剂，但比常规空调装置减少25%的充灌量；属于自含式系统，即该装置能在工厂车间内事先整装密封好，因此，制冷剂泄漏概率大为减小。该装置的运行没有任何污染，可以建造在居民区内，没有燃烧，没有排烟，也没有废弃物，不需要堆放燃料废物的场地，且不用远距离输送热量。

（4）地源热泵一机多用，应用范围广。地源热泵系统可供暖、空调，还可供生活热水，一套系统可以替换原来的锅炉加空调的两套装置或系统；可应用于宾馆、商场、办公楼、学校等建筑，更适合于别墅住宅的采暖、空调。地热源泵一机多用工况接管示意图如图6.15所示，室外地能换热系统、地源热泵机组和室内采暖空调末端系统，3个系统之间靠水或空气换热介质进行热量的传递，地源热泵与地能之间的换热介质为水，与建筑物采暖空调末端的换热介质可以是水或空气。

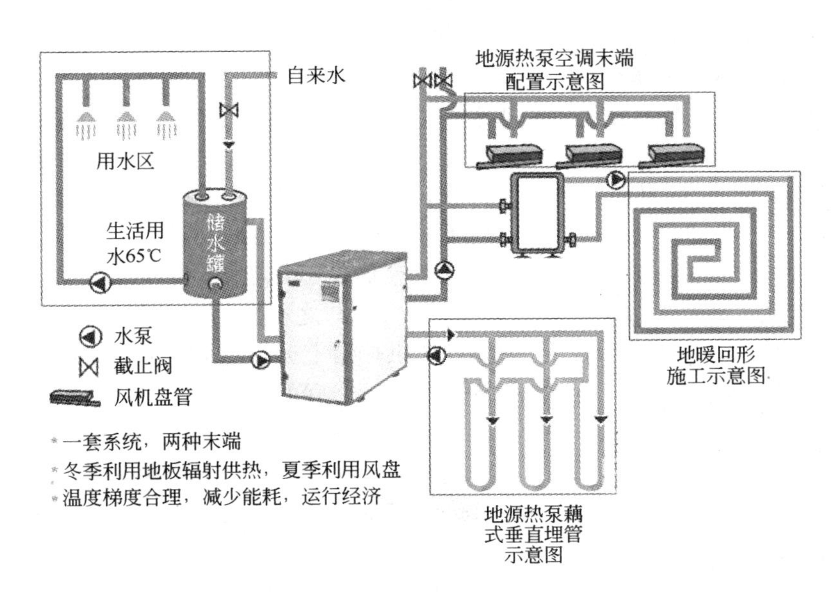

图6.15 地源热泵一机多用工况接管示意图

（5）地源热泵空调系统维护费用低。在同等条件下，采用地源热泵系统的建筑物能够减少维护费用。地源热泵非常耐用，它的机械运动部件非常少，所有的部件不是埋在地下便是安装在室内，从而避免了室外的恶劣气候，其地下部分可保证 50 年，地上部分可保证 30 年，因此地源热泵不用维护空调，节省了维护费用，使用户的投资在 3 年左右即可收回。此外，机组使用寿命长，均在 15 年以上；机组紧凑、节省空间；自动控制程度高，可无人值守。

2）地源热泵的缺点

其应用会受到不同地区、不同用户及国家能源政策、燃料价格的影响；一次性投资及运行费用会随着用户的不同而有所不同；采用地下水的利用方式，会受到当地地下水资源的制约，如果回灌不当，会对水质产生污染；从地下连续取热或释放热量时，难以保证埋地换热器与周围的环境有足够的传热温差，还可能存在全年冷热不平衡等问题。

6.5 空气源热泵应用技术

6.5.1 空气源热泵

空气作为低温热源，取之不尽、用之不竭，而且空气源热泵装置的安装和使用也都比较方便，对换热设备无害，所以它成为热泵装置最主要的热源。与地源热泵相比，其主要缺点有以下 3 个。

（1）空气的比热容小，为了获得足够的热量和满足蒸发器传热温差的要求，则需要较大的空气量。当进风干球温度为 10℃、相对湿度为 50%时，蒸发器中的热泵工质每吸收 1kW 的热量，需要温度降为 10℃的空气流量 360m^3/h。如果降低传热温差以提高热泵的效率，还要进一步加大风量。这就要求风机的容量较大，致使空气热源热泵装置的噪声、风机消耗的电量及热泵的体积都比较大。

（2）室外空气的状态参数随地区和季节的不同而有很大变化，这对热泵的容量和制热性能系数影响很大。随着室外温度的降低，热泵的蒸发温度下降，制热性能系数也随之降低。单级蒸气压缩式热泵虽然在－20～－15℃时仍能运行，但此时制热系数大大降低，供热量可能不到额定工况下的 50%。与之相反，随着气温的下降，建筑物所需要的供热量上升。这就存在着热泵的供热量与建筑物耗热量之间的供需矛盾。如图 6.16 所示，曲线 Q 表示某一特定建筑物需要的供热量随室外气温的变化关系，曲线 A、B 分别表示热泵 A、热泵 B 的供热量随室外气温的变化关系，其中，热泵 A 的容量大于热泵 B。曲线 A 和 B 分别与曲线 Q 相交于 O_1 和 O_2 点，该交点为平衡点，对应的室外气温称为平衡点温度，它表示在该温度下，某一特定建筑物的需热量与某一容量的热泵系统的供热能力相等。从图 6.16 中可以看出，对于同一建筑物，热泵容量越大，平衡温度越低。当气温低于平衡点温度时，热泵供热能力不足，需要加入辅助热源供热；反之，如果不采

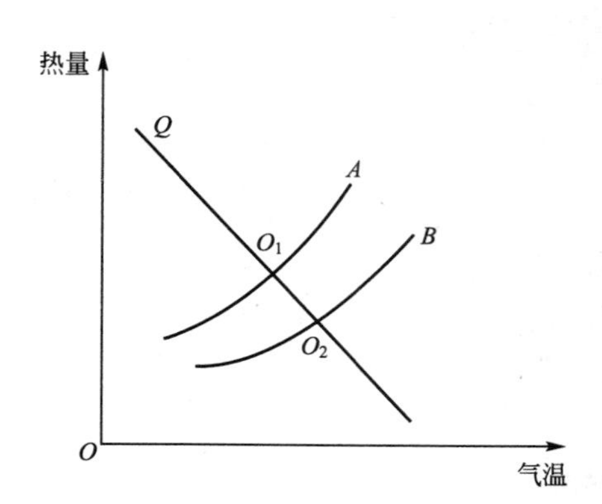

图 6.16 空气源热泵供热特性

用或减小辅助加热，则就得选择较低的平衡温度、加大热泵容量。

(3) 冬季室外温度很低时，室外换热器中工质的蒸发温度也很低。当含有一定水蒸气的空气流经蒸发器时，水蒸气会凝结。蒸发器表面温度低于0℃，且低于空气的露点温度时，换热器表面就会结霜。蒸发器表面微量凝露时，可起到增强传热的效果，但空气流动阻力会有所增加。结霜不仅使空气流动阻力增大，还会导致热泵的制热性能系数和可靠性降低。所以，空气热源热泵在设计使用时必须要考虑除霜的问题。除霜时，热泵不仅不供热，还要消耗一定的能量用于除霜。关于结霜现象的理论计算和工程实例表明，室外干球温度在－5～＋5℃，相对湿度大于75%时，热泵空调器结霜严重；而当室外空气温度低于－5℃时，由于湿空气中含湿量减小，其结霜速率减慢。夏热冬冷地区冬季室外温度较高，大部分地区因结霜带来的效率损失并不严重，特别是机组在白天运行时，结霜损失更小，但某些地区，如长沙地区的相对湿度大。因此，在该地区使用的风冷热泵机组，应具有良好的除霜措施，否则将影响冬季的供热效果。

空气作为热泵的低温热源，虽然有许多缺点，但从国外空气热源热泵的运行经验看，对于气候适中、采暖度日数每天不超过3000℃的地区，采用空气热源热泵仍是经济的。我国夏热冬冷地区的采暖度日数(以18℃为基准)基本在每天800～2000℃，适合于空气热源热泵的应用。从低温天气气温值来看，小于5℃期间的室外平均气温在1～5℃。夏热冬冷地区主要城市冬季室外采暖设计温度均在－3℃以上，热泵的供热量一般可达到额定值的70%以上。这些地区夏季炎热，建筑物的空调负荷较大，由于该地区冬季室外温度较高，一般同一建筑物的冬季需热量只有夏季耗冷量的50%～70%甚至更低，因此该地区使用热泵系统。在该地区推广应用冷暖空调，可按照夏季供冷需求选取热泵容量，一般均不需加辅助热源就完全能满足冬季采暖要求。这样，由一套系统满足两种功能需求，既节约了能源，又节省了投资费用。

6.5.2 空气源热泵空调系统

暖通空调工程中的热泵装置一般都要求在夏季供冷，冬季作为热泵来供热。这就要求系统夏季工况的蒸发器在冬季工况作为冷凝器，夏季工况的冷凝器在冬季作为蒸发器，而这两个换热器的安装位置本身不能改变，这时一般是通过改变系统内制冷剂的流向来实现的。能够实现制冷剂流向改变的最重要的部件是四通换向阀。热泵系统的组成应包括3个主要部分：一是热泵的驱动能源(电能、汽油、柴油、煤气、煤等)和驱动装置(电动机、燃料发动机、汽轮机等)；二是热泵的工作机，一般来说，制冷机可作为这种热泵系统的工作机，制冷机的冷凝器中释放的热量不是简单地向大气排放，而是要加以利用，通过供热系统向热用户供热；三是低温热源(空气、水、地热、工业废热、太阳能等)，热泵从低温热源吸取热量，使其温度品位升高，转为可利用的热能。使用室外大气作为低温热源向室内供热的空调系统称为空气源热泵空调系统。空气热源热泵空调器的应用形式较多，其外形如图6.17所示。

1. 热泵型分体空调器

通过四通换向阀的作用，使得同一套系统既可为房间提供热量，又可对房间进行制冷。但理论与实践证明对同一系统来说，制冷剂的流量在制冷工况和制热时是不同的。在额定工况下，空调器的制热量往往大于制冷量，而制冷剂的质量流量恰好相反。此时，如

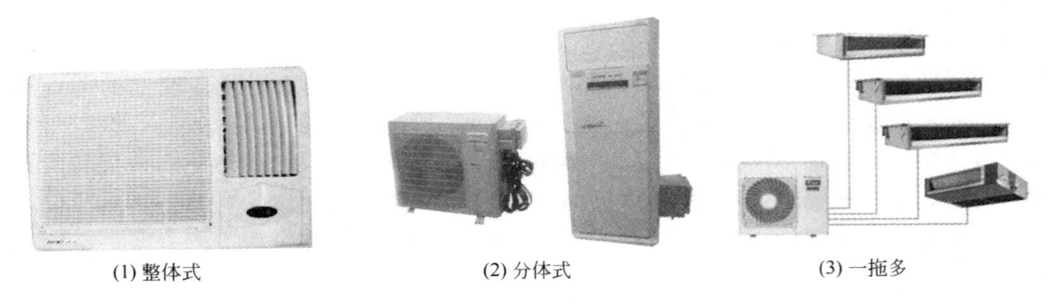

图 6.17　不同形式空调器外形图

果冬夏用同一根毛细管就不能实现制冷与制热运行时都有最佳制冷剂流量。为了解决此问题，在热泵型分体空调器中，很多厂商大多采用“双回路”系统。“双回路”系统即在“单回路”系统中增加了一根副毛细管和一个止回阀，制冷时制冷剂只通过主毛细管，使其流量达到最佳值；在制热时，由于需要的流量较小，使制冷剂先通过副毛细管后再经过主毛细管节流，从而使制冷剂流量达到设定值。

商用分体热泵机组是指以空气为低温热源或排热源的热泵型单元式空调机组，其形式有立柜式、天花板嵌入式、天花板悬吊式和屋顶空调机式等，其制冷和制热量一般为 7～100kW。随着居民住宅条件的改善，薄型立柜式空调机已经被很多家庭用于客厅的冷暖空调。对于热泵型分体空调器，由于采用压缩机变频调速控制后，机组的出力可在 40%～120%的范围内高效运行，这对于改善在低温环境下热泵的供热能力与建筑物的热需求之间的矛盾将起到一定的作用。

由于人们居住环境的改善，近年来，多联系统(亦称一拖多)在国内已得到发展，多联系统分体式空调器是一种只用一台室外机组，就能带动多台室内机组的系统，它既可减少室外机组安装位置，又可使多个房间得到舒适的空调，这对居室多的建筑非常适用，其安装及室内机形式如图 6.18 所示。

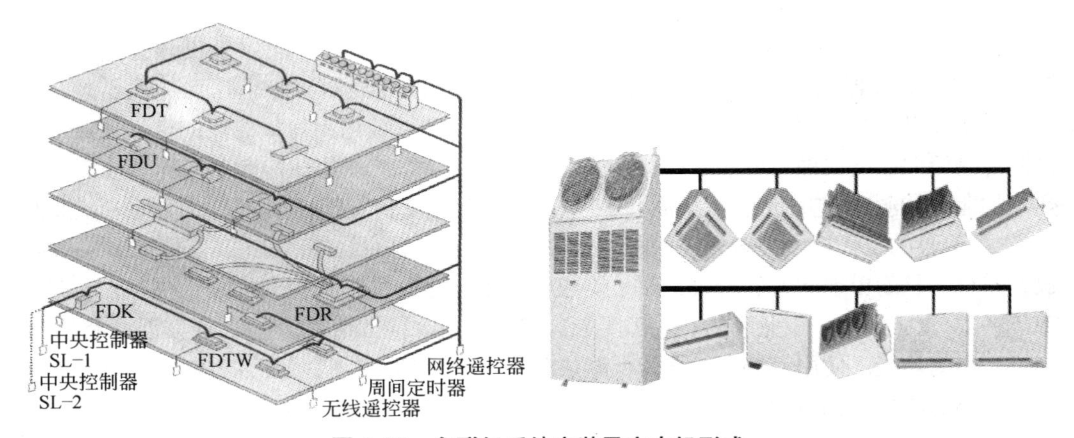

图 6.18　多联机系统安装及室内机形式

VRV(variable refrigerant volume，变冷媒流量多联)空调机组与 CRV 机组相比的特点：负荷变化时系统不停机，变频能改变转速，减小了 ON/OFF 损失，节能 25%；平均 COP 和 EER 大幅度提高；减小了启动电流对电网的冲击；低频启动，启动时间短，启动噪声小；风机、压缩机均变频，部分负荷时能保证除湿能力；热泵系统冷热均可达到最佳特性。变频VRV空调机组的优点：高效、节能，蒸发温度较高；便于个别控制，负荷变化差别越大越有优势；可同时供冷供热，能有效进行热回收；压缩机容量可以减小；结构紧凑，节省建筑空间。变频VRV空调机组存在的问题：系统稳定性问题；制冷剂分配问题；小负荷运行问题(30Hz以下)；制冷剂泄漏问题等。

2. 风冷热泵冷热水机组

风冷热泵冷热水机组和热泵型分体空调器原理基本相同，所不同的是室内侧换热器为水-制冷剂换热器，在夏天制取5～7℃的冷冻水，冬天制取45℃左右的热水。由于水的比热容和密度都比较大，用它作为冷热量的输送介质，可以为空调房间输送较多的冷热量，所以这种机组的容量比较大，被广泛用作中央空调的冷热水机组。它的主要优点：使用方便，插上电源即可使用；不需要冷却水系统，可以节约用水量；一般可安装在建筑物顶层或室外平台，省去了一般中央空调的主机机房；在夏热冬冷地区，一套系统能同时满足夏季供冷和冬季供热的需求，节约了初投资。因此，这种热泵系统自20世纪90年代以来，在国内得到了较快的发展。其中，较小容量(制冷量7～35kW)的热泵系统也被作为较大面积的单户住宅或小范围的办公及商用空调的冷热源。

根据机组采用的压缩机类型，风冷热泵冷热水机组主要有采用往复式压缩机和螺杆式压缩机两种；按照机组的组成形式，它也可分为两类。一类是组合式，即由多个独立回路的单元机组组成的一种机型，每个单元机组由一台压缩机、一台空气侧换热器和一台水侧换热器组成，几个单元组合起来以后将水管连接在一起组成一台大的机组，这种机组一般采用往复式压缩机，图6.19为组合式风冷热泵冷热水机组的外形。另一类是整体式，以一台压缩机或多台压缩机为主机，但共用一台水侧换热器。采用一台压缩机时，多采用螺杆式；采用多台压缩机时，一般采用往复式。从空气侧换热器的排列形式和通风方式看，大部分机组都采用了轴流风机顶吹式，小型机组也有采用侧吹方式的；换热器一般都采用铝刺片套铜管组成的排管，其排列方式有直立式、V形、L形和W形多种，W形主要用于大型机组。对于水侧换热器，目前大容量机组基本上都以壳管式换热器为主，有单回路、双回路和多回路等形式，多回路共用一个壳程，回路数由制冷压缩机数量确定。水侧换热器在制冷工况都属于干式蒸发器。在小型机组中，也有采用板式换热器的，其体积小、重量轻，但在防冻方面应有较高的要求。在一些产品中考虑了利用热泵进行热回收的方案，即安装一台壳管式水换热器作为辅助冷凝器，在机组制冷时回收冷凝热，为用户提供45～65℃的热水，显然，采用这种方案的系统节能效益更为显著。目前多数产品为制冷和制热工况安装容量不同的两个膨胀阀，在中小型机组中，也有的只安装一个膨胀阀，在制热时串联上一只毛细管来达到减小制冷剂流量的目的。随着技术的发展，人们开发出了电子膨胀阀和双向热力膨胀阀。采用电子膨胀阀的系统，控制精度高，反应迅速，工况稳定，在大容量的机组中已越来越多地

图6.19 组合式风冷热泵冷热水机组外形

取代了安装双向热力膨胀阀的方案。

空气源热泵机组的工作性能会受到环境的影响。这个环境包括两个方面：一是室外空气，二是水侧换热器中的水，主要是室外空气的温湿度和热泵机组的出水温度。它们实际上是通过影响制冷循环的蒸发温度和冷凝温度来影响热泵的工作性能的。当热泵系统处于制热工况时，随着出水温度的提高，热泵的制热量减少的；当室外空气温度降低时，热泵的制热量减少。热泵的输入功率是随出水温度的升高而增加，随室外空气温度的降低而减少的。综合而言，出水温度升高和室外温度降低都会导致热泵的效率降低。热泵系统处于制冷工况时，出水温度升高将使制冷量和耗功量增加，总的说来系统的效率是升高的；室外空气温度降低，系统的制冷量增加，耗功量减少，系统的效率增高。可见，蒸发器的温度条件对于热泵效率的影响更为显著。所以，在使用中改善蒸发器的工作条件是使热泵系统节能的重要手段。

6.5.3　空气源热泵热水系统

通过压缩机系统运转工作，吸收空气中热量制造热水，即压缩机将冷媒压缩，压缩后温度升高的冷媒，经过水箱中的冷凝器制造热水。空气能热泵在运行中，蒸发器从空气中的环境热能中吸取热量以蒸发传热工质，工质经压缩机压缩后压力和温度上升，高温蒸气通过冷凝器冷凝成液体时，释放出的热量传递给了空气源热泵储水箱中的水。冷凝后的传热工质通过膨胀阀返回到蒸发器，然后再被蒸发，如此循环往复，制备热水，如图 6.20 所示。

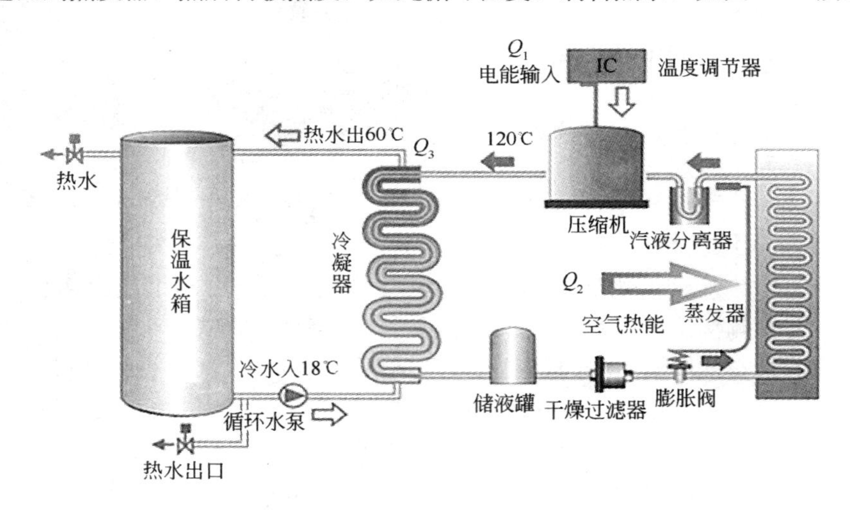

图 6.20　空气源热泵热水器的工作原理

注：Q_3＝(热水获得能量)＝Q_1(电器能量)＋Q_2(空气热能)

空气能(热泵)热水器按工作方式分为直热式、循环式、分体直热式。第一代是直热式，冷水直接进入主机加热到 55℃的热水后送到保温水箱中保存，热水从水箱下面出去。第二代是循环式，冷水直接进入保温水箱后通过循环泵的作用，把水拉回到主机中进行热交换加热后再送回到水箱中，分层加热，热水从下面出去。第三代是分体直热式，冷水直接进入保温水箱后直接与水箱中的换热器进行热量交换加热，热水从上面出去，这样既不需要用循环泵，热水也不要经过任何路径，热损失最小，热效率最高。表6-7是空气能热水器与其他热水器的对比。

表6-7 空气能热水器与其他热水器的对比

分类	消耗能源	平均效率	所耗能量	所需费用	人员管理	安全性	环境影响
热泵系统	商用电	450%	9.04kW·h	8.1元	无	安全可靠	无任何污染
燃油锅炉	轻柴油	70%	4.9kg	36.26元	专业人员	有漏油、火灾、爆炸等安全隐患	污染严重，一些大、中城市已禁止使用
燃气锅炉	液化气	80%	1.83m^3	25.5元	专业人员	有漏气、火灾、爆炸等安全隐患	有燃烧气体排放
电锅炉	商用电	95%	42.8kW·h	38.5元	无	有电热管老化、漏电等危险	无任何污染

注：1. 设在相同条件下对1t初始水温为20℃的生活热水进行加热，使水温升高到55℃，需热量为1000kg×(55－20)℃×1kcal/(kg·℃)＝35000kcal(1cal＝4.1840J)。

2. 能源价格表：商用电为0.9元/(kW·h)，轻柴油为7.4元/kg，液化气为14元/m^3。

空气能(热泵)热水器可以用于以下场合：工业生产用热水；工厂洗浴用热水、饮用热水预热、医院洗涤、洗浴用热水；学校或私人学生宿舍、公司员工宿舍淋浴用热水；酒店、宾馆、招待所大量中央集中供热水，洗浴中心、餐厅饭店厨房用热水；美容美发业用水、幼儿园学校饮用水预热；家庭淋浴、浴缸、按摩浴缸用热水，尤其适合中高层、别墅住户及用热水量大的用户；家庭地板式、散热片式、风机式采暖用热水；洗车、洗涤等所有生活用热水等。

6.6 建筑可再生能源利用的地域性问题

6.6.1 建筑太阳能利用中的地域性问题

1. 与建筑一体化设计的协调问题

建筑太阳能利用的系统性。从太阳能利用产品技术角度看，目前市场上太阳能热利用产品质量和性能参数，特别是系统及其主要部件的安全性、可靠性差，不能满足建筑规范的抗风、抗雪、抗震、防水、防雷等要求，系统的集成与外观还不能适应与建筑一体化的要求。从太阳能热利用工程技术角度看，目前建筑设计院较少参与太阳能系统设计，一般由太阳能企业凭经验完成，难以做到系统优化，房屋建成后安装太阳能系统是后置部件，由于安装与建筑设计不和谐，对建筑的使用功能和城市风貌都有负面影响。所以，城市建筑利用太阳能作为热源提供生活热水、采暖和空调，需要解决太阳能系统与建筑的一体化问题，通过整体设计、整体施工，才能发挥太阳能系统的技术效益。

2. 资源地域分布的不平衡性问题

(1) 太阳能分布的自然地域性。被动式采暖太阳房是建筑被动式光热利用的最常见形式，投资少、经济实用，但受太阳能不稳定影响大，是边远和贫困地区的学校、乡镇住宅的冬季采暖的传统技术；经过改进，若与常规采暖系统相结合形成新型被动太阳能采暖方式，对于北方农村建筑冬季室内热环境的改善也是一种适宜技术的途径。城市建筑密度大，单位建筑面积的太阳能可利用容量有限，需要通过城市能源系统的合理规划，系统研究在城市发展太阳能建筑利用系统的技术途径，还要考虑工程建设的经济性和政策环境等因素。

(2) 太阳能资源是全人类共同拥有的财富，开发利用太阳能也要考虑由此导致的社会公平问题。中国 2006 年 1 月 1 日起施行的可再生能源法第十七条对国内太阳能利用的法律地位作了明确规定："国家鼓励单位和个人安装和使用太阳能热水系统、太阳能供热采暖和制冷系统、太阳能光伏发电系统等太阳能利用系统"，"对已建成的建筑物，住户可以在不影响其质量安全的前提下安装符合技术规范和产品标准的太阳能利用系统，但是当事人另有约定的除外。"尽管太阳能可以免费使用，但获取太阳能并利用太阳能为建筑供冷热电却要支付高昂的费用，系统利用规模越大投资费用越高，需要通过区域太阳能利用的合理规划，解决好季节蓄能技术、全年综合利用技术等关键问题。

6.6.2 地热能利用中的地域性问题

1. 建筑地热利用的标准化、规范化问题

热泵技术政策的有效性。地源热泵技术是建筑地热能利用的主要途径，不同地域的不同建筑对地下换热系统、热泵机组和末端的匹配有不同要求，没有统一设计标准。从工程角度看，目前还存在一些问题：系统能效偏低、项目管理空白、设计规范缺乏可操作性、施工工艺有待总结、初投资偏高、系统运行模式不尽合理等。作为一项地域性很强的技术，地源热泵技术要充分发挥地热利用的潜力，就需要从产品设计、系统设计、施工工艺到过程管理的所有环节做到因地因时制宜，才能作为一项建筑节能的适宜技术发挥其综合效益。

2. 建筑地热利用的环境问题

热泵技术的自然性和社会地域性。建筑节能技术的地域性表明，热泵技术大规模利用地热对生态环境产生重要影响，甚至导致资源开发利用不公平的社会问题。在水源热泵系统推广应用中，如何协调合理地抽取和回灌地下水是保护水资源的重大课题；土壤源热泵在人口密集城市应用时，需要研究冬夏冷热负荷不均导致地温变化引发生态问题的可能性。

3. 建筑地热利用的集成问题

地源热泵技术的可持续性。热泵复合能源系统是建筑地热利用适宜技术途径之一。根据各地区气候、地理资源特点，采用复合能源系统弥补单一热泵技术系统形式的不足，可以更能充分发挥热泵的节能性能。例如，太阳能与地热热泵、土壤热泵与地表水或地下水热泵结合、气源热泵与水源热泵结合等组成不同类型的高效复合能源系统，通过技术集成和系统优化，为可再生能源高效利用提供更大空间。

本章小结

本章主要讲述可再生能源应用现状，太阳能、地热能和空气能等可再生能源在建筑中的应用途径，可再生能源的应用地域性等。

本章的重点是太阳能光热、浅层地热和空气能等可再生能源在建筑中的应用途径，介绍了系统及主要设备形式和特点。

思考题

1. 什么是可再生能源？建筑中的可再生能源主要有哪些类型？

2. 中国气候资源的特征是什么？按照不同气候分区，各地区的可再生能源技术应用重点有何不同？

3. 太阳能在建筑中的应用途径有哪些？影响太阳能光热利用效率的因素有哪些？

4. 地热能在建筑中的应用有哪些途径？地源热泵技术在建筑中的应用对建筑能耗有什么影响？

5. 空气能热泵有何特点？不同气候地区的适应性如何？

6. 加大建筑可再生能源应用的关键技术问题有哪些？请查阅文献并结合具体工程案例进行分析。

第7章 建筑能源管理与节能改造

教学目标

本章主要讲述建筑能耗调查、建筑能源审计、建筑合同能源管理和建筑节能改造原则及方法等。通过学习，学生应达到以下目标：

(1) 熟悉建筑能耗调查的原理和方法；
(2) 了解国内外关于建筑能源审计的一般程序与制度；
(3) 了解建筑合同能源管理方式；
(4) 熟悉建筑节能改造的判定程序和建筑综合能效的评价方法；
(5) 了解建筑能效指标的计算方法。

教学要求

知识要点	能力要求	相关知识
建筑能耗调查	(1) 熟悉建筑能耗的构成 (2) 了解不同类型建筑能耗调查的途径和方法	(1) 建筑能源分类 (2) 建筑终端用能设备 (3) 建筑能耗统计
建筑能源审计	(1) 熟悉建筑能源审计的步骤 (2) 了解不同阶段能源审计的内容	建筑能源审计
建筑合同能源管理	熟悉建筑合同能源管理模式	(1) 合同能源管理 (2) 节能服务公司
建筑节能改造	(1) 熟悉建筑节能改造的判定原则 (2) 了解建筑节能改造的判定程序和方法 (3) 了解建筑运行能耗指标的计算方法 (4) 熟悉建筑综合用能的计算方法	(1) 建筑系统能效判定 (2) 节能建筑与高能耗建筑 (3) 建筑运行能耗指标 (4) 建筑综合用能水平

基本概念

建筑能源分类，建筑终端用能设备，建筑能耗统计，建筑能源审计，合同能源管理，节能服务公司，建筑系统能效判定，节能建筑与高能耗建筑，集中空调系统供热/供冷季运行能效比；建筑综合用能水平

引例

中国每年竣工建筑面积约为20亿m^2，其中公共建筑约有4亿m^2。2万m^2以上的大型公共建筑面积占城镇建筑面积的比例不到4%，但是能耗却占到建筑能耗的20%以上，其中单位面积耗电量更是普通民宅的10～15倍。在公共建筑(特别是大型商场、高档旅馆酒店、高档办公楼等)的全年能耗中，大约有50%～60%消耗于空调制冷与采暖系统，20%～30%用于照明。据测算，如果不采取有力措施，到2020中国建筑能耗将是现在的3倍以上。因此，做好大型公共建筑的节能管理工作，对实现“十二五”建筑节能规划目标具有重要意义。

住房和城乡建设部在2008年6月正式颁布了一套国家机关办公建筑及大型公共建筑能耗监测系统技术导则，共包括5个导则(以下统称《导则》)：《分项能耗数据采集技术导则》；《分项能耗数据传输技术导则》；《楼宇分项计量设计安装技术导则》；《数据中心建设与维护技术导则》；《系统建设、验收与运行管理规范》，为能耗统计、能源审计、能效公示、用能定额和超定额加价等制度的建立准备了条件，促使办公建筑和大型公共建筑提高节能运行管理水平。

建设能源管理的基本目的就是要在提高能源系统的运行、管理效率的同时，找到建筑系统不同类型设备能源消耗的数据，优化建筑能源管理，为业主提供一个成熟的、有效的、使用方便的能源系统整体调控解决方案；通过建立一套先进的、可靠的、安全的能源系统运行、操作和管理平台，实现安全稳定、经济平衡、优质环保、监督考核的基本目标。合同能源管理是发达国家普遍推行的、运用市场手段促进节能的服务机制。节能服务公司与用户签订能源管理合同，为用户提供节能诊断、融资、改造等服务，并以节能效益分享方式回收投资和获得合理利润，可以大大降低用能单位节能改造的资金和技术风险，充分调动用能单位节能改造的积极性，是行之有效的节能措施。在自动化技术和信息技术基础上建立的建筑合同能源管理能耗监控系统，以客观综合能源数据为依据，实现建筑水、电、气、热量等能源消耗的监控、分析、控制，是节能降耗最根本的办法。例如，上海浦东图书馆是一座高能耗大型公共建筑，总建筑面积60885m^2，消耗的能源主要为电、水，还有少量的燃气、柴油等，其中柴油发电机是作为应急电源之用。该项目能耗监测系统采用三层网络结构，各楼层对用电进行分类、分项计量，各楼层及总供水管道、燃气、柴油管道都安装有测量仪表，以实现对能耗的实时采集与监控。所有的智能测量仪表均通过现场总线进行组网，在监控室对现场各回路能耗状况实现集中监控与管理。该项目中数据采集终端采用高可靠性、带有现场总线连接的智能测量仪表。对于图书馆供配电系统，低压进线回路和重要回路安装ACR系列多功能电力仪表，普通馈线回路及照明配电箱中安装ADL系列导轨式电能表。其能耗监测系统通过现场设备和通信系统提供的传输通道，完成对各用电回路、供水、燃气及柴油管道的数据采集，信息经分析、处理；以报表、图形等多种形式供值班员参考，使值班员能够便捷地掌握系统的运行及能耗状况，及时发现、纠正能源浪费现象，从而进行节能管理。

既有建筑节能改造是全面降低建筑运行能耗的关键，也是推进建筑节能的难点。中国目前建筑节能改造的重点，是政府机构建筑和能耗很高的大型公共建筑，以及城市采暖居住建筑。本章内容主要是在介绍建筑能耗调查、建筑能耗审计、合同能源管理等基础上，对建筑节能改造的判定程序和方法进行分析，并给出主要的建筑能效指标的计算方法。

7.1 建筑能耗调查

建筑能耗调查是开展建筑节能工作的基础环节。民用建筑能耗统计对象包括居住建筑和公共建筑，公共建筑又分为大型公共建筑和一般公共建筑。单栋建筑面积大于2万m^2的公共建筑为大型公共建筑，其他为一般公共建筑。

居住建筑按两级分类进行能耗统计。第一级分类：按是否已执行居住建筑节能设计标准划分为两类：①未执行居住建筑节能设计标准的居住建筑；②已执行居住建筑节能设计标准的居住建筑。第二级分类：对第一级分类居住建筑按建筑层数划分，分为三类：①低层居住建筑(1～3 层)；②多层居住建筑(4～6 层)；③中高层居住建筑(7 层及以上)。

公共建筑按三级分类进行能耗统计。第一级分类：按建筑面积划分，分为两类：①一般公共建筑；②大型公共建筑。第二级分类：对第一级分类公共建筑按是否已执行公共建筑节能设计标准划分，分为两类：①未执行公共建筑节能设计标准的公共建筑；②已执行公共建筑节能设计标准的公共建筑。第三级分类：对第二级分类公共建筑按建筑功能划分，分为四类：①办公建筑；②商场建筑；③宾馆饭店建筑；④其他建筑。

建筑能耗计量是建筑节能工作的基础，是建筑按能耗收费的核心，可以使建筑管理者掌握第一手资料，同时对城市的投资规划、能源的合理分配、建筑节能标识制度的制定都有重要意义。建筑能耗计量的意义具体体现在几个方面：通过计量能实时、定量地把握建筑物能源消耗的变化，使建筑运行管理者能清楚地认识能耗状况；建筑主管部门可以通过能耗计量的统计结果，在定量化的基础上实现建筑分项用能定额管理制度；开展对节能新技术的实施后的评估；提高建筑能源管理水平，并为节能服务公司检验节能措施的效果评估等。

7.1.1 建筑能源分类统计

建筑能耗基层统计时，建筑内部使用的各种能源形式分为四类：电、燃料(煤、气、油等)、热(冷)(集中供热、集中供冷)、其他能源(太阳能、风能、地热能等)。供热(冷)量分为三类：区域集中供热(冷)的热(冷)量(区域锅炉房、区域供冷站等)；小区集中供热(冷)的热(冷)量(小区锅炉房、小区供冷站等)；冷热电联产的供冷、供热量。民用建筑基本情况统计指标包括：居住建筑的总栋数和总建筑面积；一般公共建筑的总栋数和总建筑面积；大型公共建筑的总栋数和总建筑面积；民用建筑的总栋数和总建筑面积。

建筑能耗的分类及特点包括以下 5 个方面。

(1) 北方城镇建筑采暖能耗。采暖能耗与建筑物的保温水平、供热系统状况和采暖方式有关。与发达国家相比，中国北方住宅和普通公共建筑的采暖能耗偏大，而耗电水平偏低；中国南、北方比较，南方绝大部分建筑无采暖，但同类型建筑的用电水平与北方并无大的差异。因此，在统计我国建筑能耗时，要将采暖能耗单统计，避免采暖和用电混在一起，掩盖关键问题。

(2) 农村建筑能耗。包括炊事、照明、家电等。目前农村秸秆、薪柴等非商品能源消耗量很大，数量和种类都很难统计清楚，并且，随着农村人民生活水平的提高，部分地区出现农村非商品能源被煤炭、电力等商品能源取代的趋势，如果任其发展，将给我国的能源供应带来极为沉重的压力。

(3) 城镇住宅除采暖外能耗。包括照明、家电、空调器、长江流域及长江以南区域的分散采暖用电、炊事等城镇居民生活能耗。

(4) 一般公共建筑除采暖外能耗。一般公共建筑指面积在 2 万 m^2 以下的公共建筑，包括普通办公楼、教学楼、商店等。其能耗包括照明、办公用电设备、饮水设备、空调等。

(5) 大型公共建筑能耗。指面积在 2 万 m^2 以上且全面配备空调系统的高档办公楼、宾馆、大型购物中心、综合商厦、交通枢纽等建筑，其能耗主要包括空调系统、照明、电梯、办公用电设备等。民用建筑能耗统计指标见表 7-1。

表 7-1 民用建筑能耗统计指标

<table>
<tr><td colspan="2" rowspan="2">居住建筑</td><td>全年单位建筑面积能耗统计指标</td><td rowspan="8">用电量</td><td rowspan="8">燃料用量（煤、气、油等）</td><td rowspan="8">集中供热（冷）量</td><td rowspan="8">其他能源使用量</td><td rowspan="8">总能耗量</td></tr>
<tr><td>全年总能耗统计指标</td></tr>
<tr><td rowspan="4">公共建筑</td><td rowspan="2">一般公共建筑</td><td>全年单位建筑面积能耗统计指标</td></tr>
<tr><td>全年总能耗统计指标</td></tr>
<tr><td rowspan="2">大型公共建筑</td><td>全年单位建筑面积能耗统计指标</td></tr>
<tr><td>全年总能耗统计指标</td></tr>
<tr><td colspan="2" rowspan="2">民用建筑</td><td>全年单位建筑面积能耗统计指标</td></tr>
<tr><td>全年总能耗统计指标</td></tr>
</table>

建筑能耗统计工作的目的大致可分为三类：一是了解建筑能源消耗的整体情况，掌握其在社会总能耗的比例和重要性；二是了解各类建筑的总体能耗情况，通过中外横向比较和当前与历史的纵向比较，归纳总结出目前中国建筑能耗的特点，找出建筑能源消耗的薄弱环节，确定建筑节能的重点所在；三是掌握建筑能耗的详细情况，包括各类建筑的具体能耗数值、建筑面积、能源类型、能耗强度、典型建筑的分项能耗数据等，以确定节能的具体措施，同时，确定能耗的变化发展趋势，科学地预测建筑能耗发展。这三类的目的分别由宏观到微观，所需数据也由整体粗略到全面详细，相应地，也应该采取不同的数据收集和统计方法。

建筑终端用能系统分为三个层级，其中：第一级系统分项包括集中空调系统（供冷、供暖工况）、通风换气系统、照明系统、办公及其他房间用电系统、电梯系统、卫生热水系统、生活给水系统及其他用能系统等，见图 7.1；第二级系统是一级系统的子系统，如集中空调系统分为冷热源、末端设备和冷热煤输配等子系统；第三级系统为单项设备，包括所有终端耗能设备。

大型公共建筑设备系统(单位面积耗能量)
集中空调系统(供冷工况能效比)
集中空调系统(供暖工况能效比)
通风换气系统(单位耗功率输送风量)
照明系统(单位面积耗电量)
办公及其他房间用电系统(单位面积耗电量)
电梯系统(单位面积耗电量)
卫生热水系统(单位供热水量耗能量)
生活给水系统(单位供水量耗电量)
其他用能系统(单位面积耗能量)

图 7.1 建筑用能系统分类一级模型
(括号内为评价指标)

城市公共建筑、居住建筑、校园建筑、农村建筑等不同类型建筑的能耗调查内容参见附录 2 建筑能耗调查表(范本)。

7.1.2 建筑能源换算方法

建筑能耗涉及不同种类的能源(电力、燃煤、燃气、燃油和生物质能等)。在进行能耗调查时,应保留不同种类能源的初始耗量,计算总能耗及能耗强度指标时,电力消耗按发电煤耗折合为标准煤,折合系数参考当年全国平均火力发电煤耗,折算系数见表 7-2。燃煤、燃油、燃气等燃料,以及生物质能,按其各自的低位发热量折合为标准煤,折算系数见表 7-3。

表 7-2 中国逐年火电发电煤耗 单位:gce/(kW·h)

年份	2000	2001	2002	2003	2004	2005	2006	2007	2008
发电煤耗	363	357	356	355	354	347	341	333	326

(资料来源:清华大学建筑节能研究中心. 中国建筑节能年度发展研究报告(2011). 北京:中国建筑工业出版社,2011.)

表 7-3 不同能源计量单位换算

燃料名称	低温发热量		折算煤系数	
	数值	单位	数值	单位
标准煤	29271200	J/kg	1.0000	kgce/kg
原煤	20908000	J/kg	0.7143	kgce/kg
天然气	38930696	J/m^3	1.3300	kgce/m^3
原油	41816000	J/kg	1.4286	kgce/kg
液化石油气	50179200	J/kg	1.7143	kgce/kg
煤气	16726400	J/m^3	0.5714	kgce/m^3
热力	1000000	J/MJ	0.0342	kgce/MJ
木炭	26344080	J/kg	0.9000	kgce/kg
木柴	17562720	J/kg	0.6000	kgce/kg
秸秆	14635600	J/kg	0.5000	kgce/kg
电力(热力当量)	3600000	J/(kW·h)	0.1230	kgce/(kW·h)
电力(发电煤耗)	按当年全国平均火电发电标准煤耗计算,见表 7-1			

(资料来源:清华大学建筑节能研究中心. 中国建筑节能年度发展研究报告(2011). 北京:中国建筑工业出版社,2011.)

7.2 建筑能源审计

建筑能源审计(building energy audit)是一种建筑节能的科学管理和服务方法,其主要内容是对既有建筑的能源消费水平、能源利用效率和能源利用的经济效果进行监测、诊断和评价，从而发现建筑节能的潜力。它的主要依据是建筑能量平衡和能量梯级利用原理、能源成本分析原理、工程经济与环境分析原理及能源利用系统优化配置原理。建筑能源审计的内涵具体包括：建筑用了多少能源；能源使用在哪里；能源利用有效性如何；节能措施的经济性如何；如何改善室内环境品质等。

7.2.1 建筑能源审计的类型

根据能源审计的工作内容和挖掘的节能措施不同，主要分为以下 3 种类型。

1. 初步审计

初步审计又称为“简单审计”或“初级审计”，通过与运行管理人员进行简单的交流、对能源账单简单审查和对相关文件资料一般浏览，发现建筑中明显浪费能源或不节能的地方。初步审计报告会简要给出相应的改进措施，初步估算项目实施所需的费用、节省的费用和简单投资回收期等。

2. 一般审计

一般审计又称为“现场审计”，是初步审计的扩大，一般要求收集 12～36 个月的能源费用账单和各用能系统的运行数据，需要与运行管理人员进行深入交流并进行一些现场实测等。一般审计报告可以评价建筑能源需求结构和能源利用状况，找出所有的节能潜力，并对每项节能措施进行经济分析，审计结果可以用来评估项目的可行性。

3. 投资级审计

投资级审计又称为“高级审计”或“详细审计”，是一般审计的扩展，要能提供既有建筑改造前后的能源特性的动态模型。实施投资级审计时，不但需要分析节能措施的投资回报，还要充分估计各种风险因素，提出多个针对气候变化、建筑功能变化和能源费率提高等影响因素的应对方案，有时还需要为业主提供节能率的承诺和担保等。

一般而言，初步审计和一般审计的目的是找出无成本或低成本的节能措施，而投资级审计主要是针对投资较大的节能项目。

7.2.2 建筑能源审计的实施

1. 建筑能源审计的步骤

建筑能源审计一般分为 4 个阶段：准备阶段、现场调研阶段、数据处理阶段和撰写报告阶段。具体包括以下 10 个步骤。

第一步，与关键岗位的物业管理人员进行交流。作为项目启动，召开一次有审计人员和关键岗位物业管理人员参加的能源审计会议，确定审计的对象和工作目标、所遵循的标准和规范、项目组成员的角色和责任，以及审计工作实施的计划。

第二步，建筑物巡视。实地了解建筑物运营情况，重点巡视会议上确定的主要耗能系统，包括建筑系统、照明和电气系统、机械系统等。

第三步，浏览文件。浏览建筑和工程竣工图样、建筑运行和维护的程序和日志，以及前3年的能源费用账单。

第四步，设施检查。现场调查建筑的主要耗能过程，并适当做现场测试以验证运行参数。

第五步，与员工交流。通过信息反馈确认能效项目对用户的价值。

第六步，能源费用分析。针对能源费用账单做详细的审查，包括能源使用费用、能源需求费用、能源费率结构等，确定最佳的能源供应方案。

第七步，确定和评价可行的节能改造方案。对主要设备及系统提出改造方案或对运行管理提出改进计划，计算简单投资回收期，经信息反馈后形成最终节能改造方案，并交大楼管理者审查。

第八步，经济分析。通过计算机软件模拟分析，计算基准能耗值，并作为计算节能潜力的依据，同时计算实施改造后的成本、节能量和每个改造项目的简单投资回收期。

第九步，撰写能源审计报告。列出审计目的和范围，被审计设备/系统的特性和运行状况，审计结果，确定的节能措施及相应的节能量、投资成本、简单投资回收期，并给出推荐措施。

第十步，建筑管理者对方案的审查。对最终方案进行审查，做出方案实施的决策。

2. 节能措施的分类

根据建筑节能项目的实施费用及难易程度，节能措施一般分为以下三类。

(1) 无成本的节能措施。例如，无人时关闭照明灯、夏季调高室内温度设定值等加强运行管理方面的措施，这类措施简单易行，不会影响建筑的正常运行。

(2) 低成本的节能措施，如安装定时开关或安装节能灯，这类措施成本较低，也不会对建筑运行造成较大影响。

(3) 高成本的节能措施，如集中空调系统更换主机，这类措施需要的费用较高，其实施一般会影响建筑的正常使用。

建筑能源审计的关键，一是推动建筑所有权人重视节能管理，建立科学规范的建筑能源管理体系，建筑能源管理是低成本或无成本的节能措施，据测算，平均有15%的节能潜力；二是能够在建筑系统常规能耗中基本理清分项或子系统的能耗指标，正确判断建筑最大节能潜力的环节，为节能改造的决策提供依据。

7.3 建筑合同能源管理

7.3.1 节能服务公司和合同能源管理模式

1. 节能服务公司

节能服务公司(Energy Service Company，ESCO)是一种基于合同能源管理机制运作的、以赢利为直接目的的专业化公司。节能服务公司向用户提供的服务包括：

(1) 投资级的能源审计。找出建筑的节能潜力，提出推荐节能措施，并计算节能措施的经济有效性；对风险进行评价，确定管理和减轻风险的策略。

(2) 节能项目的投资和融资。节能服务公司一般会和第三方金融机构合作来实施节能项目。

(3) 节能项目的设计。

(4) 材料和设备采购和安装。

(5) 人员培训。就新设备的运行和维护，以及某些节能管理方法对运行人员进行培训。

(6) 运行和维护(O&M)。

(7) 节能量监测与验证(M&V)。

在合同能源管理方式中，客户以减少的能源费用来支付节能项目全部成本，用未来的节能收益为建筑和设备升级，降低目前运营成本；节能服务公司通过与客户分享项目实施后产生的节能效益来实现赢利和滚动发展，如图 7.2 所示。

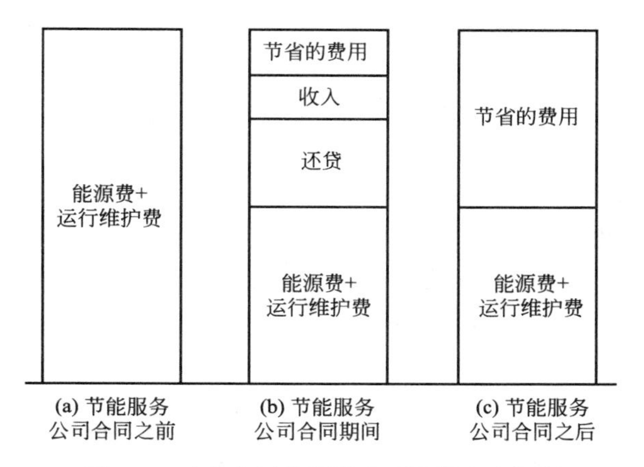

图 7.2 建筑合同能源管理项目的多赢机制

节能服务公司提供的能源服务对业主有以下好处。

(1) 不需要投资即可直接更新设备以降低运行费用。

(2) 可以获得节能服务公司一定的节能经验。

(3) 可以提高节能收益，大部分节能项目的节能效果都超过了保证量。

(4) 可以改善建筑的运行和维护，使之更加节能地运行。

(5) 节能服务公司承担大部分商业风险，包括合同期内保证新设备的性能。

(6) 可以提供更加舒适高效的环境。

(7) 可以用本来要付给电力公司或为浪费的能源买单的钱来得到比较好的服务。

2. 合同能源管理模式

目前，常采用的合同能源管理模式有以下 3 种。

1) 节能效益合同

节能效益合同是指节能服务公司向客户担保一定数额的节能量，或向客户担保降低一定数额的能源费开支，合同期内节能效益全部归节能服务公司。由节能服务公司承担主要风险，客户完全没有风险，一般投资回收期在 3 年内，采用可靠性高、比较成熟、节能效果容易量化的技术。

2) 效益共享合同

效益共享合同是最常用的一种合同，即节能服务公司与用户按合同规定的分成办法分享节能效益。这种合同要求节能服务公司有较强的调试、运行与管理能力，一般在能源价格保持不变或上涨的情形下比较有效。

3) 设备租赁合同

设备租赁合同是指客户采用租赁方式购买设备，在租赁期内设备所有权属于节能服务公司。当节能服务公司收回项目改造的投资及利息后，设备归用户所有，节能服务公司仍可以继续承担对设备的维护和运行。

7.3.2 测试与验证

为了规范合同能源管理市场，美国能源部从1994年开始与工业界联手寻求一个大家都能接受的方法，用来计算和验证节能投资的效益，于1996年首次发布了《国际性能测试与验证协议》(International Performance Measurement and Verification Protocol，IPMVP，有时称MVP)，它是由美国、加拿大和墨西哥的数百名专家组成的技术委员会汇编而成的。在1996年和1997年，来自12个国家的20个国家团体(包括我国的国家经济贸易委员会和北京节能环保中心)共同工作，于1997年12月改版、扩充和出版了IPMVP的第2版，并被国际上广泛接受，真正成为一个国际性协议。2000年又出版了第3版。IPMVP被翻译成了中文、日文、韩文、葡萄牙文、西班牙文等文本。目前，最新的IPMVP是2007年出版的版本。

1. IPMVP的特点

(1) 为节能项目的买卖双方和财务人员提供一套共同条款，用来讨论与M&V相关的事宜，同时建立起一种能应用于能源管理合同中的通用方法。

(2) 规定了确定整套设备和单台设备的节能量的方法。

(3) 可应用于各类建筑设备，包括居住建筑、商用建筑、工业建筑和工艺过程等。

(4) 提供了一般操作程序，这些操作程序适用于所有地域的类似项目，并且是被国际认可的、公正的和可靠的。

(5) 提出了不同精度和不同成本的测试和验证程序，包括基准值、项目实施条件和长期节能量。

(6) 提供了一套确保室内环境品质的节能测试的设计、实施和维护方法。

(7) IPMVP是有活力的、包括实施方法和实施程序的文件体系，确保了文件能与时俱进。

2. IPMVP的节能测试和验证

在IPMVP中，给出了节能测试和验证的一般方法和具体事例。节能值计算公式为

节能值=基准年耗能量−节能改造后耗能量+调整量

正确计算节能量是节能改造项目的一个重要项目的一个重要组成部分，也是评估改造效果的依据。IPMVP推荐了4种测试和验证方案：方案A为改造部分隔离，测量部分变量；方案B为改造部分隔离，测量全部变量；方案C为全楼宇验证；方案D为校准化模拟。

方案A和B侧重于具体节能措施的操作，主要测量建筑中受节能措施影响部分的能源使用量；方案C能评估整个建筑的节能水平；方案D是基于对设备或整个建筑能效水平的模拟，从而在基准年或改造后的数据不可靠或没有的时候能够确定节能量。当采用方案B、C、D进行分析时，应对建筑内所有的设备和运行情况进行定期检查，以便发现运行模式、建筑用途等状况的变化。一旦发现这些变化，应对计算结果进行调整，而且方案中应可以有效地反映这些变化。此外，采用方案B、C、D对节能效果进行计算和评估时，都应考虑计算过程中存在的不确定性，并确立正确、合理的不确定性控制目标。

业主一般应聘请在节能方面经验丰富的第三方来担任测试与验证工作。业主可以请第三方帮助更加仔细地审核节能报告。第三方单位应当在第一次审核节能改造计划时就开始介入，以确保整个节能方案符合业主利益。第三方人员应该深入了解设施及其运行情况，经常检查日常的节能报告和基准年调整量。如果业主能够自行总结设备的运行状况，将减少第三方验证者的工作范围、工作量和成本。第三方参与节能测试和验证的人员应该是典型的工程咨询人员，应在节能改造方面有经验、掌握了专业知识，懂得测试和验证技术及相关的能源性能合同。

3. 节能量测定的方法

节能改造不能以牺牲室内环境为代价。由于室内环境品质的劣化造成的对居住者健康的影响及对工作效率的降低，往往是节约下来的能源费所无法补偿的。在制订能源管理或节能改造计划时，应把保证室内环境品质作为第一底线，而把资金量等因素放到靠后的位置，这样才能体现建筑管理以人为本的服务宗旨。具体选择哪一种方案计算应视具体项目而定，要综合考虑所采取的节能措施的复杂程度、预计的节能量大小等方面的因素。

节能量测定的基本方法如下。

(1) 从4种方案中选择一个或多个符合项目实际需要的M&V方案，确定是否要对改造后的工况或参数进行调整(此类问题可写入节能项目的合同条款中)。

(2) 收集与基准年能耗及运行有关的数据，并按照方便将来进行分析的方式记录。

(3) 设计节能项目。设计应准备文档以记录设计目的和设计成果的展示方法。

(4) 制定一个具体的测试和验证方案。

(5) 对M&V方案所需的测量设备进行设计、安装和调试。

(6) 节能项目实施后，检查已安装的设备和修订的运行方法，确保符合步骤中规定的设计意图，这一过程通常称作“调试”。

(7) 收集改造后的能耗和运行数据。

(8) 根据M&V方案的要求计算节能量并进行验证。

(9) 撰写节能改造效果评估报告。

7.3.3 合同能源管理在既有建筑节能改造中的主体及运行框架

1. 商业建筑节能改造的主体

在商业建筑节能改造中应用合同能源管理机制时，其运作框架与其他节能项目存在着一定的共性，但在某些步骤上也有所不同，主要是在涉及的利益主体上。商业建筑节能改造中涉及的主体大致有政府、业主、物业、节能咨询/科研机构、节能服务公司等，其相互关系如图7.3所示。

在合同能源管理项目中，各个主体及其作用具体如下。

(1) 政府。由于既有建筑节能改造具有较强的经济外部性，属于市场失灵领域。因而政府的作用就更加突出。政府在建筑节能市场中的作用主要体现在两个方面：制定节能法律法规和经济激励政策。

(2) 业主。业主是指房屋产权的所有人。建筑节能市场的最终决定者是业主，如果业

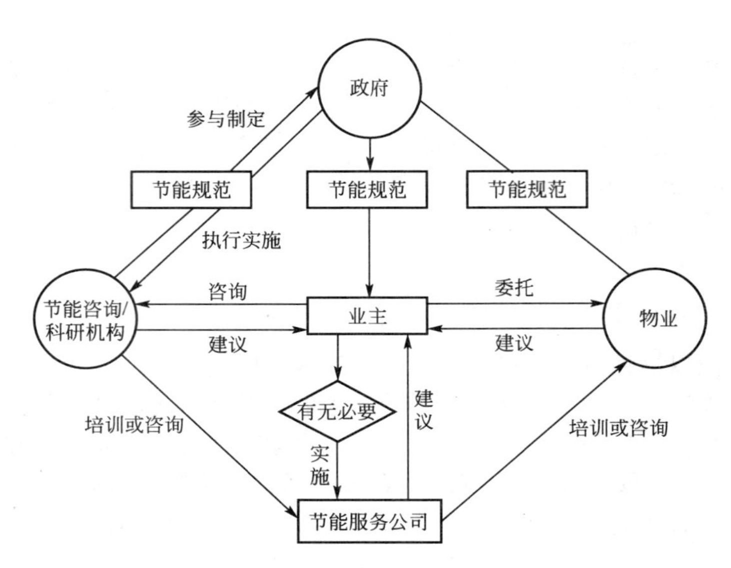

图 7.3 商业建筑节能改造主体的相互关系

主能够主动进行节能改造，中国既有商业建筑节能改造将能真正得到推广。但是目前尚未能形成一套引导业主的利益驱动机制。

(3) 物业。物业对于商业建筑节能工作非常重要，其节能技术、节能意识直接关系到节能工作的成效，物业人员负责商业建筑能耗系统的维护运行，以及能耗系统的改扩建。因此对于物业人员的节能培训就显得非常重要。

(4) 节能咨询/科研机构。中国建筑节能产业发展到今天，节能咨询/科研机构起着不可忽视的作用，它不但为客户、节能服务公司提供了节能咨询，还有利于国内建筑节能服务领域各种节能技术规范的形成，同时提供了先进的节能技术，促进了国内建筑节能的健康发展。

(5) 节能服务公司。节能服务公司在既有商业建筑节能改造中起到核心的作用，它连接了节能咨询/科研机构、业主和物业三者。节能服务公司能利用自身运作节能项目的优势带动整个商业建筑节能改造的顺利运行。

2. 商业建筑节能改造的运行框架

通过对国内外节能服务公司在商业建筑节能项目中的运作框架进行分析，以及在试点期间所实施的项目经验，中国总结出一套适合于国内商业建筑节能项目应用合同能源管理的运行框架，如图 7.4 所示。

(1) 能源审计。此阶段是节能服务公司为客户提供节能服务的起点，客户按照节能服务公司的要求提供详尽的能源系统基础资料数据。节能服务公司根据客户提供的数据进行能源系统的详细审计、诊断和评价，确定当前用能量和用能效率，提出节能潜力。

(2) 节能项目评估。在能源审计的基础上，节能服务公司向客户提出专业的节能项目评估。

(3) 节能改造方案设计。依据节能项目评估的结果，节能服务公司提供各种可供选择的节能改造方案。客户依据提供的各节能改造方案投资及节能效益进行对比选择，确认改造方案。

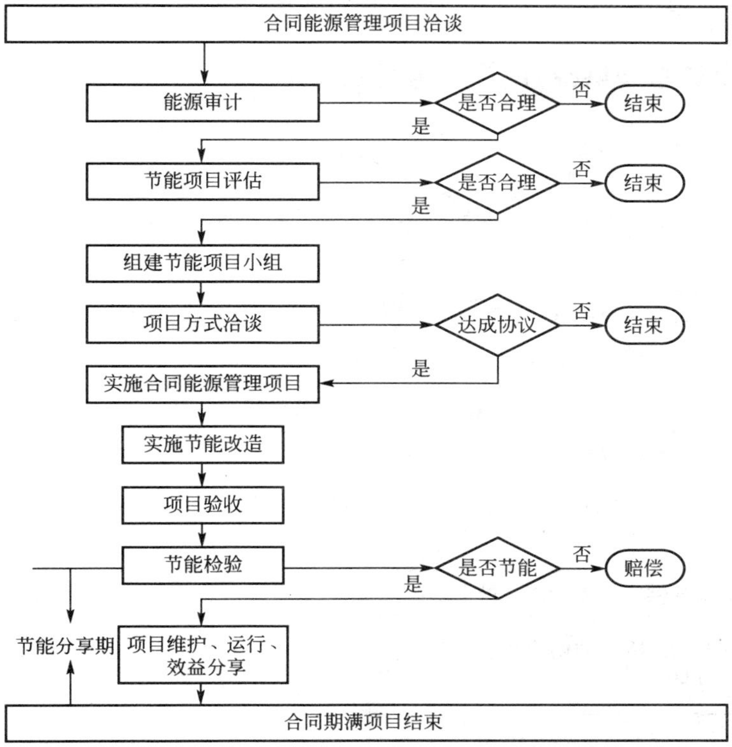

图 7.4　商业建筑节能项目应用合同能源管理的运行框架

(4) 签署《能源服务合同》。客户与节能服务公司就节能整体解决方案达成共识后，可与节能服务公司签订《能源服务合同》。

(5) 材料设备采购、施工、安装和试运行。合同签订后便进入节能改造项目的实施阶段，节能服务公司负责原材料和设备的采购，具体工程施工、节能设备系统安装和调试等工作，同时对工程时间、资源配置、工程预算和施工协调等进行详细规划。

(6) 节能量监测。在试运行期间，节能服务公司与客户按照合同约定的方法共同对节能量进行监测，确认节能项目的节能效果。

(7) 节能分享、设备运行和维护。合同期间，根据双方实际监测的数据，按照合同中规定的效益分享方式分享节能效益。

合同期满后，节能服务公司在与客户共同确认合同的履行情况的基础上，按照节能设备清单进行设备清算，并进行设备产权移交。客户验收相关设备及运行记录，并出具书面的证明。在双方对合同结果无异议的前提下结束合同。

7.4 建筑运行能耗的评价指标

建筑终端用能设备主要以耗电为主，运行能效指标是指公共建筑按单位面积计算，供暖在全年使用过程中所消耗的能源数值。其中，供暖、通风与空调系统的运行能耗可以分为电、气、油等小类指标，总能耗的综合计算则换算成标准煤的数值进行。

7.4.1 集中空调系统供冷/供热季运行能效比

集中空调系统供冷/供热季运行能效比为：

$$ER_{scs}=\frac{CL_{cs}}{W_{cs}+0.322Q_{cins}+W_{cps}+W_{cTs}+W_{cwps}+W_{cbps}+W_{kfcs}+W_{xfcs}+W_{fpcs}} \quad (7-1)$$

$$ER_{shs}=\frac{Q_{hss}}{W_{has}+0.322Q_{hsins}+W_{hws}+W_{hps}+W_{hwps}+W_{hbps}+W_{kfhs}+W_{xfhs}+W_{fphs}} \quad (7-2)$$

式(7－1)和式(7－2)中的符号说明列于表7－4。

表7－4 公式符号说明

符号	参数名称	单位	符号	参数名称	单位
ER_{scs}	空调系统供冷能效比（供冷季）		ER_{shs}	空调系统供热能效比（供暖季）	
CL_{cs}	冷源系统供冷季累计制冷量	kW·h	Q_{hss}	热源系统供暖季累计制热量	kW·h
W_{cs}	所有电动制冷机的供冷季总累计耗电量	kW·h	W_{has}	所有空气源热泵机组供暖季的总累计耗电量	kW·h
Q_{cins}	所有吸收式制冷机供冷季累计输入能量	kW·h	Q_{hsins}	所有采暖锅炉（直燃机）供暖季累计耗能量	kW·h
W_{cps}	所有冷却水泵的供冷季总累计耗电量	kW·h	W_{hws}	所有水源热泵机组供暖季累计耗电量	kW·h
W_{cTs}	所有冷却塔的供冷季总累计耗电量	kW·h	W_{hps}	所有水源侧循环泵的供暖季总累计耗电量	kW·h
W_{cwps}	所有冷冻水泵的供冷季总累计耗电量	kW·h	W_{hwps}	所有空调热水循环泵的供暖季总累计耗电量	kW·h
W_{cbps}	冷冻水补水泵的供冷季累计耗电量	kW·h	W_{hbps}	空调热水补水泵的供暖季累计耗电量	kW·h
W_{kfcs}	所有空调箱的供冷季总累计耗电量	kW·h	W_{kfhs}	所有空调箱的供暖季总累计耗电量	kW·h
W_{xfcs}	所有新风机的供冷季总累计耗电量	kW·h	W_{xfhs}	所有新风机的供暖季总累计耗电量	kW·h
W_{fpcs}	所有风机盘管的供冷季总累计耗电量	kW·h	W_{fphs}	所有风机盘管的供暖季总累计耗电量	kW·h

7.4.2 通风换气系统单位耗功率输送风量

通风换气系统单位耗功率输送风量为：

$$w_{stf}=\frac{L_{tf}}{N_{tf}} \tag{7-3}$$

式中，w_{stf}—通风换气系统单位耗功率输送风量，$m^3/(kW \cdot h)$；N_{tf}—通风换气系统风机的总输入电功率，kW；L_{tf}—通风换气系统风量，m^3/h。

7.4.3 照明、电梯系统及其他房间用电设备单位面积耗电量

照明、电梯系统及其他房间用电设备单位面积耗电量为：

$$w_{lofy}=\frac{W_{loy}}{F}, \quad w_{dtfy}=\frac{W_{dty}}{F} \tag{7-4}$$

式中，w_{lofy}，w_{dtfy}—照明、电梯系统及其他用电设备单位面积的耗电量(年平均)，$kW \cdot h/(m^2 \cdot a)$；W_{loy}，W_{dty}—照明、电梯及其他房间插座用电设备系统的全年累计耗电量，$kW \cdot h$；F—建筑面积，m^2。

7.4.4 卫生热水、生活给水系统单位供热水量耗能量

卫生热水、生活给水系统单位供热水量耗能量为：

$$q_{wsy}=\frac{Q_{hwiny}+W_{wspy}}{V_{wsy}}, \quad w_{gspy}=\frac{W_{gspy}}{V_{gsy}} \tag{7-5}$$

式中，q_{wsy}——单位卫生热水量耗能量(年平均)，$kW \cdot h/(m^3 \cdot a)$；V_{wsy}—卫生热水系统年累计提供的卫生热水量，m^3；Q_{hwiny}—卫生热水锅炉全年累计耗能量，$kW \cdot h$；W_{wspy}—卫生热水泵的全年累计耗电量，$kW \cdot h$；w_{gspy}—生活给水系统单位给水量耗电量(年平均)，$kW \cdot h/(m^3 \cdot a)$；W_{gspy}—生活给水泵的年累计耗电量，$kW \cdot h$；V_{gsy}—年累计生活给水量，m^3。

7.4.5 其他用能系统单位面积运行耗能量

其他用能系统单位面积运行耗能量为：

$$w_{qtsy}=\frac{W_{qtsy}}{F} \tag{7-6}$$

式中，w_{qtsy}—其他用能系统单位面积耗能量(年平均)，$kW \cdot h/m^2$；W_{qtsy}—其他用能系统年累计耗能量，$kW \cdot h$。

不同功能建筑采用了不同的建筑终端用能系统形式，可由上述部分或全部计算模型综合评价建筑运行的用能水平和能效高低。不同类型的集中空调系统，可根据具体设备的类

型选用相应指标进行评价。

7.5 既有建筑节能改造

根据《公共建筑节能改造技术规范》(JGJ 176—2009)，公共建筑节能改造应在保证室内热舒适环境的基础上，提高建筑的能源利用效率，降低能源消耗；应根据节能诊断结果，结合节能改造判定原则，从技术可靠性、可操作性和经济性等方面进行综合分析，选取合理可行的节能改造方案和技术措施。

7.5.1 既有建筑节能诊断的原则

建筑节能改造诊断的原则包括以下5个。

(1) 明确被诊断建筑结构和系统设备功能、额定性能参数、设计性能参数、实际运行使用要求和实际运行性能参数。

(2) 诊断应以监测数据及检测方法为依据，数据量至少应包含一个完整使用周期。

(3) 设备性能参数应与系统性能参数匹配。

(4) 诊断结论应以设备实际运行账单或实地检测数据、对应系统的设计性能参数为依据。

(5) 围护结构热工性能诊断可直接参照国家和地方的现行同类建筑节能设计标准。

7.5.2 建筑系统节能诊断的内容

既有建筑节能改造前，应对既有建筑物外围护结构热工性能、供暖通风空调、生活供水系统、用水设备、供配电与照明系统、监测与控制系统及室内环境进行勘察并进行现场检测。建筑节能改造前应制定节能诊断方案，节能诊断后应编写节能诊断报告。节能诊断报告应包括建筑物概况、诊断依据、节能分析、诊断结果、改造方案建议等内容。对于综合诊断项目，应在完成各子系统节能诊断报告的基础上再编写项目节能诊断报告。

围护结构节能诊断的内容见表7-5。暖通空调系统节能诊断的内容见表7-6。公共建筑节能改造的判定程序如图7.5所示。

表7-5 围护结构节能诊断的内容

序号	类别	选择性诊断项目	协同诊断项目
Ⅰ	外墙	外墙平均传热系数	传导得热量
		热工缺陷及热桥部位内、外表面温度	传导得热占空调器和供暖总冷、热负荷的比例

(续)

序号	类别	选择性诊断项目	协同诊断项目
2	屋面	屋面保温隔热材料构造层次的平均传热系数	传导得热量
		热工缺陷	传导得热占空调器和供暖总冷、热负荷的比例
		透明屋顶	日射得热及传导得热占空调器和供暖总冷、热负荷的比例
3	窗及玻璃幕墙结构	遮阳设施的综合遮阳系数	传导得热量
		外窗、透明幕墙或其他透明材料的传热系数	
		外窗、透明幕墙或其他透明材料的可见光透射比、遮阳系数	传导得热占空调器和供暖总冷、热负荷的比例
		外窗、透明幕墙的气密性、水密性、抗风压性能	

注：针对建筑围护结构中不同类别的选择性诊断，其类别对应的选择性诊断项目和协同诊断项目均应完成。

表7-6 暖通空调系统节能诊断的内容

序号	类别	选择性诊断项目	协同诊断项目
1	冷热源主机	冷热源主机运行能效	冷冻水系统
			冷却水系统
			卫生热水系统
			末端风系统
			建筑室内分时、分项冷热负荷
			设备运行时室内外实际温湿度状况
2	冷热水系统	水泵运行能效	冷热源主机
		水泵运行时进出水端压差	末端风系统
		水系统输送能效比	水系统沿程阻力
		水系统回水温度一致性	水系统水力平衡
		水系统供回水温差	管路保温性能
3	冷却水系统	冷却塔换热效率	冷却塔摆放位置及周边环境状况
		水泵运行能效	冷热源主机
		输送系数	水系统沿程阻力
		水泵运行时进出水端压力及压差	水系统补水率
		水系统供回水温差	建筑是否能够采用可再生能源

（续）

序　号	类　别	选择性诊断项目	协同诊断项目
4	风系统	风机单位风量耗功率	冷冻水系统
		设备送风、回风侧温度及温差	制冷或供暖运行时室内实际温度
		新风量	风管路沿程阻力
		系统风平衡度检测	风管路保温性能
5	水系统能量回收装置	设备换热效率	冷却水流量、供回水温差
			蒸汽、烟气、排风流量、温度
6	风系统能量回收装置	设备换热效率	设备净压、送风风速、供风量
7	供暖热水系统	水泵运行能效	冷热源主机
		水泵运行进出水端压力及压差	末端风系统
		水系统耗电输热比	水系统沿程阻力
		水系统回水温度一致性	水系统水力平衡
		换热装置的换热效率	管路保温性能
8	空调系统效率	夏季空调系统设计能效比	夏季空调系统实际运行能效比
9	多联机	单机能效	场地环境温度
			末端负荷

注：针对建筑围护结构中不同类别的选择性诊断，其类别对应的选择性诊断项目和协同诊断项目均应完成。

1. 图样调查

根据图样对建筑物的规划设计进行评价，判断其是否为先天高能耗建筑。

1）依据

公共建筑节能设计标准(GB 50189—2005)、《民用建筑供暖通风空调调节设计规范》(GB 50736—2012)、《既有公共建筑节能改造技术规程》(DB37/T 848—2007)等。

2）规定性指标

围护结构热工性能、体形系数、朝向、窗墙面积比；采暖空调制冷设备的能效比、冷热流体输配系统的能耗指标(单位风量耗功率、冷热水系统最大输送能效比等)，以及整个空调工程的设计能效比指标。

3）性能性指标

建立参照建筑，采用模拟软件进行综合权衡判断。

4）处理方法

将设计指标与节能标准规定的指标进行对比，达到标准规定限值，则进入第二步，否则作为先天非节能建筑直接进入第四步。

2. 现场调查

了解建筑施工质量及竣工文件，判断实际空调分区、建筑设备的安装容量、变压器负荷是否与设计施工图样一致。

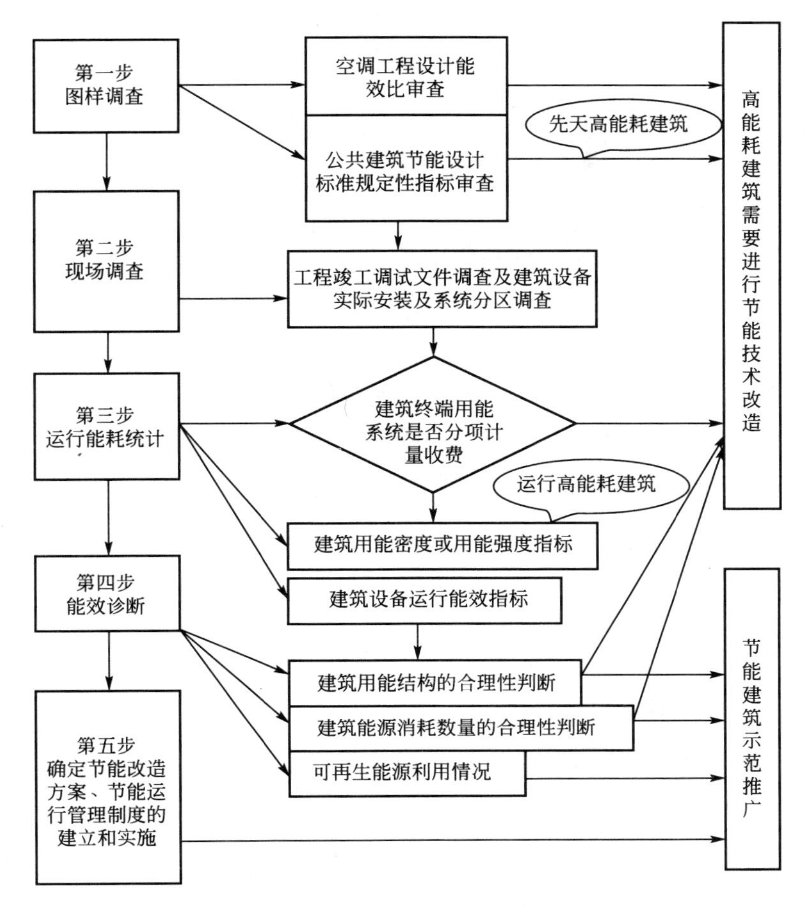

图 7.5 公共建筑节能改造的判定程序

1）依据

工程竣工文件、系统调试记录、相关施工质量验收规范。

2）调查内容

实际装机容量、建筑用能结构、空调系统分区情况、可再生能源利用情况。工程施工及设备安装质量、建筑用能结构和设备装机容量影响整个建筑寿命周期的经济成本，其中，保温结构的施工水平和外门窗的气密性影响空调系统的冷热负荷，从而也影响空调系统的冷热耗量；冷热源设备的装机容量与输配系统动力装置的配置水平也直接关系到空调系统的运行效率。由于建筑功能的频繁变更和空调分区的划分不当，导致整个建筑物用能效率低下甚至能源浪费。

3）处理方法

若建筑功能划分和实际设备安装情况与设计图样一致，进入第三步，否则，应重新对系统进行调试，调试能达到要求则进入下一步，达不到要求则进入第四步。

3. 运行能耗统计

收集建筑运行能耗数据，掌握现有的能源消耗量及用能水平，进行建筑运行能效评价。

1）依据

建筑能耗统计方法、《民用建筑节能管理规定》、《空调通风系统运行管理规范》等。

2）评价范围

建筑物年总耗能量，建筑设备全年的运行状况，建筑终端用能系统是否分项计量，是否冷热量计量收费，有无建筑节能的奖惩制度，建筑设备管理人员是否进行节能专项培训等。

3）处理方法

建筑用能水平低，建筑终端用能系统没有分项计量，则需要进行计量收费系统改造。

4. 能效诊断

根据建筑能源消耗结构、消耗总量和可再生能源利用状况三个方面进行综合判断给出结论，若达到规定值，则判定为节能建筑；若建筑能效低于规定限值，则需要进行节能技术改造，进入建筑节能改造方案设计及实施阶段。

5. 建筑节能改造方案设计及实施

确定节能改造技术路线和改造方案，并制定和实施建筑节能运行方案。

7.5.3 建筑系统能效判定

1. 公共建筑能效判定的原则

(1) 既有公共建筑不能实现建筑物分室内区域、分用户或分室的冷热量及能耗计量，或已有计量系统不满足导则时应进行改造。

(2) 既有公共建筑物耗热量指标、围护结构保温隔热性能和外门窗及透明幕墙气密性、水密性、抗风压性能等不能满足现行国家及地方节能标准的要求时，应进行节能改造。

(3) 既有公共建筑供配电系统不符合《民用建筑电气设计规范》(JGJ 16—2008)标准，照明系统不符合《建筑照明设计标准》(GB 50034—2004)标准和地方标准的规定时，应进行节能改造。

(4) 既有公共建筑空调系统冷热源机组性能不符合《公共建筑节能设计标准》的规定时，应进行节能改造。

(5) 既有公共建筑空调系统风机的单位风量耗功率、冷热水的输送能效比高于当地公共建筑节能设计标准规定的限值时，应进行节能改造。

公共建筑节能改造应根据需要采用下列一种或多种判定方法：单项判定、分项判定、综合判定。通过改善公共建筑外围护结构的热工性能，提高采暖通风空调及生活热水供应系统、照明系统的效率，在保证相同的室内热环境参数前提下，与未采取节能改造措施前相比，采暖通风空调及生活热水供应系统、照明系统的全年能耗降低30%以上，且静态投资回收期小于或等于6年时，应进行节能改造。

2. 建筑系统能效的综合评估程序

既有公共建筑节能改造综合评估，在建筑寿命周期能效评价的基础上，分阶段、有层次地展开，通过建筑能源综合利用效率的提高获得节能量，通过加大可再生能源的利用水平和范围减少对传统能源的消耗，优先采用节能型建筑材料、用能系统、施工工艺和管理技术，使节能改造真正能实现节能效益。建筑节能改造的综合评估程序应包含以下4个阶段。

（1）决策评估。需要解决是否改造的问题，不同的决策方法需要相应的指标体系支撑。

（2）技术评估。对需要改造的建筑提出不同的技术改造方案，分析不同方案的技术、经济和环境效益，最后确定最佳改造方案。

（3）竣工验收评估。对节能改造施工质量与节能改造设计的符合度进行检测评估。

（4）使用阶段的评估。即最终评估，对改造项目进行跟踪调查与测试，检验节能改造的实际成效。

3. 建筑系统能效的项目管理

项目管理是建筑节能改造中最重要的环节之一。为了防范在节能项目过程中各个阶段可能出现的风险，目前，较大型的节能项目都会在项目立项时成立综合性的项目管理团队，人员包括项目能源工程师、项目经理、项目实施工程师，以及引入节能量测量与验证专家等。根据节能项目的实施特点，可以把一个项目分成可行性研究阶段、项目实施条框确认阶段、项目整体实施阶段和项目节能量考核与验证阶段。不同阶段项目管理团队不同角色的主要工作内容见表7－7。

表7－7 建筑能效项目管理的角色分工

不同角色 不同阶段	能源工程师	项目经理	节能量测量与验证专家
可行性研究阶段	① 确认能耗基准； ② 确认节能措施与节能潜力； ③ 核算项目实施成本	① 审核和确认项目实施成本； ② 提出项目实施可行性与进度计划	① 审核节能计算，提出改进措施； ② 确认节能量的计量与考核办法； ③ 制订项目实施后测量与验证计划； ④ 评估其他风险因素
项目实施条框确认阶段	① 确定项目节能基准线； ② 确定最终担保节能量（合同能源管理项目）	① 明确项目工作界面； ② 明确项目验收时间和验收条件	① 明确项目周期节能量担保模式； ② 明确项目节能量测量与验证计划
项目整体实施阶段	① 指导现场安装实施； ② 根据现场条件修正技术方案； ③ 编制项目操作手册； ④ 组织项目人员进行培训	① 保证项目按时完成； ② 及时组织项目验收； ③ 及时组织项目后期维护和保养	① 及时测量基准线； ② 及时测量项目节能效果； ③ 细化节能量测量与验证手册； ④ 组织项目人员进行培训
项目节能量考核与验证阶段			① 定期审核节能量； ② 编制年度节能效果测量与验证报告

7.5.4 既有建筑综合用能水平判定

建筑能效诊断是在建筑能耗统计的基础上开展的，建筑能耗分析是低能效建筑开展节能改造的潜力分析的依据。在按建筑面积、人员密度等分析能源消耗强度时，若能结合商业建筑的营业收入、利润等因素考虑能源消耗的经济效益会更好。因为企业经济状况影响到投资建筑节能改造的积极性和可行性，是节能改造资金落实的物质保障。

按建筑功能和使用情况，建立单位效益的能源成本和单位建筑面积的能耗量，作为建筑能耗水平的总体评价指标。

1. 综合能耗指标的计算

1）单位效益的能源成本

单位效益的能源成本是商业建筑能耗统计，需计算单位效益的能耗水平，用单位营业收入的能源费用表示，是建筑能耗总费用与同期营业总收入的比值。公共建筑单位能源成本分析方法如下。

（1）用能单位总能源费用。其公式为：

$$R = \sum_{i=1}^{n} R_i \tag{7-7}$$

式中，R—被评建筑总能源费用，万元/a；R_i—被评建筑消费第 i 种能源的全部费用，万元/a。

能源费用诊断所使用的能源价格与用能单位财务往来账目的能源价格应一致，在一种能源、多种价格的情况下，产品能源成本宜采用加权平均价格计算。

（2）单位营业收入的能源成本。对于商业建筑的营业收入，商场可以按销售额、宾馆可以按客房收入计算。单位经济效益能源成本按照所消耗的各种能源实物量及其单位价格进行计算，用式(7－8)计算：

$$C = \frac{R}{\sum_{i=1}^{m} I_i} \tag{7-8}$$

式中，C—单位营业收入的能源成本，比例系数；R—被评建筑总能源费用，万元/a；I_i—被评建筑第 i 项营业收入，万元/a。

建筑总能源费用与同期营业收入的比值直观地反映了能源消耗的成本与经济效益的对比关系，有利于提高建筑管理者的节能降耗意识，并通过能源替代等措施节约能源、降低能源成本、提高效益。

2）能耗强度指标

对于政府办公大楼等非营利性公共建筑，采用单位建筑面积的能耗量评价其用能水平，以能耗强度表示。能耗强度是指建筑终端用能系统消耗的能源总量与该建筑总面积的比值，即

$$D = \frac{\sum_{i=1}^{n} E_i}{A} \tag{7-9}$$

式中，D—建筑能耗强度，kW·h/m^2；A—总建筑面积，m^2；E_i—建筑终端用能系统第 i 种能源消耗量，折算为等效电量，kW·h。

根据建筑运行能耗记录或从电力公司、燃气公司或热力公司等获得各类能源的实际消耗量，进行全年动态变化规律和多年能耗平均水平分析。若建筑终端能源系统有分项计量的，则进行分项统计分析。

2. 既有建筑综合用能水平判定

将被评建筑营业收入的能源成本指标与用能强度指标与当前同类建筑平均用能水平相比较，判定建筑能源利用效率高低和节能潜力大小。

当 $C>[C]$，或 $D>[D]$ 时，判定既有建筑需要进行节能改造。其中，[C]、[D] 分别为既有建筑最大允许的单位营业收入的能源成本和能耗强度指标，宜根据当前同类建筑的能耗统计分析确定，可由建筑能耗统计模型给出结果作为数据输入。

3. 既有建筑综合能效诊断

1）基于建筑能耗模拟的能效诊断

以整栋建筑每个用能系统能耗为出发点评价建筑物的能效性能。建立既有建筑的参考建筑模型，在综合考虑气候条件、各种传热方式、建筑物朝向、墙体材料的性能、门窗性能、建筑物热惰性、建筑功能分区、新风需求、用户作息时间，以及采暖通风空调制冷等各种建筑设备的选择和使用等因素的基础上，在满足室内环境综合控制要求和集中空调供热系统运行管理规范要求的前提下，对参考建筑能耗需求进行分析模拟，获得参考建筑能耗作为被评建筑能效评价的基准值，既有建筑能效因子 ε：

$$\varepsilon = \frac{E_{\mathrm{Model}}}{E_{\mathrm{Real}}} \tag{7-10}$$

式中，E_{Model}—参考建筑的总能耗；E_{Real}—实际被评建筑的总能耗。

ε 越大，被评建筑运行能效越高。当 $\varepsilon \geqslant 1$ 时，判定建筑用能水平合理，建筑综合能效达到要求；当 $\varepsilon < 1$ 时，判定建筑用能水平不合理，需要对建筑分项用能系统进行能效诊断。

2）基于建筑能耗统计模型的能效诊断

按建筑能耗统计模型中样本统计结果进行分析、排序，根据节能改造目标值确定改造范围。

根据建筑能耗统计模型，获得不同类型公共建筑能耗数据并分类排序，进行同一地区相同类型的建筑能耗及能效比较，获得被评建筑在数据库中的排序位置。按能效从低到高的顺序排列

$$\mathrm{BEE}_1,\ \mathrm{BEE}_2,\ \cdots,\ \mathrm{BEE}_i,\ \cdots,\ \mathrm{BEE}_N$$

数据库中同类建筑总数为 N，被评建筑 i 在排序中的名次为 n。

令 $\varepsilon = \dfrac{n}{N}$，$0 < \varepsilon \leqslant 1$，越接近 1，建筑能效越高。

如果既有建筑节能改造的目标是对 50% 的高能耗建筑实施改造，则当 $\varepsilon \leqslant 0.5$ 时，判定既有建筑为低能效建筑，需要实施节能改造。

上述方法适用于建筑综合能效、各终端用能系统分项能效的诊断。

4. 节能改造判定需解决的关键问题

1）参照模型的计算条件问题

公共建筑室内负荷差异较大，除办公建筑外，不同类型的公共建筑，其人员密度、电器设备、照明强度和新风标准等指标相差很大，目前各地区虽都开展了不同范围的能耗调查研究，但对建筑物冷热负荷的全年动态构成情况掌握不够，能耗模拟时计算条件的设定还没有公布形成统一的基础。公共建筑运行节能的重点应放在部分负荷运行时的控制策略上，即使同一类型的公共建筑，其运行时刻表也不尽相同。目前国家只公布了夏季冷负荷及运行时间的频率表，还没有公布冬季热负荷及运行时间频率表，设计院还不能完成全年运行时间冷热负荷运行能耗及初投资、运行费用的分析，以提高部分负荷的设计能效水平。在对既有建筑的能耗进行测试时，新风能耗不确定，新风标准不明确，常常在没有新风的条件下测试。目前，公共建筑运行能耗的模拟计算软件还没有统一标准。

2）建筑运行能耗的基线标准的确定问题

目前各地都在开展建筑能耗统计平台的建设工作，需要进一步掌握各种类型建筑的基础能耗大小及其结构特点，能耗统计平台建设中还有许多关键问题没有解决，还没有制定出各地的能耗基线标准，“能效公示”还需要一段时间。

3）建筑节能改造配套制度与政策性措施滞后问题

目前，建筑节能管理制度还不健全，建筑用能的能源统计和能源审计的职能还不明确，终端用能的数据采集依据不充分，不同类型建筑的能耗基线还不明确。节能改造的综合效益评估还无法实现。

各地的资源、能源、环境和气候条件不同，建筑用能应根据形成的由各地资源优势、能源价格确立主导的能源消费结构模式，政府通过价格、税收等经济手段鼓励建筑高能耗企业通过节能技术改造，采用复合能源系统、可再生能源系统等，确保建筑节能的经济、环境和社会等综合效益。目前各地政府虽出台了政策性措施，但缺乏具体可操作的技术指导。

4）学科综合与管理交叉问题

建筑节能设计和运行管理都涉及多学科专业，需要建筑设计、材料、施工管理和水暖、电气专业的密切配合。目前建筑设计过程中的自动控制很少被同步设计，大多数是根据甲方要求由工程总包单位或自动控制产品厂家提供设计，控制设备形同虚设，导致运行过程中难以实现优化控制和节能运行。同时，对需要进行节能技术改造的建筑，以及业主、相关专业(尤其是建筑、电气)、设备供货商、施工、负责运行管理的物业公司等利益主体，难以实现充分沟通、协调，使节能改造的总体水平很难得到提高，节能效益难以实现。

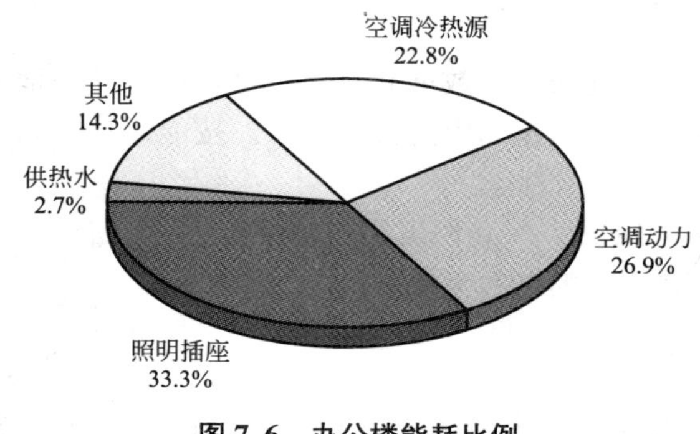

图 7.6　办公楼能耗比例

【例 7-1】 图 7.6 表示的是上海某单位的能耗比例(折算为电耗，单位kW·h)，经统计，该楼供冷季每天的用电量为5400kW·h/d，其中空调冷热源的能耗比例为22.8%，空调动力能耗比例为26.9%，而空调动力能耗分为水泵能耗和末端风机盘管的能耗，其中水泵占70%，末端风机盘管占30%。由于空调设备老化而性能下降，目前冷机COP只有3.5，水泵效率为60%。现在进行空调设备的节能改造，采用新的冷机COP为5.5，水泵效率提高到90%。试计算：节能改造后，该办公楼的节能百分比和节能量分别是多少？

解： 节能改造前，冷机每天的耗电量为

$$5400\times 22.8\% = 1231.2(\text{kW}\cdot\text{h})$$

冷机每天的产冷量为

$$1231.2\times 3.5 = 4309.2(\text{kW}\cdot\text{h})$$

节能改造后，冷机每天的耗电量为

$$4309.2\div 5.5\approx 783.5(\text{kW}\cdot\text{h})$$

节能改造前，水泵每天的耗电量为

$$5400\times 26.9\%\times 70\% = 1016.82(\text{kW}\cdot\text{h})$$

节能改造后，水泵每天的耗电量为

$$1016.82\times 60\%/90\% = 677.88(\text{kW}\cdot\text{h})$$

除冷机和水泵之外，其他设备的耗电量为

$$5400\times(14.3\%+2.7\%+33.3\%+26.9\%\times 30\%)\approx 3152(\text{kW}\cdot\text{h})$$

节能改造后的用能总量为

$$783.5+677.88+3152 = 4613.38(\text{kW}\cdot\text{h})$$

每天节能量为

$$5400-4613.38 = 786.62(\text{kW}\cdot\text{h})$$

节能率为

$$786.62\div 5400\approx 14.6\%$$

【例7-2】 杭州市文二路翠苑五区28幢沿街商住楼的节能改造案例分析如下。

1）原有建筑概况

杭州市文二路翠苑五区28幢沿街商住楼建造于1997年，为正南朝向，共有7层，一层和二层为商铺，3层以上为住宅楼，开敞楼梯间，封闭阳台，共4个单元，45户。该既有建筑的体形系数为0.41，东、南、西、北各向窗墙面积比分别为0.09、0.47、0.09、0.22。

2）原有建筑构造分析

① 屋顶：防水涂料+细石混凝土(内配筋)(40mm)+水泥砂浆(20mm)+防水卷材+水泥砂浆(20mm)+炉渣混凝土找坡层(最薄处30mm)+钢筋混凝土(150mm)。

② 外墙：浅色涂料+水泥砂浆(20mm)+普通黏土砖(240mm)+混合砂浆(20mm)。

③ 分户墙：石灰水泥砂浆(20mm)+普通黏土砖(240mm)+混合砂浆(20mm)。

④ 楼板：瓷砖地面+水泥砂浆(20mm)+钢筋混凝土(120mm)+水泥砂浆(15mm)。

⑤ 窗户：铝合金单层普通玻璃窗，自身遮阳系数0.93，传热系数6.4W/($\text{m}^2\cdot\text{K}$)。

⑥ 户门：金属防盗门。

⑦ 遮阳：阳光板雨篷，水平投影800mm。

3）节能改造方案

考虑具体可实施性，在改造过程中采用外墙外保温、倒置式屋顶保温、塑钢中空玻璃

窗和活动遮阳，其他构造不变，具体构造做法如下：

① 外墙：水泥砂浆(3mm)+耐碱网格布+EPS保温砂浆(25mm)+普通黏土砖(240mm)+石灰水泥砂浆(20mm)。

② 屋面：细石混凝土(内配筋)(40mm)+水泥砂浆(20mm)+EPS板(40mm)+防水卷材+水泥砂浆(20mm)+炉渣混凝土找坡层(最薄处30mm)+钢筋混凝土(150mm)。

③ 外窗(包括阳台门)：塑钢中空玻璃窗，自身遮阳系数0.86，传热系数2.8W/(m^2·K)。

④ 活动遮阳：塑料百叶窗，打开时，遮阳系数为0.86，关闭时，遮阳系数为0.3。

4）节能改造前后能耗分析

原有建筑改造前后空调器采暖年能耗见表7-8。

表7-8　改造后建筑空调器采暖年耗

能源种类	能耗/(kW·h)		单位面积能耗/(kW·h/m^2)	
	改造前	改造后	改造前	改造后
空调器耗电量	115491	69977	34.72	22.01
采暖耗电量	184834	101403	55.56	33.81
总计	300325	171380	90.28	55.82
节能率	42.94%			

经核算，改造后节能率达到42.94%，按全年采暖空调能耗量计算，计算依据：

$$节能率=\frac{改造前能耗量-改造后能耗量}{改造前能耗量}\times100\%=\frac{300325-171380}{300325}\times100\%=42.94\%$$

5）改造后二氧化碳排放分析

原有建筑节能改造后，二氧化碳可减排43.4t/a，每年节约标准煤139.1t/a。

6）改造后经济效益分析

原有建筑节能改造后，造价投资增加约146元/m^2，节约用电128945kW·h/a，经济收益33万/a。

本章小结

本章主要讲述建筑能耗分类及建筑能耗调查方法、建筑能源设计、合同能源管理及建筑节能改造程序及能效判定方法和计算指标等。

本章的重点是建筑合同能源管理、建筑运行能耗指标和综合能效的分析与评价。

思考题

1. 建筑能耗如何分类？各有什么特点？
2. 建筑能耗调查的意义是什么？如何有效开展建筑能耗调查？

3. 建筑能源审计有哪几种？不同阶段的审计有什么不同？
4. 建筑合同能源管理有哪几种模式？各适用什么场合？
5. 建筑运行能耗指标有哪些？如何计算？
6. 建筑节能改造判定的原则是什么？
7. 建筑综合能效如何计算？
8. 试选一类建筑，开展建筑能耗调查，并对调查结果进行分析说明。

第8章 建筑节能的技术经济分析

教学目标

本章主要讲述建筑节能的技术经济分析方法，包括寿命周期评价方法、㶲分析方法，相关的动态和静态技术经济性评价指标等。通过学习，学生应达到以下目标：

(1) 熟悉建筑节能技术寿命周期评价的概念；

(2) 了解建筑节能的㶲分析方法；

(3) 熟悉主要的建筑节能技术经济性评价指标；

(4) 了解不同建筑节能技术方案的比较方法。

教学要求

知识要点	能力要求	相关知识
建筑节能寿命周期评价	(1) 了解寿命周期评价方法的内涵 (2) 掌握建筑节能寿命周期评价步骤	(1) 寿命周期评价方法 (2) 建筑寿命周期能耗
能源效率与㶲分析	(1) 掌握能源效率的概念 (2) 了解能源服务的内涵 (3) 了解㶲评价方法	(1) 能源效率 (2) 能源服务 (3) 㶲分析
技术经济评价指标	(1) 熟悉不同指标的定义 (2) 了解不同指标的计算方法	(1) 投资回收期和投资利润率 (2) 差额净现值、内部收益率和动态投资回收期

基本概念

寿命周期评价方法，建筑寿命周期能耗，能源效率，能源服务，㶲分析，投资回收期，投资利润率、差额净现值，内部收益率，动态投资回收期

引例

中国建筑节能的发展目标是，构建以低碳排放为特征的建筑体系，建设建筑节能技术和建筑节能产业强国，用比发达国家少得多的能源，使中国人民过上越来越健康舒适的生活，促进社会和谐，保障经济可持续发展。对于建筑节能的技术经济评价，探讨较多的是全寿命周期评价理论。广义的全寿命周期对建筑而言，包括建筑原材料的获取，建筑材料的制造、运输和安装，建筑系统的建造、运行、维护及最后的拆除等全过程。全寿命周期评价是对这一周期内各种建筑材料构件生产、规划与设计、建造与运

输、运行与维护、拆除与处理全循环过程中，物质能量流动所产生的对环境影响的经济效益、社会效益和环境效益进行综合评价。节能降耗的收益从两方面来考虑：一是直接收益，节能建筑在围护结构等部分使用节能材料，可以对整个建筑物起到隔热保温的效果，降低建筑的冷热负荷，同时在建筑空调或供电系统中采用可再生能源供能系统以后，可以明显减少建筑物在使用过程中的能耗，从而节约部分能耗费用，把对建筑物进行节能投资以后所产生的能耗费用的减少作为研究的节能直接收益；二是间接收益，即因采用新节能技术而获得的社会或政府的优惠政策而节省的税费，以及获得的政策性补助等。在实施建筑节能技术时，要考虑技术因素、经济因素和环境因素，做到技术上可行、经济上合理、环境上可持续。其中，经济性评价不仅能真实反映节能项目方案的经济合理性，还可以提高节能建筑评估的有效性，具有重要的理论意义和现实意义。

通过市场手段增进建筑节能的内在动力，需要加强经济激励，建立能反映产品品质和能耗指标的价格形成机制，解决我国现行用能价格不能反映资源的稀缺程度和使用的环境成本。如，现在城市供热价格长期处于扭曲状态，节能建筑与高耗能建筑采暖费每平方米单价一样；建筑用电价格实现高耗电建筑和少用电建筑每度电单价一样，导致一些人不珍惜使用能源。所以，应加快推进供热价格和用电价格的市场化改革进程，建立建筑用能(电、气、热、水)累进加价制度，用价格杠杆调节能源需求，建立有利于节能减排的价格形成机制。

对于节能建筑方案的技术经济评价，包括对单一方案的绝对效果的评价，考察方案是否在经济上可行，也包括对多个方案相对效果的检验，以优选出最佳方案。绝对指标用于单个方案的经济可行性评价，也是为多方案对比进行初选。在对独立方案进行技术经济评价指标时，通常采用的指标有投资收益率、投资回收期、净现值、内部收益率；相对指标用于多个互斥方案的比选，常用的经济效果评价指标有净现值、增量内部收益率、净年值，因为以增量投资内部收益率进行评价的结果总是与按净现值指标评价的结果一致，而净年值指标评价与净现值指标评价也是等价的。本章主要对上述建筑节能经济评价指标进行介绍。

8.1 建筑节能寿命周期评价方法

8.1.1 寿命周期评价方法的内涵

寿命周期评价(life cycle assessment，LCA)起源于1969年美国中西部研究所受可口可乐委托对饮料容器从原材料采掘到废弃物最终处理的全过程进行的跟踪与定量分析。LCA已经纳入ISO 14000环境管理体系而成为国际上环境管理和产品设计的一个重要支持工具。根据ISO 14040—1999的定义，LCA是指对一个产品系统的寿命周期中输入、输出及其潜在环境影响的汇编和评价，具体包括互相联系、不断重复进行的4个步骤：目的与范围的确定、清单分析、影响评价和结果解释。LCA是一种用于评估产品在其整个寿命周期中，即从原材料的获取、产品的生产直至产品使用后的处置，对环境影响的技术和方法。LCA的4个步骤如下。

1. 目标与范围定义

目标与范围定义阶段是对LCA研究的目标和范围进行界定，是LCA研究中的第一步，也是最关键的部分。目标定义主要说明进行LCA的原因和应用意图，范围定义则主要描述所研究产品系统的功能单位、系统边界、数据分配程序、数据要求及原始数据质量要求等。目标与范围定义直接决定了 LCA 研究的深度和广度。鉴于 LCA 的重复性，可能需要对研究范围进行不断的调整和完善。

2. 清单分析

清单分析是对所研究系统中输入和输出数据建立清单的过程。清单分析主要包括数据的收集和计算，以此来量化产品系统中的相关输入和输出。首先是根据目标与范围定义阶段所确定的研究范围建立寿命周期模型，做好数据收集准备；其次进行单元过程数据收集，并根据数据收集进行计算汇总得到产品寿命周期的清单结果。

3. 影响评价

影响评价的目的是根据清单分析阶段的结果对产品寿命周期的环境影响进行评价。这一过程将清单数据转化为具体的影响类型和指标参数，更便于认识产品寿命周期的环境影响。此外，此阶段还为寿命周期结果解释阶段提供了必要的信息。

4. 结果解释

结果解释是基于清单分析和影响评价的结果识别出产品寿命周期中的重大问题，并对结果进行评估，包括完整性、敏感性和一致性检查，进而给出结论、局限和建议。

作为新的环境管理工具和预防性的环境保护手段，寿命周期评价主要应用在通过确定和定量化研究能量和物质利用及废弃物的环境排放，来评估一种产品、工序和生产活动造成的环境负载；评价能源原材料利用和废弃物排放的影响及评价环境改善的方法。

8.1.2 建筑生命周期能耗模型

基于 LCA 方法对建筑节能进行评价的目的是建立建筑寿命周期建筑节能评价模型，并应用评价模型对各种类型的建筑能耗进行评价，得出评价结果，为房屋购买者、建筑开发部门及政府部门等提供参考。建筑寿命周期分为原材料的生产、建筑材料运输、规划设计、施工建设、运行维护及改造、拆除和建材回收等不同阶段。从不同阶段的能耗特点看，可以划分为原材料开采与加工、建筑物设计与施工(包括建造和拆除)、建筑物使用与维护、废弃物回收处理 4 个阶段，不同阶段划分如图 8.1 所示。

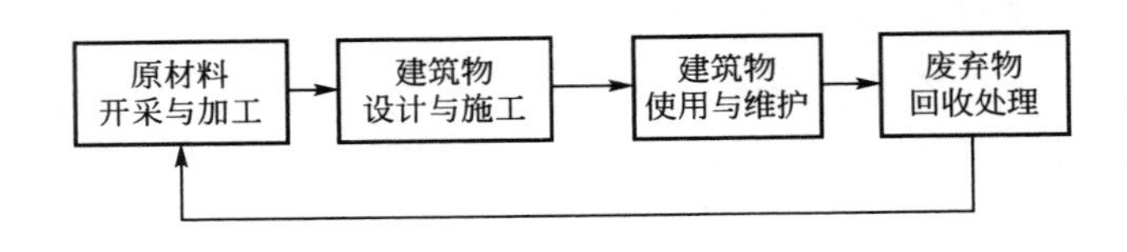

图 8.1 建筑寿命周期阶段划分

建筑能耗相应地分为以下四阶段能耗：原材料开采与加工能耗，建筑物设计与施工能耗，建筑物使用与维护能耗，以及建筑材料运输能耗，包括建筑施工所需建筑材料从生产地到施工现场的运输过程能耗和建筑废弃时处理建筑垃圾所耗用的能耗，用式(8 - 1)表示：

$$E_T = E_g + E_m + E_o + E_t \tag{8-1}$$

式中，E_T—建筑生命周期能耗，MJ；E_g—原材料开采与加工能耗，MJ；E_m—建筑设计与施工能耗，MJ；E_o—建筑物使用与维护能耗，MJ；E_t—建筑材料运输能耗，MJ。

（1）第一阶段能耗：原材料开采与加工能耗，其公式为

$$E_g = \sum_{i=1}^{n} W_i \cdot (1+\beta_i) \cdot T_i \tag{8-2}$$

式中，W_i—建筑所用的第 i 种建材的使用量，kg；β_i—第 i 种建材的损耗系数；T_i—第 i 种建材的固化能耗值，MJ；n—建材使用种类个数(种)。

（2）第二阶段能耗：建筑设计与施工能耗，其公式为

$$E_m = (1+\varphi)\sum_{i=1}^{n} E_i \tag{8-3}$$

式中，E_i—建造过程中主要设备的运行能耗，MJ；φ—建筑拆除能耗相对建造施工能耗的折换系数。

（3）第三阶段能耗：建筑物使用与维护能耗，其公式为

$$E_o = E_c + E_h \tag{8-4}$$

式中，E_c—建筑生命周期内空调运行能耗，MJ；E_h—建筑生命周期内采暖所需能耗，MJ。

（4）第四阶段能耗：建筑材料运输能耗，其公式为

$$E_t = \sum_{i=1}^{n} W_i \cdot E_i \cdot L_i \tag{8-5}$$

式中，L_i—第 i 种建材在施工和垃圾处理过程中所要经历的所有路程，km；E_i—第 i 种建材单位运输能耗值，MJ/(kg · km)。

8.1.3 计算实例分析

1. 建筑描述

坡屋面建筑的尺寸为 11000mm×8000mm×3600mm。建筑结构为砖混框架结构，承重部分为 490mm 实心黏土砖墙体，非承重部分用草砖填实，其间用钢筋网拉接；窗户为单层铝合金—塑料薄膜保温窗。其建筑平面如图 8.2 所示。

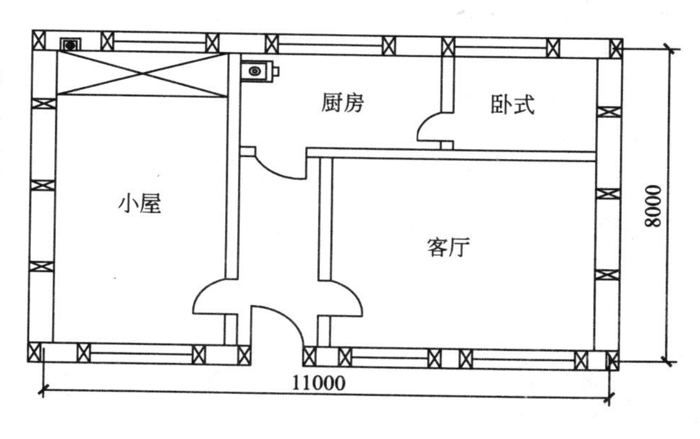

图 8.2 某建筑平面

2. 建筑生命周期能耗清单分析

根据工程实际情况，建筑生命周期能耗清单如图 8.3 所示。

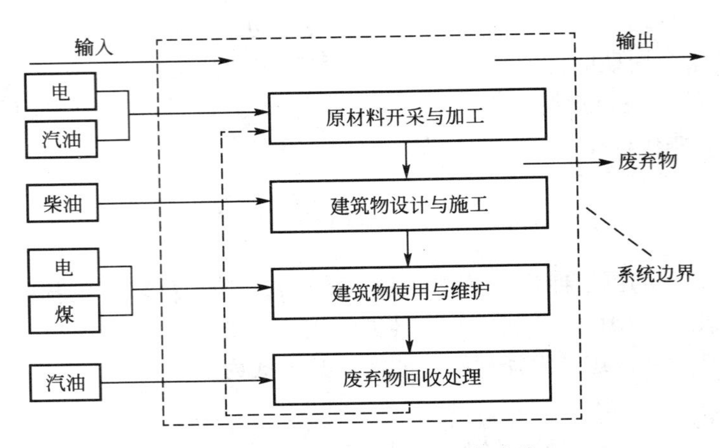

图 8.3 建筑生命周期耗能清单

3. 建筑生命周期能耗计算及分析

1）原材料开采与加工能耗计算及分析

建筑材料使用量计算过程中已分别考虑了各种建筑材料的损耗系数，故在计算建筑材料总内含能量值时β_i取0，所以原材料开采与加工生产阶段总能耗为材料的固化能耗。各种建筑材料用量及单位固化能耗值见表8-1，将其代入式(8-2)中，得原材料加工生产阶段总能耗E_g为387902.1MJ。

表 8-1 建筑主要材料用量及单位固化能耗值

材料名称	草砖	实心黏土砖	水泥	砂	钢筋	PVC	木材	玻璃
用量/m^3	25.7	35.8	4.3	12.9	0.36	0.648	5.6	0.19
单位固化能耗/(MJ/kg)	2	2.5	2.3	0.6	26	80	1.8	12.7

2）建筑设计与施工能耗计算及分析

施工现场设备主要为挖掘机、推土机、打草机，燃油为0#柴油。建筑物拆除能耗按照建设施工能耗的90%计算，累计工作时间为12h。建筑施工总能耗E_m为44643.3MJ。

3）建筑物使用与维护能耗计算及分析

根据当地气候条件，结合现场调研数据，建筑的年采暖季节平均热负荷为22.36W/m^2，采暖季累计68.15kW·h/m^2，相当于245.34MJ/m^2。建筑年采暖季节累计耗热量为17625.2MJ。建筑寿命期采暖季累计耗热量E_o为469273.2MJ。

4）建筑材料运输能耗计算及分析

整个过程中运输工具为卡车(燃油为汽油)，单位运输能耗值为0.8×10^{-3}GJ/(t·km)，建筑垃圾量按建筑材料的80%计算。根据当地实际情况，各种建筑主要材料从加工厂到建造现场的距离见表8-2。

表 8-2 建筑主要材料运输距离

材料名称	草砖	实心黏土砖	水泥	砂	铝合金	钢筋	木材	玻璃
运输距离/km	0	50	200	200	200	200	50	100

将建筑材料使用量和运输距离的数据代入式(8-5)，即可得出建筑材料运输能耗 E_t 为 13654.7MJ。因此，根据式(8-1)，建筑寿命周期能耗 E_T 为 915473.3MJ。

从上述计算结果可以看出阶段三，即建筑物使用与维护阶段能耗在建筑生命周期中所占的份额最多，约占 51%(图 8.4)；其次是阶段一，即建筑原材料开采与加工阶段能耗占 42%；最少的是阶段四，即建筑材料运输阶段能耗占 2%；虽然建筑设计与施工和建筑材料运输阶段总能耗在建筑寿命周期中只占 5%左右，但却是最不可忽视的一部分，其优劣直接关系到建筑物使用维护阶段的能耗，最大限度地反映为建筑物生命周期能耗的高低。

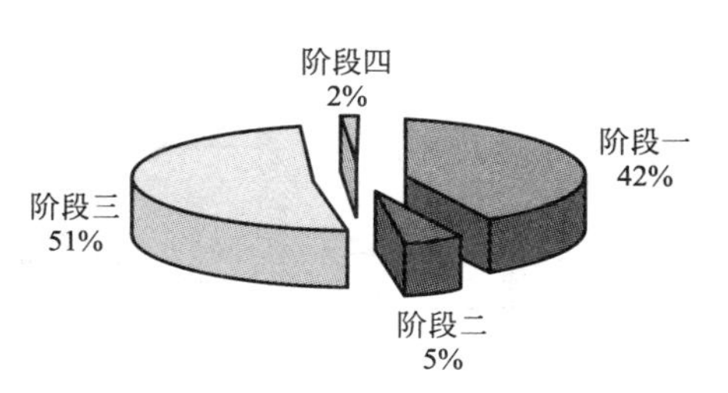

图 8.4 案例各阶段能耗计算百分比

8.2 能源效率、能源服务与㶲分析

8.2.1 能源效率

世界能源委员会对能源效率的定义为“减少提供同等能源服务源投入”。中国学者也对能源效率进行了定义，从物理学角度来看，“能源效率是指能源利用中发挥作用的与实际消耗的能源量之比”；从经济学角度来看，“能源效率是指为终端用户提供的服务与所消耗的能源总量之比”。中国是一个能源消耗大国，能源消耗总量排在世界第二位，而能源效率目前仅为 33%，比发达国家落后 20 年，能耗强度大大高于发达国家及世界平均水平，约为美国的 3 倍、日本的 7.2 倍。而中国人口众多，能源相对缺乏，人均能源占有量仅为世界平均水平的 40%。如何提高能源利用效率，已经成为中国政府在国家未来经济发展中一个紧迫的问题。表 8-3 给出了中国 2006—2011 年的能源效率。

表 8-3 中国 2006—2011 年能源加工转换效率

年份	总效率	发电及电站供热	炼焦	炼油
2006	71.2%	39.9%	97.8%	96.9%
2007	70.8%	40.2%	97.6%	97.2%
2008	71.6%	41.0%	97.8%	97.2%
2009	72.0%	41.7%	97.4%	96.6%
2010	72.9%	42.4%	96.4%	97.1%
2011	72.3%	42.4%	96.4%	97.0%

注：本表数据来源中国能源统计年鉴(2012 年)。

8.2.2 能源服务

从能源工程整个过程观察，消耗能源的目的是为了取得一种服务，即能源服务，如对一个物体进行加热或制冷，把物体从一个地方移到另一个地方，将一个房间照亮等。这些能源服务都需要通过技术设备对终端使用能源的转换来得到。从能源服务角度将能源分为三类：移动力、热力和电力。由能源服务引申出有用能源的概念，如图 8.5 所示。

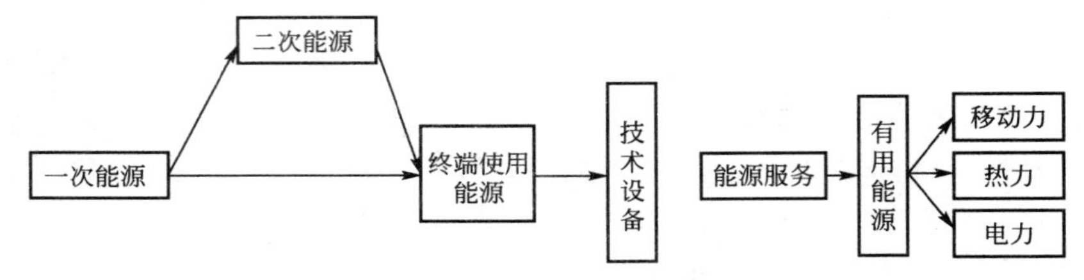

图 8.5 能源的分类及概念

从图 8.5 可见，能源服务都是通过技术设备来完成的，如电能通过灯泡或者电动机、油品通过内燃机、热力通过锅炉等。一台机器一旦安装上，一个电厂一旦建成，一座新楼一旦入住，它们在寿命周期内的能源使用效率就会基本被确定。移动力主要是交通运输消耗能源，以石油产品为主，运输中能耗的高低主要取决于交通设备的技术和交通基础设施的好坏；热力大多都是在静止的系统中消费，如炉灶、锅炉等，并且消费大都发生在建筑物内，所有能源都可产生热力；电力则是整个能源消费系统的核心，电力的消费都必须通过电器或电子设备，其中电动机一项就占了很大的比例。电力的生产与消费系统性很强，需要网络运输，因不可大量储存而需要在生产和消费环节实现实时平衡。所有可以转换为热能的燃料都可转化为电能，电能也可以不通过热能的中间形式来生产，如水电、太阳能光伏发电、燃料电池等。能源的消耗量不仅取决于技术设备的效率，还取决于设备的运行时间和设备运行主体的操控行为等。能源系统的利用效率和技术设备的运行管理和更新改造紧密相关，能源消耗量的大小不仅仅受制于设备的技术水平，还与能源服务水平和能源服务环境要素密切相连。

8.2.3 㶲的概念

在周围环境条件下，任意形式的能量中理论上能够转变为有用功的那部分能量称为该能量的㶲或有效能，能量中不能够转变为有用功的那部分能量称为该能量的炁或无效能。所谓有用功是指技术上能够利用的输给功源的功。在设备或系统的热力过程中，㶲效率定义为被利用或收益的㶲与支付或消耗的㶲的比值，按式(8－6)计算：

$$\eta_e = \frac{E_{gain}}{E_{pay}} \tag{8-6}$$

根据热力学第二定律，任何不可逆过程都要引起㶲损失，但系统或过程必须遵守㶲平衡原则。㶲损失按式(8－7)计算：

$$E_l = E_{pay} - E_{gain} \tag{8-7}$$

㶲损失系数为

$$\xi = \frac{E_l}{E_{pay}} \tag{8-8}$$

㶲效率是耗费㶲的利用份额，反映㶲的利用程度，而㶲损失系数是耗费㶲的损失份额，它们的关系为

$$\eta_e = \frac{E_{pay} - E_l}{E_{pay}} = 1 - \frac{E_l}{E_{pay}} = 1 - \xi \tag{8-9}$$

一些热力设备的能效率和㶲效率见表 8-4。

表 8-4 一些热力设备的能效率和㶲效率

设　　备	能效率	㶲效率
大型蒸气锅炉	88%～92%	49%
家用煤气炉	60%～85%	13%
家用煤气热水器（水加热到 339K）	30%～70%	12%
家用电阻加热器（加热温度为 328K）	100%	17%
家用电热水器（水加热到 339K）	93%	16%
家用电炊具（烹调温度为 394K）	80%	22.5%

8.2.4 能源㶲分析

1. 燃料㶲

燃料的化学㶲简称燃料㶲，用 E_f 表示，指燃料在与氧气一起稳定流经化学反应系统时，以可逆方式转变到完全平衡的环境状态所能作出的最大有用功。化学反应系统的㶲平衡方程式为

$$E_f + n_{O_2} E_{O_2} = W_{A,max} + \sum_i n_j E_j \tag{8-10}$$

式中，E_f—燃料㶲；n_{O_2}—1mol 燃料完全氧化反应所需氧的摩尔数；E_{O_2}—1mol 燃料完全氧化反应所需氧的㶲；$W_{A,max}$—最大有用功；n_j—1mol 燃料各生成物的摩尔数；E_j—1mol 燃料各生成物的㶲。

一般情况下，对于液体和固体燃料可以用燃料的高位发热量近似计算燃料的化学㶲：

$$E_f \approx Q_h \tag{8-11}$$

对于两个以上碳原子构成的气体燃料：

$$E_f \approx 0.95 Q_h \tag{8-12}$$

2. 能源的品质因子

不同能源对外所能做的功和其燃料㶲的比值为能源的品质因子，用 β 表示，其公式为

$$\beta = \frac{W}{E_f} \tag{8-13}$$

式中，E_f—为该种形式能源的燃料㶲，kJ；W—燃料㶲中可以转化为功的部分，kJ。

能量不但有量的大小，还有质的高低。在用能的过程中，不但要注重量的保证，还要注

重质的匹配。能源的品质因子是衡量能量品质的重要指标，常见能源的品质因子见表8-5。

表8-5 一些常见能源的品质因子

能量形式	品质因子	能量形式	品质因子
机械能	1.0	热蒸汽(600℃)	0.6
电能	1.0	区域热(90℃)	0.2～0.3
化学能	约1.0	房间内热空气(20℃)	0～0.2
核能	0.95	地表热辐射	0
太阳光	0.9		

8.3 建筑节能的经济性评价指标

建筑节能的经济评价就是研究工程项目所需的投入(如人力、财力、物力)与其可能得到的效益相比较的方法，即分析工程项目的投入与产出关系的方法。建筑节能经济评价的目标主要有两类：一类是对某一节能技术改造项目进行评价，计算其经济上是否合理，或从几个技术方案中选择一种最优方案；另一类是对关键的能源设备的更新项目进行技术经济评价，为设备更新提供决策依据。基于经济学的投入产出分析方法，在满足一定的评价前提下，有静态和动态两种评价方法。

8.3.1 经济性比较的前提

建筑节能工程在规划、设计、施工和运行管理各个阶段，都有不同方案可供比较和选择。对方案经济性比较应满足以下前提条件。

(1) 满足技术要求的可比性。各比较方案应满足系统相同的客观要求，技术指标相同。例如，不同制冷方案的比较必须在产生相同制冷量的前提下；不同照明方案的比较必须在满足相同照度的要求下；不同建筑围护结构的改造方案应在满足相同室内环境热舒适和总传热系数前提下；不同送风方式应在满足相同室内环境品质下进行比较等。

(2) 满足费用与价格的可比性。建筑节能项目的费用包括一次性造价和经常性运行费用两部分，不同方案的比较应将初投资和运行费用之和进行比较。不同方案的投资费用计算要在同一价格体系进行比较，并且计算期也应一致。

(3) 满足时间的可比性。不同方案的建设期不同，各年投资的比例也可能不同，生产期各年收益与年运行费用也不相同。比较不同方案时，必须把各年的投资、运行费用和效益收入，按规定的社会折现率或利率统一折现到计算基准年，求出各方案的总现值，或平均年值，然后对不同方案进行比较。

(4) 满足环境保护、生态平衡等要求的可比性。不同方案在建筑建设、运行和改造阶段，都要符合国家对环境保护、生态平衡方面的要求，使经济效益与环境效益和社会效益相协调。

8.3.2 静态评价指标

在评价项目投资的经济效果时，如不考虑资金的时间因素，即称为静态评价。静态评价的指标主要包括投资回收期和投资利润率等，这类指标计算简单，适用于数据不完备和精度要求较低的短期投资项目。

增额投资回收期是以节能住宅使用过程中的总体节能收益抵偿节能住宅总增额投资所需要的时间，按式(8-14)计算：

$$T=\frac{\Delta I}{\Delta C}=\frac{I_2-I_1}{C_1-C_2} \tag{8-14}$$

式中，T—增额投资回收期；I_1，I_2—不同方案的投资费用；C_1，C_2—不同方案的年运行费用；Δl，ΔC—节能住宅的增额投资与年节约运行费用。

8.3.3 动态评价指标

动态评价指标不仅考虑资金的时间价值，还通过贴现现金流分析，按资金运行规律来评价项目的优劣程度，主要指标有差额净现值、内部收益率和全寿命周期费用等。

1. 差额净现值

差额净现值是反映节能建筑在寿命周期内节能收益能力的动态评价指标，其计算依据是节能措施实施后的年实际节能收益额与后期费用的差额，按选定的折现率，折现到评价期的现值，与初始增额投资求差额，若大于零，则方案可行。差额净现值按式(8-15)计算：

$$\Delta \mathrm{NPV}=\Delta I-\mathrm{NPV} \tag{8-15}$$

$$\mathrm{NPV}=\sum_{t=0}^{n}[C_{\mathrm{I}}-C_{\mathrm{o}}]_t a_t \tag{8-16}$$

式中，ΔNPV—节能建筑差额净现值；ΔI—节能建筑的增额投资；NPV—节能建筑的年运行节约费用的净现值；C_{It}—t 年的现金流入量(收益)；C_{ot}—t 年的现金流出量(支出)；a_{t}—t 年折现率的折现系数。

2. 内部收益率

内部收益率又称资本内部回收率，建设项目投资方案在周期生命内净现值等于零的折现率，即项目投资实际能达到的最大盈利率，按式(8-17)计算：

$$\sum_{t=0}^{n}[C_{\mathrm{I}}-C_{\mathrm{o}}]_t a_t=0 \tag{8-17}$$

内部收益率一般采用试算法计算，即先取一个折现率，若试算出累计净现值为正数，就再取一个试算出累计净现值为负数，收益率在两者之间。如果内部收益率大于基准收益率或银行贷款利率，则方案可行。内部收益率的计算公式为

$$i_{\mathrm{r}}=i_1+\frac{\mathrm{NPV}_1(i_2-i_1)}{\mathrm{NPV}_1+\mathrm{NPV}_2} \tag{8-18}$$

式中，i_r—内部收益率；i_1—净现值为正值时的折现率；i_2—净现值为负值时的折现率；NPV_1—折现率为 i_1 时的净现值(正)；NPV_2—折现率为 i_2 时的净现值(负)，以绝对值表示。

3. 全寿命周期费用

全寿命周期费用是动态评价指标，其评价法是计算出节能建筑与非节能建筑等多方案每年的使用费用，并把初始投资按复利的资金还原，在使用年限内等额回收。两项费用的总和为年总费用，是方案的全寿命周期中每年的总费用。计算公式为

$$L=R+N\cdot D=R+N\left[\frac{i(1+i)^n}{(1+i)^n-1}\right] \tag{8-19}$$

式中，L—年总费用；R—年使用费用(运行费用)；D—资金还原系数；N—初始投资(建设成本)；i—贴现率；n—该方案建筑物的使用生命，a。

以此为基础比较各方案的经济效果，选择总费用最小者为最优方案。

建筑节能技术经济性评价主要分三部分：一是对采用节能技术的建筑与传统建筑在造价方面进行对比；二是运用差额对比法对项目的净现值和投资回收期两项指标进行估算；三是对节能关键技术选取的多方案进行评价与选择。建筑采用节能技术可能会增加初投资，但从能量效率和效益方面分析，节能建筑可能有客观的年节能收益，可在一定年限内收回节能投资。节能收益与节能投资平衡后，节能建筑就进入纯收益期，在寿命周期内将节约大量费用。采用差额净现值和增额投资回收期这两项新指标，可以计算建筑节能技术是否经济可行，并衡量其经济效益的大小。表 8-6 为国外不同节能改造技术的经济分析。

表 8-6　国外不同节能改造技术的经济分析

节能改造技术	改造投资/美元	改造收益/美元	投资回收年限
提高运行管理水平	1	10～20	1～2 月
更换风机、水泵	1	0.8～1.0	1～1.2 年
增加自动控制系统	1	0.3～0.5	2～3 年
系统形式的全面更新	1	0.2～0.4	3～5 年
建筑材料更换	1	0.1～0.05	5～10 年

新建居住建筑节能投资和既有建筑节能改造成本为 80～120 元/m^2，一般可通过产生的节能效益在 5 年左右得到回收。公共建筑由于能源费用要高得多，尽管单位建筑的节能投资会高一些，其节能效益却更为显著。

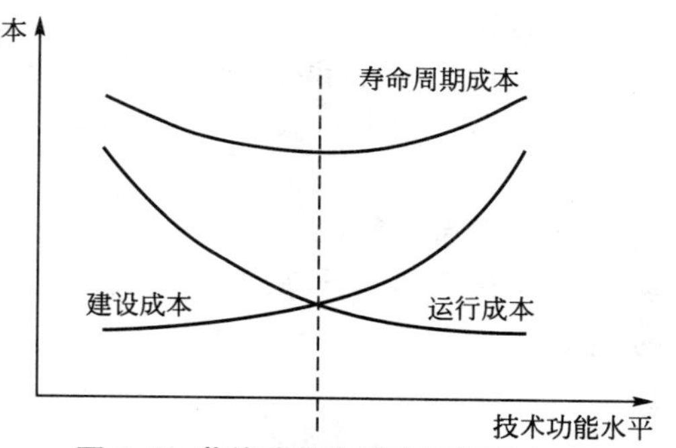

图 8.6　节能建筑全寿命周期成本

在建筑寿命周期过程中，需支付的费用主要分为两部分：一部分是为了建造建筑而支付的费用，另一部分是为了使用和运行建筑而支付的费用。前者被称为建设成本，后者被称为运行成本，建筑全寿命周期费用应该是这两者之和，而其与建筑的技术功能更为密不可分。节能建筑初始投资与所有关键技术后期费用的净现值之和可以被认为是某一特定的功能水平下的全寿命周期费用。如

图 8.6 所示，在一般情况下，建设成本随技术功能水平的提高而上升，运行成本随技术功能水平的提高而下降，寿命周期成本就随技术功能水平的变化而呈开口向上的抛物线形变化。综合经济分析的目的是确定节能建筑在一个适当的功能水平下，该建筑的寿命周期费用最低，即寻求建筑节能、环保效果与投资成本的最佳契合点。

8.4 建筑节能技术先进性与综合效益评价

建筑节能是一项系统工程，技术先进性是建筑节能设计的条件。建筑节能强调在其寿命周期中的每一环节都采用先进的技术，从技术上保证建筑安全、可靠与高效地实现其各项功能和性能，保证建筑寿命周期过程具有很好的节能特性。

8.4.1 建筑节能技术理念

1. 建筑节能全过程设计理念

设计师确定最佳的小区布局方式、最佳的体型方案和户型布局，结合当地的气候特征和资源状况，设计合理的通风、采光方案和能源方案，最大可能地优化建筑物的能源性能；协助设备工程师确定最佳的空调系统方案、最佳的控制策略，找到建筑全年能耗最低的方案；重视寿命周期综合设计过程这个新观念。

2. 建筑节能适宜技术理念

1）外墙应采用复合结构的观念

在推进墙体材料革新时一定要考虑、分析原有传统墙材构成的墙体在诸功能在新墙体中均能得到落实，而且能有效结合，形成整体工作。国内外实践均表明建筑节能应走复合结构之路。

2）正确对待门窗功能的观念

窗这种透明的围护结构在当代建筑的外围护结构中所占比例不断加大，现在节能门窗设计种类很多。例如，能保温的真空玻璃，这是基于“保温瓶原理”发展而来的新一代的节能玻璃，将两片平板玻璃四周密封，将其间隙抽成 0.1～0.2mm 宽的准真空，形成“暖瓶效应”，由于其夹层内空气极其稀薄，热传导和声音传导的能力就变得很弱，因而具有非常好的隔热、保温性能和防结露、隔声等性能；自洁净玻璃，这种玻璃的特别之处在于能够自我保洁，玻璃表面镀有氧化物纳米膜层，经过太阳光中的紫外线照射，能够将有机污染物高效降解为二氧化碳和水，而无机污染物不易附着在上面。膜层具有良好的亲水性，雨水落在上面时，形成一层很薄的水膜，能均匀地冲刷掉浮在玻璃上的污迹。雨水稀少时，降解后的污迹颗粒能够被风吹掉。使用这种玻璃能大大节省清洁费用。

3）玻璃幕墙节能设计技术观念

如今的建筑设计理念是人与环境共生、融合，而依靠人工灯光建筑设计，已经不符合人的工作及居住需求，因而，办公室内良好的景观、采光便成为人们向往的追求。一般来说，玻璃幕墙这种透光型外围护由于保温、隔热等的性能较差，并不受节能设计的青睐，但现在玻璃幕墙也是一种科学技术，它所带来的节能问题完全可以运用科技进步来解决。

例如，华贸中心的写字楼也采用玻璃幕墙技术，但其节能系数必须达到国内外最先进技术标准。它综合镀膜玻璃反射率、透光系数、光污染比值，可以找到相应的平衡点，用双层低辐射玻璃里面存在的稀有气体，来减少传热系数，减少辐射热及热传导，保证隔热。

3. 制冷采暖空调系统节能一体化技术理念

1）独立控制空调系统

办公室中每个人对温湿度的要求不尽相同，“个性化送风工位”，实现了个人身边温湿度自定。在写字楼里的每个“格子间”多出一个莲蓬式的风口，使用者根据自己的喜好调节送风方式、改变局部的温湿度。同时，工位隔板内还暗藏一根根类似“辐射吊顶”的充水细管，用以调节温度，能满足个性化的需求。

2）太阳能空调系统

在地板上采用了利用太阳能调节温度并具有送风功能的技术。这种“相变蓄能地板”是把特殊的相变材料作为蓄热体填充到常规的活动地板中。冬季，蓄热体白天可以储存照进室内的太阳光热量，晚上又向室内放出储存的热量，使室内昼夜温差不超过6℃，节省了冬季采暖能源。蓄热地板中有几块表面布满小孔，被称为“送风地板”，它能把户外的新鲜空气送到室内，并根据屋内人数决定送风量。比起从天花板送风，它的好处是可以更快、更直接地到达人的活动区域。

8.4.2 中国主要的建筑可再生能源应用技术经济政策

2006年1月1日，《可再生能源发电价格和费用分摊管理试行办法》开始实行，其中第九条规定：“太阳能发电、海洋能发电和地热能发电项目上网电价实行政府定价，其电价标准由国务院价格主管部门按照合理成本加合理利润的原则制定。”

2006年8月，国家财政部发布《可再生能源发展专项资金管理暂行办法》，其中第二章“扶持重点”第七条中提出“建筑物供热、采暖和制冷可再生能源开发利用，重点支持太阳能、地热能等在建筑物中的推广应用”。

2007年6月，国务院发布《国务院关于印发节能减排综合性工作方案的通知》（国发［2007］15号），明确提出要求大力发展可再生能源，抓紧制定出台可再生能源中长期规划，推进风能、太阳能、地热能、水电、沼气、生物质能利用，以及可再生能源与建筑一体化的科研、开发和建设，加强资源调查评价。

2008年10月1日，《民用建筑节能管理条例》实施，条例规定，国家鼓励和扶持新建建筑和既有建筑节能改造中采用太阳能、地热能等可再生能源；对具备可再生能源利用条件的建筑，建设单位应当选择合适的可再生能源，用于采暖、制冷、照明和热水供应等。

2011年03月12日，《财政部 住房城乡建设部关于进一步推进可再生能源建筑应用的通知》明确了“十二五”可再生能源建筑应用推广目标：切实提高太阳能、浅层地能、生物质能等可再生能源在建筑用能中的比重，到2020年，实现可再生能源在建筑领域消费比例占建筑能耗的15%以上。“十二五”期间，开展可再生能源建筑应用集中连片推广，进一步丰富可再生能源建筑应用形式，积极拓展应用领域，力争到2015年年底，新增可再生能源建筑应用面积25亿m^2以上，形成常规能源替代能力3000万tce。

8.4.3 建筑节能技术的环境、社会效益评价

1. 环境效益

建筑全寿命周期环境效益指建筑系统全循环过程中输入输出对宏观和微观环境造成的生态后果，主要包括以下3个方面。

1）宏观环境效益

现代建筑对地球环境破坏有余、建设不足，而自然环境不能用通常意义的价格概念来表示。因此在建筑节能的设计上应综合节能、使用耐久的建筑材料、设备产品以延长建筑使用寿命，减少生命周期内建筑环境负荷，建设可持续发展的建筑。建筑节能应有限度地使用常规能源，尽可能使用太阳能等可再生的绿色能源，在建筑寿命周期的各个阶段中全方位地采用有效的节能技术，减少能源的使用量，提高能源效率，使其在寿命周期中的能耗量最少。同时，尽可能减少不可替代资源的耗费，控制可替代和可维持资源的利用强度，保护资源再生所需的环境条件，尤其要注重节地、节水，充分使用可循环、可重复和可再生材料。

2）微观环境效益

可持续建筑设计应将环境视为一个活跃的、具有一定功能的生态系统，生态系统的组成部分应因地制宜，兼顾景观及生态敏感性，选择对局部环境破坏最小的施工方式。建筑节能可减轻对自然环境的破坏，减少对环境的污染。建筑节能寿命周期中，产生的建筑垃圾、固体与气体污染物、污水等废弃物最少，带来的环境负荷最小。

3）室内环境和健康

主要涉及与人类健康密切相关的室内环境质量等因素。建筑节能设计中对生产者、直接和间接使用者的损害要趋于“零”，生产条件应安全、卫生，使用环境应健康、舒适。尤其要选用无害化、无污染的绿色环保型建材，保证室内环境品质。

2. 社会效益

建筑的社会效益指环境在与人类互动中对其产生的生理、心理健康影响，包括使用者的健康、相关者的健康、示范作用、对树立可持续发展观的正面促进作用等。

建筑节能技术的社会属性体现在能源系统与外界进行物质转换、信息传输过程中产生的各种社会关系，以及能源系统内部形形色色的社会关系，主要包括能源与社会文明、社会变迁的关系，能源的开发、消费与人类社会可持续发展的关系，能源利用与全球环境变化的关系，能源与国家政治、经济、社会安全的关系，能源社区与能源组织中的各种关系，以及未来能源与未来社会的关系等。

建筑节能活动所涉及的技术和工艺实践既服从自然科学和技术科学规律，同时又需要从社会的观点去分析其社会属性。随着人类对各类能源开发与利用的规模、水平的不断提高，能源系统与社会系统之间的关系越来越复杂，矛盾越来越突出，与能源相关的社会问题也越来越尖锐，这就需要利用能源社会学理论来分析和解决问题。建筑节能技术主体要认识建筑能源系统与社会系统协调运转的机制与规律，探讨促进人与自然、环境的协调发展，促进能源资源的可持续利用的途径与措施。

能源的供应在许多国家被视为公共服务，尤其对建筑领域的能源消费，具有更显著的

社会属性。建筑活动是一项工程活动，是有目的、有计划、有组织开展的社会活动，具有显著的社会性。建筑能源服务的对象不仅是自然的人，而且是社会的人；不仅要满足人们物质上的要求，而且要满足他们精神上的要求。由于提供建筑能源服务过程中不可避免地存在着温室气体排放等对环境的影响，能源节约成为一个关乎社会公平的问题之一。

中华民族在漫长的历史发展过程中形成了自己的历史文化传统，并通过建筑这一载体展示了独具特色的智慧。纵观建筑的构造史，我们能从建筑布局的向阳与遮阳、采光与遮光、保温与隔热、通风与避风、蓄水与排水等措施中看到古代人们“天人合一”、“顺物自然”的自然生态理念，反映了人与自然和谐共生、人与自然结合为一体的朴素的科学理念，是建筑生态社会文明的主要体现。

本章小结

本章主要讲述建筑节能的寿命周期评价方法，建筑能源的㶲及㶲分析，建筑节能的技术经济评价指标及相关节能技术理念和政策等。

本章的重点是建筑节能的技术经济评价方法和指标。

思考题

1. 什么是建筑节能的寿命周期评价方法？各阶段是如何划分的？
2. 能源效率的内涵是什么？建筑能源利用效率如何计算？
3. 㶲分析的实质是什么？如何计算㶲效率？
4. 建筑节能的技术经济评价指标有哪些？各适用于什么场合？
5. 建筑节能的技术经济评价新指标有哪些？其发展特点是什么？
6. 请查阅文献，选择一个具体案例，说明其技术经济评价指标包括哪些内容？如何进行综合效益的评价？

第9章 节能建筑工程案例

教学目标

本章主要讲述典型的节能建筑工程案例。通过学习，学生应达到以下目标：

(1) 了解典型节能建筑的技术集成方法；

(2) 会进行建筑节能案例的系统分析。

教学要求

知识要点	能力要求	相关知识
建筑节能技术集成	(1) 了解典型工程不同节能技术的集成途径 (2) 熟悉建筑节能适宜技术的评价方法及应用分析	(1) 建筑节能技术集成 (2) 建筑节能适宜技术评价

引例

节能建筑，是对建筑规划分区、群体和单体、建筑朝向、间距、太阳辐射、风向以及外部空间环境进行研究后，设计出的达到节能标准的建筑，其前提是遵循气候和节能的基本方法。目前世界各国的节能建筑虽然各有特色，但这些建筑里面都装置了各种各样的节能设备和节能系统。欧洲国家对现代建筑的基本理念是：实现“低能耗”与“高舒适度”的完美结合，最大限度利用自然能源，尽量减少能源与资源浪费，要求新建建筑必须是节能建筑，楼顶都要装太阳能吸热板、雨水收集装置和冷热空气交换器等。建筑能源系统层面的低能耗设计主要体现在太阳能利用装置、风能利用装置、地热利用装置、能量循环利用装置等。

英国建成不用石油、煤炭等矿石燃料做能源的“零能耗”、“零 CO_2 排放”住宅小区。比如，伦敦郊区有个供 82 户居住的“希望屋”，其中电饭煲、冰箱、热水、照明等用电，全靠太阳能；墙壁保温层厚 30cm；采用先进的通风设备。“希望屋”冬天采用生物资源锅炉，燃料是用麦秸压成的圆柱小颗粒，CO_2 排放量远低于麦秸生长过程中从大气中吸收的 CO_2，“希望屋”用电量为同类建筑的 30%。瑞典是世界上工业化住宅最发达的国家之一，其住宅示范区在建造过程中并不追求特别先进的技术和产品，而是把重点放在对成熟、实用的住宅技术与产品的集成，1000 多个住宅单元全部依靠风能、太阳能、地热能、生物能等可再生能源。

建筑节能技术集成已有很多成功案例，本章主要介绍几个国内外典型的节能建筑案例。

9.1 深圳建科大楼建筑节能技术的综合实践

9.1.1 建筑概况

深圳建科大楼地处深圳市福田区梅坳三路，占地面积 3000m^2，总建筑面积 18170 m^2，地下 2 层，地上 12 层，于 2009 年 4 月竣工投入使用，并于同年获得国家绿色建筑设计评价标识三星级及建筑能效标识三星级。建筑功能包括实验、研发、办公、学术交流、地下停车、休闲及生活辅助设施等。建筑设计采用功能立体叠加的方式，将各功能块根据性质、空间需求和流线组织，分别安排在不同的竖向空间体块中，附以针对不同需求的建筑外围护构造，从而形成由内而外自然生成的独特建筑形态，如图 9.1 所示。

图 9.1　深圳建科大楼外部及内部实景

资料分析表明，该实践案例成功的主要基础是在建筑节能规划、设计、建造和使用过程中践行建筑节能工程观，将绿色建筑理念融入工程实践的全过程，充分利用建筑节能技术的系统特性，通过适宜技术策略的整体优化与集成实现了建筑运行节能高效和建成环境绿色与低碳。

9.1.2 建筑节能工程多元价值的实践分析

建科大楼从规划设计、建造到运营使用的整个过程中，通过新技术与适宜技术的集成创新，体现了从建筑节能工程理念到绿色建筑理念的跨越，实现了工程的多元价值目标。

1. 主体全过程参与，建成环境和谐共享，体现了建筑节能工程的人本价值

建筑设计过程是共享参与权的过程，设计的全过程体现了权利和资源的共享，关系人共同参与设计。建科大楼作为一个有机的生命系统，绿色建筑本身也是作为社会的建筑，其社会性在建筑细部设计、功能分区等方面将人与自然共享、人与人共享和生活工作共享平台得以充分实现。通过与城市公共空间融合的建筑形态和开放的展示流线，以积极的态

度向每一个前来的市民展示绿色、生态、节能技术的应用和实时运行情况，以更直观、“可触摸”的方式普及宣传绿色建筑，使绿色、生态、可持续发展理念和绿色生活方式深入人心。建科大楼的设计也遵循着人与自然共享的目标，在一个只有3000m²用地的高密度的办公楼里，营造了远远超过3000m²的“花园”，回馈给自然和工作在这里的人们；公共交流面积达到40%左右，层层设置的茶水间成为大楼空中庭院的一部分；通过“凹”字形平面设计将南北两部分的办公空间通过中央走廊联系起来，集中形成宽大的空中庭园；除了办公空间外，大楼里分布着各种“非办公”的功能和场所，有屋顶菜地、周末电影院、咖啡间、公寓、卡拉OK厅、健身房、按摩保健房、爬楼梯的“登山道”、员工墙、心理室等，成为大楼员工共同创造事业与共享生活的场所。

从建科大楼绿色人文理念的实践中可以看出，以人为本作为其核心的价值理念，通过建筑设计实现了人与自然的有机统一，认为自然界是一切价值的源泉，人是地球生态大家庭中的普通成员，通过绿色建筑技术将人、建筑与自然社会的关系协调起来，将节约资源、保护环境和以人为本有机结合在一起，通过环境友好地展示出来。

2. 多元技术的优化集成体现建筑节能工程的技术创新价值

从设计到建设，建科大楼采用了一系列适宜技术共有40多项(其中被动、低成本和管理技术占68%左右)，每一项技术都是建科大楼这一整合运用平台上“血肉相连”的一部分。它们并非机械地对应于绿色建筑的某单项指标，而是在机理上响应绿色建筑的总体诉求，是在节能、节地、节水、节材诸环节进行整体考虑并能够满足人们舒适健康需求的综合性措施。从方案创作开始，整个过程都定量验证，并大量应用新的设计技术，利用计算机对能耗、通风、采光、噪声、太阳能等进行模拟分析。楼体的竖向布局与功能相关联，材料、通风、自然采光、外墙构造、立面及开窗形式等各方各面的确立也都经过优化组合。在节能设计上，通过采用节能外围护结构、绿色照明降低空调冷负荷需求，并针对不同楼层采取4种节能空调系统，充分利用热回收、新风可调和变频技术提高空调系统能效，并加大可再生能源利用，强化能源管理等技术手段等，使不同节能措施充分协调优化，形成建筑能源系统的整体高效低耗。

在技术集成过程中，既有对传统技术的继承，也有对新技术的吸纳；既有规划设计节能技术，也有运行管理节能技术；既考虑了工程技术的自然地域适宜特性，又充分体现了工程技术的社会经济和文化方面的社会地域适宜性；既充分发挥了规划设计师、建造师、设备师等专业技术人员的智慧，又体现了公众参与工程设计过程、公众共享建成环境的技术社会价值。

3. 建成环境的节能低碳体现了建筑节能工程的生态价值

大楼节能技术体系主要包括节能围护结构、空调节能系统、低功率密度照明系统、新风热回收、二氧化碳控制通风、自然通风和规模化可再生能源利用等，其建筑设计总能耗为国家批准或备案的节能标准规定值的75.3%。建科大楼作为全面资源节约型建筑，遵循生态学法则，最大限度地减少不可再生能源、土地、水和材料的消耗，追求最小的生态和资源代价，充分利用自然资源，发挥了自然通风与自然采光的环境效益。根据室外风场规律，进行窗墙面积比控制，然后研究各个不同立面采用不同的外窗形式(平开、上悬、中悬窗等)，结合采用遮阳反光板；同时外窗朝向和形式考虑外部噪声影响。在建筑平面上，采用大空间和多通风面设计，实现室内舒适通风环境，开窗的各种功能需求就能自然而然地确定出大楼的建筑外围护构造选型，即由功能需求决定形式。

通过建筑生态设计，以资源能源环境指标为依据，考虑建筑整体的生命周期过程负面影响，将建筑与生态环境相协调，发挥工程师的专业智慧，在工程受益者的需求与环境承载力之间、经济效益与环境成本之间、环境现状与环境优化之间进行权衡判断，为大楼的生态环境优化探索了一条出路。

4. 建成环境体现了建筑节能工程的经济价值

建科大楼以本土、低成本绿色技术集成平台为指导探索共享设计理念，做到绿色建筑三星级和 LEED(leadership in energy and enviroment design，领先能源与环境设计)金级要求，工程单价约为 4200 元/m^2；经测算分析，每年可减少运行费用约 150 万元，其中相对常规建筑节约电费 145 万元，建筑节水率 43.8%，节约水费 5.4 万元；节约标准煤 600t，每年可减排二氧化碳 1600t。2009 年 7 月至 2010 年 1 月的实际运行结果表明：大楼节能效果显著，与典型办公建筑分项能耗水平相比，空调能耗比同类建筑约低 63%，照明能耗比典型同类建筑约低 71%，常规电能消耗比典型同类建筑低 66%；近 90%员工对大楼办公环境的舒适性感到满意，工作效率大大提高。实测研究表明，除已经取得的节能效果外，通过系统能效诊断分析，大楼还有节能潜力。

作为绿色节能建筑的建科大楼，其工程的经济价值充分体现在：建筑工程的最终价值接受主体是员工群体，体现的工程经济价值表现为员工对建成环境的满意程度；工程投资者作为建筑主体，其获得的经济价值通过节能减排量的经济效益和投资收益体现出来；对规划和管理部门，其经济价值通过大楼对其他公共建筑节能示范的长期、潜在的影响体现出来。

此外，无论二氧化碳减排是否能够实现市场交易，绿色建筑项目都具有一定的环境价值，但是如果能够将二氧化碳的减排价值内在化，从财务评价的角度去考虑，把二氧化碳的减排价值通过碳排放交易机制作为绿色建筑项目的收益，就能够真正体现绿色建筑在低碳背景下的实际收益情况。

9.1.3 建筑节能工程适宜技术的实践分析

1. 建筑节能技术的多元化集成

建筑规划设计节能充分考虑了基地的自然地域性降低建筑能源需求。深圳属亚热带海洋性气候，夏热冬暖，基地三面环山，周围建筑密度低。建筑规划充分利用了场地环境特点和自然气候条件，建筑设计风格定位为开放型。例如，报告厅外墙设计为可开启型，6 层设计为架空花园式交流活动平台，各层公共交流空间、茶水间及楼梯间均设计为开敞式，采用太阳能花架创造成半露天的屋顶花园等，由于大量开敞空间设计使大楼空调区域面积比一般建筑大幅度降低，还减少了照明能耗，以及良好的空气品质和视野可以减少人们对电梯的依赖。

建筑通风与采光技术的选用符合“被动优先、主动补充”的原则，实现了自然通风、自然采光与遮阳一体化协同的整体效益。报告厅可开启外墙既具有自然采光功能，还能与开敞楼梯间形成良好的穿堂风，天气适宜条件下可充分利用室外新风做自然冷源。地下车库利用光导管和玻璃采光井，能获得良好的自然采光，降低照明电耗量。建筑 7～12 层凹字形平面设计，采用连续条形窗户，窗户上安设具有遮阳和反光双重作用的遮阳反光板，同时采用浅色天花板，为办公空间奠定了自然通风与自然采光的基础，基本能满足晴天及阴天条件下的办公照明需求。大楼节能设计实现了尽量减少主要空间的太阳辐射得热，从而减少空调负荷的目标。例如，将楼梯间、电梯、卫生间等非主要房间布置于大楼西部，除北向以外的外窗采用中空低辐射玻璃自遮阳，南区办公空间西侧采用通风遮阳式光电幕墙等措施，使围护结构体系整体与通风、采光与遮阳等功能要求相协调，从设计阶段充分反映各种被动节能技术充分集成优化，减少主动节能措施的压力。

2. 信息化与专业化是建筑节能技术创新的保证

通过建筑节能管理实践实现节能规划设计、节能施工调试的节能减排量。大楼运行采用了模拟预测、信息监控等绿色建筑运行方式，倡导绿色生活理念，具体包括：仅当室外气温高于28℃时，才开启集中冷却水系统，各楼层主机及末端设备由使用人员按需开启；根据自然采光效果变化确定开放照明灯具等。控制系统的灵活性和管理方式的人性化使建筑使用者行为节能成为可能。

该建筑基地实现了可再生能源利用与空调系统方式的多层次技术协同作用，践行了低成本、本土能耗的适宜技术原则。大楼综合了太阳能光热和光电利用技术，减少了对常规电力的需求；通过被动技术使空调负荷降到最低、空调时间减到最短后，为满足最热天气的热舒适要求，空调系统主机采用可灵活控制的分散水环式冷水机组＋集中冷却水系统，空调末端采用溶液除湿新风系统＋干式风机盘管或冷辐射吊顶。将多种能源系统与不同空调系统集成优化设计，针对不同楼层建筑功能需求，将设备、能源与建筑充分配合，发挥技术子系统各要素协同特性，强化并发挥了节能技术系统的整体效益。

案例研究表明，建筑节能是一个复杂的动态系统，从规划设计、施工调试到运行管理不同阶段，将不同建筑节能技术进行优化集成，充分发挥其要素之间的协同作用，克服或转化其要素之间的相干作用，实现建筑节能技术系统的整体目标和效能，是将建筑节能科学观应用于工程实践的创新成果。

9.2 国家可再生能源建筑应用改造示范工程项目

9.2.1 工程概况

鹤壁市政府办公楼包括3栋，其中市政府第一综合办公楼(图9.2)位于中间，东西两侧各一栋为市政府办公区小办公楼。

图9.2　鹤壁市政府第一综合办公楼外形

鹤壁市政府第一综合办公楼，建成于1996年，地上8层，层高3.6m，檐高29.80m，室内外高差2.2m，总建筑面积为19398 m^2(不含地下室)。结构均采用钢筋混凝土框架填充墙结构，填充墙为混凝土加气砌块，厚度为200mm。

鹤壁市市政府办公区小办公楼建

筑5层，层高3.6m，檐高20.5m，室内外高差2.2m，总建筑面积为4313×2=8626(m^2)。楼体结构为砖混结构，墙体厚度为370mm。该办公楼原有热源形式是城市集中供热，末端设备采用采暖散热器；冷源形式为空调系统，分体挂机。

9.2.2 改造前存在的主要问题

改造前，该办公楼存在以下问题。

(1) 围护结构体系保温性能差。

(2) 夏季采用分体壁挂空调机制冷，冬季采用集中供暖。分体壁挂空调机的制冷能效比低，既影响了建筑外墙美观，又影响了建筑的保温隔热效果，增加了能耗，降低了室内的舒适度。全年空调能耗和采暖能耗见表9-1。

表9-1　全年空调能耗和采暖能耗

分　类	全年空调能耗/(kW·h)	全年采暖能耗/(kW·h)
综合楼	1143762	968772
小办公楼	313037	336510

9.2.3 改造方案及效果

冷热源改造方案：采用地源热泵空调系统作为空调冷热源，替代原来的分体壁挂机盒集中供暖。改造效果如下。

1. 提高了办公环境的舒适度

根据有关节能检测部门提供的现场实测数据，改造前办公室内温度仅为15.0℃左右，改造后在空调变频调速为中档的情况下，办公室内温度就能达到22℃以上，改造后办公室内环境有了明显改善，办公人员的工作效率也提高了。

2. 降低了全年采暖空调能耗

根据有关节能检测部门提供的能耗数据，综合办公楼节能改造前全年空调能耗为1143762kW·h，全年采暖能耗为968772kW·h，改造后全年空调能耗为619784kW·h，全年采暖能耗为689987kW·h；小办公楼节能改造前全年空调能耗为313037kW·h，全年采暖能耗为336510kW·h，改造后全年空调能耗为190302kW·h，全年采暖能耗为212417kW·h，节能效果非常明显。

3. 经济效益

采用地源热泵中央空调系统与改造前的冷热源形式相比，提高了经济效益。改造后，该办公楼达到了国家规定的公共建筑节能50%的标准要求，其经济效益主要体现为以下两个方面。

1) 所需设备装机容量明显降低

据测算，该工程节能改造前设计热负荷为2380kW，设计负荷为2660kW，节能改造后设计热负荷为1200kW，设计冷负荷为1350kW，即经过节能改造，该工程设计热负荷和冷负荷分别降低了约49.6%和约49.2%。因此，所需供热供冷设备的装机容量有了明显降低。

2）全年运行费用大幅降低

（1）夏季工况。夏季地下水源热泵系统能效比为

$$1002 \div 222.6 \approx 4.50$$

而若该工程采用普通空调系统(分体壁挂机等)，夏季系统能效比为2.75，按每天运行10h，夏季运行100天计算，则每年夏季可节电

$$1350\text{kW} \times 100 \times 10\text{h} \times (1 \div 2.75 - 1 \div 4.50) \approx 19.09(\text{万 kW} \cdot \text{h})$$

电费单价按0.66元/kW·h计算，则每年夏季可节约电费约12.60万元。

（2）冬季工况。冬季地下水源热泵系统能效比为

$$1147 \div 304.6 \approx 3.77$$

而若该工程采用普通空调系统(分体壁挂机等)，冬季系统能效比为2.07，按每天运行10h，冬季运行120天计算，则冬季运行耗电量减少$1200\text{kW} \times 120 \times 10\text{h} \times (1 \div 2.07 - 1 \div 3.77) = 31.44$万kW·h，电费单价按0.66元/(kW·h)计算，则节能改造后冬季可节约运行费用20.75万元。

综上可知，节能改造后每年可节约运行费用为

$$12.60 + 20.75 = 33.35(\text{万元})$$

除去室内部分，该项目地下水源热泵系统总增量投资为230万元，故投资回收年限为

$$230 \div 33.35 \approx 7$$

即实施中央空调系统改造7年内可收回成本，经济效益非常可观。

4. 社会效益

该办公楼节能改造后产生的社会效益主要表现为以下两个方面。

1）降低煤炭消耗，缓解能源危机

对既有建筑进行节能改造，新建建筑推行新的节能标准，以降低建筑物能耗，加快新型能源的开发和综合利用。这样可以降低煤耗，减少浪费，减轻污染，对缓解我国目前能源短缺的状况起到了举足轻重的作用。

2）减少煤电供需矛盾，减轻发展压力

中国二氧化碳排放量仅次于美国，高居世界第二位，而其中由燃煤排放的二氧化碳量更是高达80%左右。可见燃煤是影响中国二氧化碳排放量的最大因素。因此减少煤耗，可以缓解国内面临的政治和外交方面的压力，解决国内经济发展和对外贸易可能面临的新问题。

5. 环境效益

环境效益表现在采用地源热泵中央空调系统后，可以减少煤炭消耗，节约电力资源，减少二氧化碳等温室气体的排放量，降低温室效应；减少二氧化硫的排放量，减少酸雨的形成对建筑物的损坏；降低城市总悬浮颗粒物(total suspended particulate，TSP)年均值浓度。根据鹤壁当地煤炭的品质和等级，按照每燃烧1t煤炭，将排放二氧化碳600kg，二氧化硫12～15kg，烟尘50kg和灰渣近260kg计算，每年节约用煤56.64t，则减少二氧化碳排放量为3.4×10^4kg，二氧化硫排放量为680～850kg，烟尘排放量为2832kg，灰渣排放量为1.5×10^4kg。

9.3 上海世博会“城市最佳实践区”——伦敦零碳馆

上海世博会的主题为“城市，让生活更美好”。世博会共规划为A、B、C、D、E 5个功能片区，平均用地面积为60ha；“城市最佳实践区”位于浦西的E片区，占地面积约为15.08ha，由南至北形成主题区域、系列展馆和模拟街区3个功能区域，分别展示宜居家园、可持续的城市化、历史遗产保护与利用和建成环境的科技创新。“城市最佳实践区”将集中展示全球具有代表性的城市为提高城市生活质量所进行的各种具有创新意义和示范价值的最佳实践。

伦敦(London)是英国的首都、第一大城市及第一大港口，欧洲最大的都会区之一兼世界四大世界级城市之一，与美国纽约、法国巴黎和日本东京并列。从1801年到20世纪初，伦敦因在其于政治、经济、人文文化、科技发明等领域上的卓越成就，而成为全世界最大的都市。伦敦是一个非常多元化的大都市，其居民来自世界各地，具有多元的种族、宗教和文化。英国是最早提出“低碳”概念并积极倡导低碳经济的国家。前任伦敦市长利文斯顿于2007年2月发表《今天行动，守候将来》(*Action Today to Protect Tomorrow*)，计划二氧化碳减排目标定为在2025年降至1990年水平的60%。同时伦敦也是世博会的最早举办者，举办于1851年。

世博会伦敦零碳馆是由南北两栋4层的连体建筑构成五大展项的零能耗生态住宅馆，如图9.3所示。伦敦零碳馆共设置零碳未来展、零碳体验展、零碳实践展、零碳庆典和零碳科技展五大展项，建筑面积2500m^2，占地面积900m^2。伦敦零碳馆案例原型取自世界上第一个零二氧化碳排放的社区——贝丁顿(BedZED)零碳社区；建成于2002年的贝丁顿社区拥有包括公寓、复式住宅和独立洋房在内的82套住房，另有约2500m^{2}的工作空间；每套住宅都配有露天花园或阳台，体现了住宅高密度与舒适生活的完美融合。太阳能、风能和水源热能联动，实现了空间内通风、制热、除湿等满足人居舒适性的各项效果。

世博会伦敦零碳馆主要依靠太阳能、风能和生物能3种核心能源。最为独特的是楼顶的“风帽”(图9.4)：使室外的冷空气和室内的热空气能够产生热交换，从而节约了供暖所需的能源。在这个有机循环的能源系统中，60%的能量来自太阳能光伏板，40%则靠蓄电池储存能量，基本可以自给自足。

图9.3　世博会伦敦零碳馆

图9.4　屋顶独特的“风帽”

新设计不仅可以降低制造成本，还充分考虑了上海风速低于伦敦的情况，使得设备对风能的利用更为理想。这些随风灵活转动的“风帽”利用温压和风压将新鲜空气源源不断送入建筑内部，并将室内空气排出。在通风过程中，建筑同时可利用太阳能和江水源系统对进入室内的空气进行除湿和降温。

整个伦敦零碳馆墙体采用外保温，墙壁用绝热材料建造。馆内所需电力由建筑附件太阳能发电板和生物能，采用热电联供产生，如图 9.5 所示。

图 9.5　伦敦零碳馆光电和生物能源系统

设计师把这个建筑完全变成了一种收集机制：它可以收集太阳能、风能、生物能，把建筑变成一个发电厂，给周边的环境进行资源的输出；可以通过收集自然的雨水然后自己净化，来进行环境输出。利用黄浦江的水变成一个空调热源，建筑可以自己处理垃圾将其转化成热能、冷能。屋顶上大面积的太阳能光伏面板几乎是整个建筑的动力核心。同时，屋顶也可以收集雨水，这些雨水经过净化装置后可以用于冲厕或者浇灌等。最后，通过把所有馆内产生的有机垃圾废料回收，再产生能源用在建筑本身。

在世博会伦敦馆零碳馆内，可以看到遍布建筑各处的由废物利用改造制成的家具和摆设。通过这些，可以让参观者感受到实现“零碳”，并非只凭高科技。在伦敦零碳馆展厅内可以看到由废旧汽油桶制成的桌椅，铁皮桶被切割成各种形状，配合布艺运用，焕发出新的温馨宜人的生命气息。由一次性餐盘、筷子为主要原料制作而成的 3 个模特，或是断了手脚、或是被垃圾刺穿内脏，在向游客展示另类美感的同时，也静静诉说着一次性餐具对环境的破坏。一间小小的会议室骨摆满了利用各种废物做成的创意“椅子”，用废报纸卷出来的凳子，用废铁锅打造的椅子，用自来水管拼出的椅子，用废旧液化气罐做成的凳子。伦敦零碳馆的另一大亮点在于“零碳餐厅”。这里，桌椅摆设甚至是各种吊灯，都是由饮料瓶等废旧物品做成的“创意家居”。而筷子可以吃；盘子可以回收降解，用作厨房的燃料。生活中的所有东西仿佛都能变废为宝，如图 9.6 所示。

世博会伦敦零碳馆将英国伦敦先进的零能耗技术和中国本土的先进节能技术展示了出来，为中国的建筑节能提供了崭新理念和技术选择，给国内房地产业和节能建筑发展带来了无穷灵感。随着中国国内绿色节能建筑的兴起，房地产开发商开始以设计节能建筑为自己的楼盘增值。

(a) 报告厅

(b) 环保凳子

(c) "零碳餐厅"

图 9.6 伦敦馆零碳馆报告厅、环保凳子和零碳餐厅

9.4 国外节能建筑案例介绍

9.4.1 德国巴斯夫"三升房"

本项目是世界最大的化学公司——巴斯夫股份公司(以下简称巴斯夫)在一幢已有 70 年历史的老建筑基础上改造而成的，因其每年每平方米(使用面积)消耗的采暖耗油量不超出 3L(相当于当量煤约 4.5kg)而被称为"三升房"(3-liter house)，其外形如图 9.7 所示。改造过程中主要采用了加强围护结构的保温性能、设置可回收热量的通风系统、截热技术等措施。与改造前相比，采暖耗油量从 20L 降到了 3L，如按 $100m^2$ 的公寓测算，每年取暖费可从 5400 元降至 770 元，二氧化碳的排放量也降至原来的 1/7，具有极大的经济和环保价值。

图 9.7 德国巴斯夫"三升房"外形

(1) 加强围护结构的保温性能。对墙体和屋面的保温处理分别采用高效隔热保温板材，实行外墙外保温和屋面保温，对地下室顶板的底部和顶部(在楼板以下)也采用此类板。巴斯夫的高效隔热保温板材是一种以聚苯乙烯为基材的新型隔热保温材料，该材料为银灰色，其中含有细微的红外吸收剂颗粒，保温性能比普通 EPS 要好得多，在相同的密度和保温隔热性能情况下，要比其他保温板材可减薄 20%。每生产 $2m^2$(10cm 厚)的此类板材约需要 10L 原油，而此板可使用 50 年，能比同类板材节省 1200L 的采暖用油。由于原材料使用减少，节约了费用和资源。另外，对于外围护窗的处理，该房采用三玻塑钢窗和推拉窗板，外窗采用充满稀有气体的三玻塑钢窗，窗框中充填聚氨酯内芯，提高了保温隔热性能，在窗外还安设了可覆盖整个窗户的推拉窗板。此外，在设计中对防风和气密性做了巧妙处理，解决了热桥问题。

(2) 设置可回收热量的通风系统。屋顶阁楼上设有热回收装置，新鲜空气通过顶部通路输入，与排除的热空气换热后进入室内各个房间。这种新风系统是可调式的，并且每一时间都有新风送入，室内的空气也可通过管道系统，经过热回收装置后排除。冬季采暖时，85%的热量可回收利用。“三升房”采用了经过创新的隔热通风复合系统，新鲜空气由外部进入装置后，与一部分外排的热空气相互换热，再进入室内各个房间，保证居民呼吸的每一口空气天然而清新。

(3) 内墙“空调系统”作用的相变储能隔热砂浆技术。巴斯夫研制出了一类包含相变储能技术的隔热砂，只需将这种砂浆抹于房间的内墙表面，作为室内冬季保温和夏季制冷的材料，令住户不仅对室内保持良好的热舒适度感到满意，还不需使用昂贵的空调系统。砂浆内10%～25%的成分是由可以蓄热的微粒状石蜡组成的。也就是说，$1m^2$ 的墙面含有750～1500g 的石蜡，每 2cm 厚的此种砂浆的蓄热能力相当于 20cm 厚的砖木结构墙。为了使石蜡易与砂浆结合，巴斯夫对石蜡进行了“微粒封装”。在室外热量向室内传播的过程中，石蜡遇热而熔融，内墙隔热层密度加大，使室温上升减缓；当室温下降时，熔融的石蜡向室内释放热量。这种隔热砂浆的蓄热作用如同室内空气调节系统，使室内温度平均保持在 22℃，湿度保持在 40%～60%，冬暖夏凉，舒适宜人。

(4) 整座建筑的屋顶铺上由 Neopor 泡沫材料构成的隔热面板，它含有如一颗香米大小的石墨颗粒，拥有极强的反射热辐射能力，夏季可以拒绝阳光射入屋内，避免室温升高；冬季可以防止屋内的热气“溜”出户外。“三升房”对太阳能电池板极为“器重”，它是整座建筑的“脑袋”。屋顶上的太阳能板群吸收太阳光，用来发电，电能随之进入市政电网，由发电所得收入来填补建筑取暖所需费用；屋侧墙壁上悬挂的太阳能电池板，则服务于日常家居生活，如热水。

(5) 地下室设有燃料电池作为小型动力站。“三升房”通过燃料电池提供的部分采暖能源，辅以现代化的供热锅炉和公共动力管网。这种小型动力站使用了聚合物膜状燃料电池，它先将天然气转换为富氢可燃气体，再在燃料电池炉中燃烧，剩余的天然气可在催化剂的作用下充分燃烧。因此，这种方法比传统供热系统的污染物排放量更少。

德国巴斯夫所属房地产公司执行主管马蒂尔斯·亨塞尔博士表示，借助“三升房”为可持续发展的未来奠定了基础。经过现代化改造的老房子，既有对商业利益的考虑，更有对自然资源合理利用的责任感，它提高了德国民众的生活质量。

9.4.2 英国建筑科学研究院办公楼

英国建筑科学研究院的环境楼(environment building)为21世纪的办公建筑提供了一个绿色建筑样板，如图9.8所示。

(1) 能源系统是设计师为一个尺度适中的办公建筑精心设计的，使之成为新一代生态办公建筑的模范之作。它的每年能耗和二氧化碳排放性能指标定为：燃气 $47kW \cdot h/m^2$、用电 $36kW \cdot h/m^2$、二氧化碳排放量 $34kg/m^2$。

图9.8 英国建筑科学研究院办公楼外形

(2) 舒适节能的暖通空调、通风与照明系统。该大楼最大限度地利用日光，南面采用活动式外百叶窗，减少阳光直接射入，既控制眩光又让日光进入，并可外视景观。采用自然通风，尽量减少使用风机。采用新颖的空腔楼板使建筑物空间布局灵活，又不会阻挡天然通风的通路。顶层屋面板外露，避免使用空调器。白天屋面板吸热，夜晚通风冷却。埋置在地板下的管道利用地下水进一步帮助冷却。安装综合有效的智能照明系统，可自动补偿到日光水准，各灯分开控制。建筑物各系统运作均采用计算机最新集成技术自动控制。用户可对灯、百叶窗、窗和加热系统的自控装置进行遥控，从而对局部环境拥有较高程度的控制。环境建筑配备 $47m^2$ 建筑用太阳能薄膜非晶硅电池，为建筑物提供无污染电力。

(3) 旧建材在围护结构中的再利用。该建筑还使用了 8 万块再生砖；96%的老建筑均加以再生产或再循环利用；使用了再生红木拼花地板；90%的现浇混凝土使用再循环利用骨料；水泥拌合料中使用磨细粒状高炉矿渣；取自可持续发展资源的木材；使用了低水量冲洗的便器；使用了对环境无害的涂料和清漆等。

9.4.3 德国邮政大楼

德国邮政大楼是波恩的一座现代化标志性建筑，这栋 40 层 162.5m 高的全玻璃、钢结构的建筑矗立于莱茵河畔，其外形如图 9.9 所示。

图 9.9 德国邮政大楼外形

它采用双层玻璃幕墙进行“空气对流”，冬暖夏凉；同时抽取莱茵河的地下水，通过管道系统处理后，对大楼进行供暖和制冷，将用过的水进行简单处理即可排入莱茵河，几乎没有污染。“整个能源系统中，唯一非常重要的能源是用于水循环的电能，比普通大楼使用的能耗降低了 25%以上。”邮政大楼负责人说，“当初为了环境的投资非常值得，50 年内，用于大楼运转的能耗大概只有当初总投资的 1/3，而在同样时间内，普通大楼的供热、制冷、照明能耗，将占到 75%。”

附录1 中国主要建筑节能技术政策发展史

中国主要建筑节能技术政策发展史见附表1-1。

附表1-1 中国主要建筑节能技术政策发展史

时期		建筑节能技术政策	主要内容及特点
第一阶段	1986年	建设部颁布《民用建筑节能设计标准（采暖居住建筑部分）》（JGJ 26—1986，已作废）	中国第一部建筑节能设计标准，要求新建居住建筑在1980年当地通用设计能耗水平基础上节能30%
	1993年	建设部批准《旅游旅馆建筑热工与空气调节节能设计标准》（GB 50189—1993，已作废）	为强制性国家标准，将公共建筑纳入建筑节能范围
	1995年	《民用建筑节能设计标准》（JGJ 26—1995已作废）于次年执行；建设部发布《建筑节能“九五”计划和2010年规划》	将第二阶段采暖居住建筑节能指标提高50%
第二阶段	1996年	建设部发布《建筑节能技术政策》（已作废）和《市政公用事业节能技术政策》	开始执行第二阶段的采暖居住节能设计50%标准
	1997年	颁布节约能源法	建筑节能成为这部法律中明确规定的内容
	2001年	《夏热冬冷地区居住建筑节能设计标准》（JGJ 34—2001，已作废）	与采取节能措施前相比，采暖空调能耗应节约50%
	2003年	《夏热冬暖地区居住建筑节能设计标准》（JGJ 75—2003，已作废）	与采取节能措施前相比，采暖空调能耗应节约50%
	2004年	中国正式颁布《能源效率标识管理办法》	标志着我国能效标识制度的启动
	2005年	建设部和质检总局颁布《公共建筑节能设计标准》（GB 50189—2005）	公共建筑开始第二阶段节能指标提高到50%，提高了建筑围护结构保温隔热标准
		建设部和科学技术部联合发布《绿色建筑技术导则》，建设部和质检总局颁布《绿色建筑评估标准》（GB/T 50378—2006）	这是我国颁布的第一个关于绿色建筑的技术规范，建立了绿色建筑指标体系

（续）

时　期		建筑节能技术政策	主要内容及特点
第三阶段	2006年	建设部和质检总局颁布的《住宅性能评定技术标准》（GB/T 50362—2005）实施	适用于城镇新建和改建住宅的性能评定，反映了住宅的综合性能水平，体现了节能、节地、节水、节材等产业技术政策
	2007年	中国修订节约能源法	扩大调整范围，增设了“建筑节能”一节、“交通运输节能”一节、“公共机构节能”一节、“重点用能单位节能”一节；完善节能的基本制度，增加节能目标责任制和节能评价考核制度，实行固定资产投资项目节能评估和审查制度、重点用能单位报告能源利用状况制度等
	2008年	中国颁布《民用建筑节能条例》	在总结多年来民用建筑节能工作实践及国内外相关立法经验基础上制定的专门性行政法规，是《节约能源法》的重要配套法规
		中国颁布《公共机构节能条例》	旨在推动全部或者部分使用财政性资金的国家机关、事业单位和团体组织等公共机构节能，提高公共机构能源利用效率，发挥公共机构在全社会节能中的表率作用
	2012年	中国颁布《“十二五”建筑节能专项规划》	围绕建筑绿色化推动建筑节能，积极发展绿色建筑，推动既有居住建筑及公共建筑节能改造

附录2 建筑能耗调查表

城市居住建筑家庭采暖空调能耗调查表如范本一所示。

范本一：

城市居住建筑家庭采暖空调能耗调查表

调查人：　　　　　　　　　　　　　　　　调查时间：

户主	姓名：______	成员1	与户主关系：______	成员2	与户主关系：______	成员3	与户主关系：______
	年龄：______		年龄：______		年龄：______		年龄：______
	职业：______		职业：______		职业：______		职业：______
成员4	与户主关系：______	成员5	与户主关系：______	成员6	与户主关系：______	成员7	与户主关系：______
	年龄：______		年龄：______		年龄：______		年龄：______
	职业：______		职业：______		职业：______		职业：______
住房面积：______ m^2		住房所在地：______		住房建造年代：______年		是否按节能标准建造：______	
共有居室（　）间，其中（　）间有空调，（　）间有采暖，空调总装机：______ W							
空调形式：(1)中央空调　(2)户式空调　(3)房间空调							
采暖形式：(1)集中采暖　(2)户式采暖　(3)房间采暖							
家用电器共______ W；其中彩电______ W；冰箱______ W；微波炉______ W；电热水器______ W；电灯共______ W；洗衣机______ W；烘干机______ W；其他电器______ W							

夏季一天中，从______到______；从______到______；从______到______开空调	所有房间空调全开（　）；只开有人房间空调（　）；开（　）间房间的空调
冬季一天中，从______到______；从______到______；从______到______开暖气	所有房间暖气全开（　）；只开有人房间的暖气（　）；开（　）间房间的暖气
空调设定温度：__________ ℃	1月耗电量：____耗气量：____耗水量：____
采暖设定温度：__________ ℃	2月耗电量：____耗气量：____耗水量：____
窗口、阳台采取______遮阳措施	3月耗电量：____耗气量：____耗水量：____
	4月耗电量：____耗气量：____耗水量：____
主要居室朝向：______	5月耗电量：____耗气量：____耗水量：____
	6月耗电量：____耗气量：____耗水量：____
7月耗电量：____耗气量：____耗水量：____	8月耗电量：____耗气量：____耗水量：____
9月耗电量：____耗气量：____耗水量：____	10月耗电量：____耗气量：____耗水量：____
11月耗电量：____耗气量：____耗水量：____	12月耗电量：____耗气量：____耗水量：____
冬季采暖能耗：__________ kW·h	全年家庭总用电量：__________ kW·h/a
家庭全年燃料(燃气)消耗：____ m^2/a	夏季空调能耗：__________ kW·h
全年家庭总用水量：____ t	全年家庭消耗的其他能源：____
1年中哪些天气情况下感到住房不舒适？大约有多少天？对改善居住质量有何希望和要求？	调查数据的年份：__________ (若有多年数据，请附页记录)

农村居住建筑调查问卷如范本二所示。

范本二：

农村居住建筑调查问卷

家庭所在地区____

1. 你家的消耗的能源类型(如电能，煤、煤气、天然气、液化气、燃油、太阳能、柴草、沼气等)，1～12月消耗各种能源的数量？

2. 你家每年消耗的各种能源的数量和比例？

3. 你家冬季和夏季采用何种方式调节室内温度和空气品质？

4. 你家日常生活用能器具(灶具、灯具、电器)的种类？使用时间频率如何？

5. 你家的居住的房屋形式和建筑面积(建筑面积，房间数目)(尽可能提供图片)？

6. 你家的房屋围护结构(墙、门、窗、屋顶)的材料和结构形式及建造时间？

7. 你们家乡建造房屋使用的主要建筑材料是什么？

8. 你们家乡的资源分布状况(能源、矿产、水资源、物产等)如何？是否利用地下水、太阳能、沼气等自然资源或能源？

9. 你家采用了何种节能措施？室内通风状况如何？

10. 你家的家庭成员数目、与户主的关系？主要职业特征和出行方式是什么？

大学生公寓热环境质量与建筑能耗调查问卷如范本三所示。

范本三：

大学生公寓热环境质量与建筑能耗调查问卷

所在学校名称及地点：________________；　宿舍编号：________

学校所在城市的全年气候特征描述：________________

____

1. 宿舍消耗的能源类型(如电能，煤气、天然气)数量？

宿舍每年消耗的各种能源的数量和比例、交费方式？(按月统计数据)

2. 宿舍的房屋形式和建筑面积(建筑面积)(尽可能提供图片)？

(1) 宿舍总层数：____；宿舍所在层数：________

(2) 每层多少间宿舍？排列形式？(可绘平面示意图)

(3) 房间面积(可测量室内长宽高)：__________；房间体积：__________

3. 宿舍建造房屋使用的主要建筑材料是什么？

4. 宿舍的房屋围护结构(墙、门、窗、屋顶)的材料和结构形式？

(1) 门、窗户的位置：________

(2) 窗户(窗洞)面积(宽×高)：__________；安装高度：__________

(3) 窗户类型(窗框材料、窗玻璃层数)：________________

窗户有无内外遮阳：________；采用什么形式的遮阳措施？

(4) 简述平时的开关窗户的习惯：________________

(5) 外门的类型、尺寸：________________

(6) 外墙及屋顶形式及结构：________________

5. 宿舍日常生活用能器具(灯具、电器等)的种类？

(1) 全局照明功率及使用时段：________；局部照明功率及使用时段：________

(2) 是否采用节能灯具？

(3) 电脑台数、使用功率及主要使用时段：__________

(4) 电视机使用功率及主要使用时段：__________

(5) 热水器功率(或型号)及使用时段：__________

(6) 其他电器：__________

6. 宿舍成员数目是多少？周一至周五常住人数是多少？周末常住人数是多少？你们的在室时间分布如何？

7. 夏季、过渡季节、冬季分别在什么天气条件下，你感觉宿舍内气候适宜、不舒适或无法入睡难以居住？一般感觉不舒适的天数大概有几天？

8. 宿舍冬季和夏季采用何种方式调节室内温度？是否集中采暖、空调或有集中热水供应？(若有，请说明采用设备的型号、功率及使用时段分布)

9. 你希望通过什么方式改善宿舍居住热环境质量？

10. 水电气费每月支出占你费用支出的比例是多少？你宿舍现在是否采用了相应节电、节水等节能措施？其中耗能最大的电器是什么？

11. 学校对节约能源倡导的方式?(复选)

a. 能源课程　b. 海报、标语倡导　c. 管制用电措施　d. 互联网

12. 学校是否有开设节约能源相关课程或研究专题?(单选)

a. 无相关课程　b. 有相关课程

13. 你认为学校有必要开设节能相关综合课程吗?(单选)

a. 有必要　b. 无所谓　c. 没必要

14. 如果学校开设节能课程你会选修吗?(单选)

a. 有兴趣，会选修　b. 有兴趣，但不会选修　c. 不太有兴趣，但会选修　d. 没兴趣，也不会选修

15. 认为学校开设节能课程其内容应着重在哪方面?(复选)

a. 能源的认识　b. 能源热力学、动力学原理　c. 新能源应用　d. 工业及建筑节约能源技术　e. 民生节约能源技术　f. 其他(指地球环境目前生态及未来前景、能源利用和经济发展、再生能源技术与应用与技术、基本常识的节约能源等)

16. 你认为是否有其他与本调查相关的信息，请补充说明。

城市公共建筑能耗调查表如范本四所示。

范本四：

城市公共建筑能耗调查表

1. 基本信息

1.1 单位信息

单位名称				调查日期	
单位地址				办公用房总面积/m^2	
填表机构名称		负责人		联系电话	
填表人		联系电话		传真	

1.2 近5年逐月建筑能耗统计(以实际核实交纳的能源费用发票为准)

某年逐月建筑能耗统计(至少3年以上数据)

项目		1月	2月	3月	4月	5月	6月	7月	8月	9月	10月	11月	12月	总计
电能/(kW·h)														
天然气/m^3														
液化气/m^3														
其他														
用能费用	电　　费													
	天然气费													
	液化气费													
	其他用能费用													
其他需要说明的问题														

2. 建筑物信息(如果有多幢建筑，请复印后附纸填写每幢建筑的情况)

2.1 总体概况

建筑物名称						
建筑功能或用途			建筑层数			
建筑功能	(　)层到(　)层为(　)			建筑功能如下： a. 住宅；b. 办公用房；c. 宾馆；d. 商业、居民服务用房；e. 机场；f. 文体、教育用房；g. 医疗用房；h. 科研用房；i. 其他用房		
	(　)层到(　)层为(　)					
	(　)层到(　)层为(　)					
	(　)层到(　)层为(　)					
	(　)层到(　)层为(　)					
建筑年代	1980年以前(　　)　1981—1995年(　　)　1995—2005年(　　)　2006年以后(　　)					
建筑朝向		建筑面积/m^2		建筑高度/m		空调面积/m^2
建筑物周边环境情况						
日照面积/m^2			空气流通性			
环境湿度			空气质量(浮尘颗粒、污染源)			

2.2 围护结构信息

2.2.1 外墙(不同构造形式可另附表说明)

构造形式	含洞口在内的外墙面积(　　　　m^2)外墙表面颜色(　　　　)	
	材料组成(由内向外)	①名称:(　　　　)厚度:(　)mm; ②名称:(　　　　)厚度:(　)mm; ③名称:(　　　　)厚度:(　)mm; ④名称:(　　　　)厚度:(　)mm; ⑤名称:(　　　　)厚度:(　)mm

2.2.2 屋面(不同构造形式可另附表说明)

构造形式	屋面面积(　　　　m^2)	平面屋顶(　) 坡面屋顶(　) (划“√”选择)
	屋面颜色(　　　　)	
	材料组成(由内向外)	①名称:(　　　　)厚度:(　)mm; ②名称:(　　　　)厚度:(　)mm; ③名称:(　　　　)厚度:(　)mm; ④名称:(　　　　)厚度:(　)mm; ⑤名称:(　　　　)厚度:(　)mm

2.2.3 外窗及遮阳

外窗形式(划“√”选择或注明类型)	外窗面积(　　　m^2)	
	框扇材料:塑料(　) 铝合金(　) 木(　) 钢(　) 彩板(　) 玻璃钢(　)	
	玻璃描述:普通玻璃(　) 镀膜玻璃(　) 有色玻璃(　)	
	外窗类型:单玻窗(　) 双玻窗(　) 双层单玻窗(　) 单层窗加单框双玻窗(　) 其他(　　　　)	
遮阳措施(划“√”选择)	建筑构件遮阳:水平式(　) 垂直式(　) 综合式(　)	无(　)
	活动外遮阳:卷帘(　) 晴雨篷(　) 其他(　)	
	植物遮阳:树木遮阴(　) 外墙绿化(　)	

2.2.4 外门

外门形式(划“√”选择或注明类型)	外门数量:(　　　扇) 外门面积:(　　　m^2)
	类型:单层实体门(　) 夹板门(　) 玻璃门(　) 卷闸门(　) 其他(　)
	主要外门阻挡冷热的措施: 空气幕(　) 门帘(　) 转动门(　) 自动关门措施(　) 无(　)

2.2.5 底层地坪(以非空调区域的顶层为基准)

主要构造形式	材料组成(由上向下)	①名称:(　　)厚度:(　　)mm; ②名称:(　　)厚度:(　　)mm; ③名称:(　　)厚度:(　　)mm; ④名称:(　　)厚度:(　　)mm; ⑤名称:(　　)厚度:(　　)mm

2.3 电器设备信息(限于前述办公用房中所使用的设备)

2.3.1 制冷设备

冷热源类型			
水源热泵供水温度/℃		地源热泵(井深、井间距)	
水系统形式		风系统形式	
设计总冷负荷/kW		设计总热负荷/kW	
制冷设计耗电总功率/kW		供热设计耗电总功率/kW	
制冷系统设计能效比		供热系统设计能效比	
楼宇控制系统(有/无)		楼宇控制系统的控制对象	
机组使用年限		维护状况	

2.3.1.1 冷热源系统主机信息表

冷热源设备类型	名称与型号	单机冷量/kW	单机制冷输入功率/kW	数量	总冷量/kW	制冷总输入功率/kW
冷源设备						
热源设备	名称与型号	单机热量/kW	单机供热输入功率/kW	数量	总热量/kW	供热总输入功率/kW

设备类型		系统编号	数量	型号	单机输入功率/kW	燃料耗用量		蒸汽耗量/(t/h)	转化为电功率/kW	单机制冷量/kW	单机供热量/kW	设计总冷负荷/kW	设计总热负荷/kW
						天然气/(m^3/h)	油/t						
溴化锂吸收式冷水机组	直燃型												
	蒸汽型												

机组烟管长度/m		烟气导流设备(有/无)		机组安装位置(室内、室外)	
机组燃烧所需空气量/(m^3/s)		主机机房通风量或通风面积			

注:1kW=3.33×天然气耗量(m^3/h),1kW=3.57×燃料油(kg/h)。

2.3.1.2　冷热源系统辅机信息表

主机名称、型号	辅机名称、型号	辅机性能系数	辅机单机输入电功率/kW	数量	辅机总输入功率/kW
总　　计					

2.3.1.3　空调设备耗能情况调查表

月份	空调设备名称		消耗能源形式				
			电能/(kW・h)	燃气/(m^3/h)	燃油/(kg/h)	水/(m^3/h)	折合电功率/kW
	冷热源系统	冷热源					
		冷却水泵					
		冷却塔					
		总计					
	水系统	冷冻水泵					
	风系统	风机盘管					
		新风机组					
		VRV 室内机					
		全空气系统					
		柜式空调机					
		其他形式					
		总计					
空调系统总计							

注：燃气热值以 8600kcal/(N・m^3)计，燃油以 10000kcal/(N・m^3)计（1cal=4.1840J）。

2.3.1.4　空调设备运行情况

<table>
<tr><td rowspan="3">主机参数</td><td rowspan="3">使用情况</td><td>制冷量/kW：______</td><td colspan="2">耗电功率/kW：______</td><td colspan="2">台数：______</td></tr>
<tr><td>高峰期所开台数/单台功率：______</td><td colspan="2">额定冷冻水流量/(m^3/h)：______</td><td colspan="2">压力损失/kPa：______</td></tr>
<tr><td>过渡季节所开台数/单台功率：______</td><td colspan="2">额定冷却水流量/(m^3/h)：______</td><td colspan="2">压力损失/kPa：______</td></tr>
<tr><td rowspan="3">冷冻水泵</td><td>型号</td><td></td><td>台数：______</td><td>流量：______</td><td>扬程：______</td><td>功率：______</td></tr>
<tr><td rowspan="2">使用情况</td><td>高峰期所开台数/单台功率：______</td><td>转速：______</td><td>效率：______</td><td colspan="2">冷冻水进口温度：______</td></tr>
<tr><td>过渡季节所开台数/单台功率：______</td><td colspan="2">连接方式（串/并）：______</td><td colspan="2">冷冻水出口温度：______</td></tr>
</table>

（续）

冷冻水泵	冷冻水供水管径：____		冷冻泵运行压力(进)：____		冷冻泵运行压力(出)：____	
	年运行月份：____ 高峰：____ 过渡：____				每天运行时间：____	
	冷却水系统是否加装过滤器或除污器(是/否)：____					
	冷却水泵叶轮是否经过切割(是/否)：____					
冷却水泵	型号		台数：____	流量：____	扬程：____	功率：____
	使用情况	高峰期所开台数/单台功率：____	转速：____	效率：____	冷却水进口温度：____	
		过渡季节所开台数/单台功率：____	连接方式(串/并)：____		冷却水出口温度：____	
	冷却塔与水泵相对高度及管径：____		冷冻泵运行压力(进)：____		冷冻泵运行压力(出)：____	
	年运行月份：____ 高峰：____ 过渡：____				每天运行时间：____	
采暖泵	型号		台数：____	流量：____	扬程：____	功率：____
	使用情况	高峰期所开台数/单台功率：____	转速：____	效率：____	平均进水温度：____	
		过渡季节所开台数/单台功率：____	连接方式(串/并)：____		平均出水温度：____	
	年运行月份：____ 高峰：____ 过渡：____				每天运行时间：____	
冷却塔	台数：____	处理量：____	风机功率：____		使用时间：____	
	与系统对应情况：____				运行电流：____	
	冷却水泵叶轮是否经过切割(是/否)：____				冷却塔位置：____	
	冷却水配备变频调速器(运行频率、控制方式)：____				膨胀水箱(开式/闭式)：____	
	冷却水系统是否加装过滤器或除污器(是/否)：____				水箱容积/m^3：____	
新风系统	位置		回风系统	位置		
	功率			功率		
	运行时间			运行时间		
备注						

2.3.1.5 机组运行匹配情况

	设备名称	运行台数	运行时间/h		设备名称	运行台数	运行时间/h
制冷工况	冷水机组			供热工况	供热机组		
	冷媒水泵				采暖水泵		
	冷却水泵						
	冷却塔						

2.3.2 照明设备(以照明配电柜为单位填写，如表不够，请空表复印续填)

光源类别	单机功率/W	盏数	总装置功率/kW	每天照明时间/h	年耗电量/(kW·h)
普通白炽灯					
粗管径双端荧光灯					
细管径双端荧光灯					
紧凑型荧光灯					
金属卤化物灯					
高压钠灯					
高压汞灯					
其他					
是否采用消谐、功率补偿设备、照明设备端电容补偿、灯光照度管理控制技术					

2.3.3 电梯统计表

序号	型号	单机功率/kW	台数	总装置功率/kW	日均利用时间/h
1					
2					
3					
4					
5					
是否加装电梯运行智能控制系统、或与楼宇控制系统联动					

2.3.4 用能管理信息

无人时是否能控制断电：是(　　) 否(　　)
断电情况：整幢楼(　　) 整层楼(　　) 办公室(　　) 其他(　　　　　　　　)
空调是否可以开关：可以(　　) 不可以(　　)
是否采用了声控照明节能措施：是(　　) 否(　　)

3. 综合信息

3.1 您了解建筑节能及相关的建筑节能政策吗?

A. 很了解　B. 比较了解　C. 一般了解　D. 不是很了解

E. 完全不了解

3.2 您了解合同能源管理服务吗?

A. 很了解　B. 比较了解　C. 一般了解　D. 不是很了解

E. 完全不了解

3.3 如果您对合同能源管理服务有一定的了解，请问您是否接受呢？

A. 是　　B. 否

3.4 您是否愿意进行节能改造呢？

A. 非常愿意　　B. 愿意　　C. 可以考虑　　D. 不愿意

3.5 如果进行节能改造您所能承担的改造资金为多少？

A. 100元以下/m^2　　B. 100～199元/m^2　　C. 200～399元/m^2　　D. 400元以上/m^2

3.6 在既有公共建筑节能改造中，改造资金如果采用国家、地方和个人自筹资金相结合的方式，您认为业主出资比例多少比较合适？

A. 30%左右　　B. 30%～50%　　C. 50%以上

3.7 空调采暖费用的支出约占建筑物运行管理费用的百分比为多少？

A. 小于15%　　B. 15%～30%　　C. 30%～40%　　D. 大于40%

3.8 中央空调系统清洗方式是什么？

A. 专门的清洗公司　　B. 本公司的维护人员定期清洗

C. 随机安排

3.9 物业实施设备管理方式是什么？

A. 承包给物业公司　　B. 本公司设备处　　C. 其他方式

3.10 您在管理、使用建筑物时，希望通过什么方式降低建筑物能耗？

A. 采用先进的设备及系统

B. 使用合理的建筑设计和新型高效的建筑材料

C. 适当降低室内舒适标准

D. 加强日常运行管理

E. 其他

3.11 使用建筑物时是否希望看到体现房屋热状况及能耗的指标？

A. 希望看到，并作为租房、购房的重要参考依据

B. 希望看到，但不作为购房的重要参考依据

C. 可有可无

D. 不希望看到，没有任何参考价值

3.12 如果进行节能改造，您希望得到哪些优惠政策？

3.13 有无设备能源管理、运行质量的绩效考评制度？

3.14 设备管理维护人员的技术构成：总人数____人，其中，管理人员____人，技术人员____人，技工____人。

参考文献

[1] 龙惟定，武涌. 建筑节能技术［M］. 北京：中国建筑工业出版社，2009.

[2] 付祥钊. 夏热冬冷地区建筑节能技术［M］. 北京：中国建筑工业出版社，2002.

[3] 清华大学建筑节能研究中心. 中国建筑节能年度发展研究报告(2012)［M］. 北京：中国建筑工业出版社，2012.

[4] 清华大学建筑节能研究中心. 中国建筑节能年度发展研究报告(2011)［M］. 北京：中国建筑工业出版社，2011.

[5] 住房和城乡建设部科技发展促进中心. 中国建筑节能发展报告(2010)［M］. 北京：中国建筑工业出版社，2011.

[6] 龙惟定. 建筑节能与建筑能效管理［M］. 北京：中国建筑工业出版社，2005.

[7] 涂逢祥. 坚持中国特色建筑节能发展道路［M］. 北京：中国建筑工业出版社，2010.

[8] 江亿，等. 住宅节能［M］. 北京：中国建筑工业出版社，2006.

[9] 薛志峰. 公共建筑节能［M］. 北京：中国建筑工业出版社，2007.

[10] 薛志峰. 既有建筑节能诊断与改造［M］. 北京：中国建筑工业出版社，2007.

[11] 武涌，刘长滨，等. 中国建筑节能经济激励政策研究［M］. 北京：中国建筑工业出版社，2007.

[12] 张丽. 中国终端能耗与建筑节能［M］. 北京：中国建筑工业出版社，2007.

[13] 韩英. 可持续发展的理论与测度方法［M］. 北京：中国建筑工业出版社，2007.

[14] 武涌. 中国建筑节能管理制度创新研究［M］. 北京：中国建筑工业出版社，2007.

[15] 郝斌. 建筑节能与清洁发展机制［M］. 北京：中国建筑工业出版社，2010.

[16] 中国城市科学研究会绿色建筑与节能专业委员会绿色人文学组. 绿色建筑的人文理念［M］. 北京：中国建筑工业出版社，2010.

[17] 江亿，姜子炎. 建筑设备自动化［M］. 北京：中国建筑工业出版社，2007.

[18] 中华人民共和国国家标准. 公共建筑节能设计标准(GB 50189—2005)［S］. 北京：中国建筑工业出版社，2005.

[19] 中华人民共和国行业标准. 公共建筑节能检测标准(JGJ/T 177—2009)［S］. 北京：中国建筑工业出版社，2010.

[20] 中华人民共和国国家标准. 建筑节能工程施工质量验收规范(GB 50411—2007)［S］. 北京：中国建筑工业出版社，2007.

[21] 余晓平. 建筑节能科学观的构建与应用研究［D］. 重庆：重庆大学，2011.

[22] 万蓉. 基于气候的采暖空调耗能及室外计算参数研究［D］. 西安：西安建筑科技大学，2008.

[23] 张慧玲. 中国建筑节能气候分区及适用技术［D］. 重庆：重庆大学，2009.

[24] 陈孚江. 既有建筑节能技术优化与评价方法研究［D］. 武汉：华中科技大学，2006.

[25] 陈新华. 节能工作需要明确理论基础　避免战略误区［J］. 中国能源，2006，28(7)：5-10.

[26] 江亿. 建筑节能与生活模式［J］. 建筑学报，2007，(12)：11-15.

[27] 江亿. 中国建筑能耗现状及节能途径分析［J］. 新建筑，2008，(2)：4-7.

[28] 龙惟定. 试论建筑节能的科学发展观［J］. 建筑科学，2007，(2)：15-21.

[29] 龙惟定. 我国大型公共建筑能源管理的现状与前景［J］. 暖通空调，2007，37(4)：19-23.

[30] 顾道金，谷立静，朱颖心，等. 建筑建造与运行能耗的对比分析［J］. 暖通空调，2007，37(5)：50，58-60.

[31] 庾莉萍，周查理. 我国建筑节能立法成就及国外立法经验借鉴［J］. 建材发展导向，2009，(5)：1-8.

[32] 卢求．德国2006建筑节能规范及能源证书体系 [J]．建筑学报，2006，(11)：26-28.
[33] 卢求，[德] Henrik Wings. 德国低能耗建筑技术体系及发展趋势 [J]．建筑学报，2007，(9)：23-27.
[34] 张晓琳，张学庆．建筑与环境的结合设计 [J]．建筑技术，2009，(24)：167.
[35] 韩继红，张颖，汪维，等．2010上海世博会城市最佳实践区中国案例——沪上·生态家绿色建筑实践 [J]．建设科技，2009，(6)：44-47.
[36] 侯冰洋，张颖．德国建筑"能源证书"简介 [J]．建筑学报，2008，(3)：36-38.
[37] 柳杨．浅析日本在建筑节能领域的研究及成效 [J]．上海节能，2010，(11)：17-20.
[38] 李大寅．日本建筑节能环保方面的法律法规 [J]．住宅产业，2008，(12)：23-25.
[39] [日] 和田纯夫，王琋慧．日本"零排放住宅" [J]．建筑学报，2010，(1)：52-55.
[40] 环球聚氨酯网．发达国家建筑节能政策分析 [J]．聚氨酯，2009，(3)：30-31.
[41] 涂逢祥，王庆一．我国建筑节能现状及发展 [J]．新型建筑材料，2004，(7)：40-42.
[42] 周智勇，付祥钊，刘俊跃，等．基于统计数据编制的公共建筑能耗定额 [J]．煤气与热力，2009，29(12)：14-17.
[43] 余晓平，付祥钊，肖益民．既有公共建筑空调工程能效诊断方法问题探讨 [J]．暖通空调，2010，(2)：33-38.
[44] 殷平．空调节能技术和措施的辨识(1)："26℃空调节能行动"的误解 [J]．暖通空调，2009，39(2)：57-63，112.
[45] 袁小宜，叶青，刘宗源，等．实践平民化的绿色建筑——深圳建科大楼设计 [J]．建筑学报，2010，(1)：14-19.
[46] 叶青．绿色建筑共享——深圳建科大楼核心设计理念 [J]．建设科技，2009，(8)：66-70.
[47] 江亿．我国建筑耗能状况及有效的节能途径 [J]．暖通空调，2005，35(5)：30-40.
[48] 李雅昕，张旭，刘俊．节能建筑的能耗及运行费用模拟计算分析 [J]．建筑科学，2006，22(B5)：20-22，26.
[49] 龙惟定．民用建筑怎样实现降低20%能耗的目标 [J]．暖通空调，2006，36(6)：35-41.
[50] 李兆坚，江亿．我国广义建筑能耗状况的分析与思考 [J]．建筑学报，2006，(7)：30-33.
[51] 邓南圣，王小兵．生命周期评价 [M]．北京：化学工业出版社，2003.

北京大学出版社土木建筑系列教材(已出版)

序号	书名	主编	定价	序号	书名	主编	定价
1	建筑设备(第 2 版)	刘源全　张国军	46.00	50	土木工程施工	石海均　马　哲	40.00
2	土木工程测量(第 2 版)	陈久强　刘文生	40.00	51	土木工程制图	张会平	34.00
3	土木工程材料(第 2 版)	柯国军	45.00	52	土木工程制图习题集	张会平	22.00
4	土木工程计算机绘图	袁　果　张渝生	28.00	53	土木工程材料(第 2 版)	王春阳	50.00
5	工程地质(第 2 版)	何培玲　张　婷	26.00	54	结构抗震设计	祝英杰	30.00
6	建设工程监理概论(第 3 版)	巩天真　张泽平	40.00	55	土木工程专业英语	霍俊芳　姜丽云	35.00
7	工程经济学(第 2 版)	冯为民　付晓灵	42.00	56	混凝土结构设计原理(第 2 版)	邵永健	52.00
8	工程项目管理(第 2 版)	仲景冰　王红兵	45.00	57	土木工程计量与计价	王翠琴　李春燕	35.00
9	工程造价管理	车春鹂　杜春艳	24.00	58	房地产开发与管理	刘　薇	38.00
10	工程招标投标管理(第 2 版)	刘昌明	30.00	59	土力学	高向阳	32.00
11	工程合同管理	方　俊　胡向真	23.00	60	建筑表现技法	冯　柯	42.00
12	建筑工程施工组织与管理(第 2 版)	余群舟　宋会莲	31.00	61	工程招投标与合同管理	吴　芳　冯　宁	39.00
13	建设法规(第 2 版)	肖　铭　潘安平	32.00	62	工程施工组织	周国恩	28.00
14	建设项目评估	王　华	35.00	63	建筑力学	邹建奇	34.00
15	工程量清单的编制与投标报价	刘富勤　陈德方	25.00	64	土力学学习指导与考题精解	高向阳	26.00
16	土木工程概预算与投标报价(第 2 版)	刘　薇　叶　良	37.00	65	建筑概论	钱　坤	28.00
17	室内装饰工程预算	陈祖建	30.00	66	岩石力学	高　玮	35.00
18	力学与结构	徐吉恩　唐小弟	42.00	67	交通工程学	李　杰　王　富	39.00
19	理论力学(第 2 版)	张俊彦　赵荣国	40.00	68	房地产策划	王直民	42.00
20	材料力学	金康宁　谢群丹	27.00	69	中国传统建筑构造	李合群	35.00
21	结构力学简明教程	张系斌	20.00	70	房地产开发	石海均　王　宏	34.00
22	流体力学(第 2 版)	章宝华	25.00	71	室内设计原理	冯　柯	28.00
23	弹性力学	薛　强	22.00	72	建筑结构优化及应用	朱杰江	30.00
24	工程力学(第 2 版)	罗迎社　喻小明	39.00	73	高层与大跨建筑结构施工	王绍君	45.00
25	土力学(第 2 版)	肖仁成　俞　晓	25.00	74	工程造价管理	周国恩	42.00
26	基础工程	王协群　章宝华	32.00	75	土建工程制图	张黎骅	29.00
27	有限单元法(第 2 版)	丁　科　殷水平	30.00	76	土建工程制图习题集	张黎骅	26.00
28	土木工程施工	邓寿昌　李晓目	42.00	77	材料力学	章宝华	36.00
29	房屋建筑学(第 2 版)	聂洪达　郄恩田	48.00	78	土力学教程	孟祥波	30.00
30	混凝土结构设计原理	许成祥　何培玲	28.00	79	土力学	曹卫平	34.00
31	混凝土结构设计	彭　刚　蔡江勇	28.00	80	土木工程项目管理	郑文新	41.00
32	钢结构设计原理	石建军　姜　袁	32.00	81	工程力学	王明斌　庞永平	37.00
33	结构抗震设计	马成松　苏　原	25.00	82	建筑工程造价	郑文新	39.00
34	高层建筑施工	张厚先　陈德方	32.00	83	土力学(中英双语)	郎煜华	38.00
35	高层建筑结构设计	张仲先　王海波	23.00	84	土木建筑 CAD 实用教程	王文达	30.00
36	工程事故分析与工程安全(第 2 版)	谢征勋　罗　章	38.00	85	工程管理概论	郑文新　李献涛	26.00
37	砌体结构(第 2 版)	何培玲　尹维新	26.00	86	景观设计	陈玲玲	49.00
38	荷载与结构设计方法(第 2 版)	许成祥　何培玲	30.00	87	色彩景观基础教程	阮正仪	42.00
39	工程结构检测	周　详　刘益虹	20.00	88	工程力学	杨云芳	42.00
40	土木工程课程设计指南	许　明　孟茁超	25.00	89	工程设计软件应用	孙香红	39.00
41	桥梁工程(第 2 版)	周先雁　王解军	37.00	90	城市轨道交通工程建设风险与保险	吴宏建　刘宽亮	75.00
42	房屋建筑学(上：民用建筑)	钱　坤　王若竹	32.00	91	混凝土结构设计原理	熊丹安	32.00
43	房屋建筑学(下：工业建筑)	钱　坤　吴　歌	26.00	92	城市详细规划原理与设计方法	姜　云	36.00
44	工程管理专业英语	王竹芳	24.00	93	工程经济学	都沁军	42.00
45	建筑结构 CAD 教程	崔钦淑	36.00	94	结构力学	边亚东	42.00
46	建设工程招投标与合同管理实务	崔东红	38.00	95	房地产估价	沈良峰	45.00
47	工程地质（第 2 版）	倪宏革　周建波	30.00	96	土木工程结构试验	叶成杰	39.00
48	工程经济学	张厚钧	36.00	97	土木工程概论	邓友生	34.00
49	工程财务管理	张学英	38.00	98	工程项目管理	邓铁军　杨亚频	48.00

序号	书名	主编	定价	序号	书名	主编	定价
99	误差理论与测量平差基础	胡圣武　肖本林	37.00	122	交通工程基础	王富	24.00
100	房地产估价理论与实务	李　龙	36.00	123	房屋建筑学	宿晓萍　隋艳娥	43.00
101	混凝土结构设计	熊丹安	37.00	124	建筑工程计量与计价	张叶田	50.00
102	钢结构设计原理	胡习兵	30.00	125	工程力学	杨民献	50.00
103	钢结构设计	胡习兵　张再华	42.00	126	建筑工程管理专业英语	杨云会	36.00
104	土木工程材料	赵志曼	39.00	127	土木工程地质	陈文昭	32.00
105	工程项目投资控制	曲　娜　陈顺良	32.00	128	暖通空调节能运行	余晓平	30.00
106	建设项目评估	黄明知　尚华艳	38.00	129	土工试验原理与操作	高向阳	25.00
107	结构力学实用教程	常伏德	47.00	130	理论力学	欧阳辉	48.00
108	道路勘测设计	刘文生	43.00	131	土木工程材料习题与学习指导	鄢朝勇	35.00
109	大跨桥梁	王解军　周先雁	30.00	132	建筑构造原理与设计(上册)	陈玲玲	34.00
110	工程爆破	段宝福	42.00	133	城市生态与城市环境保护	梁彦兰　阎　利	36.00
111	地基处理	刘起霞	45.00	134	房地产法规	潘安平	45.00
112	水分析化学	宋吉娜	42.00	135	水泵与水泵站	张　伟　周书葵	35.00
113	基础工程	曹　云	43.00	136	建筑工程施工	叶　良	55.00
114	建筑结构抗震分析与设计	裴星洙	35.00	137	建筑学导论	裘　鞠　常　悦	32.00
115	建筑工程安全管理与技术	高向阳	40.00	138	工程项目管理	王　华	42.00
116	土木工程施工与管理	李华锋　徐　芸	65.00	139	园林工程计量与计价	温日琨　舒美英	45.00
117	土木工程试验	王吉民	34.00	140	城市与区域规划实用模型	郭志恭	45.00
118	土质学与土力学	刘红军	36.00	141	特殊土地基处理	刘起霞	50.00
119	建筑工程施工组织与概预算	钟吉湘	52.00	142	建筑节能概论	余晓平	34.00
120	房地产测量	魏德宏	28.00	143	中国文物建筑保护及修复工程学	郭志恭	45.00
121	土力学	贾彩虹	38.00				

相关教学资源如电子课件、电子教材、习题答案等可以登录 www.pup6.cn 下载或在线阅读。

扑六知识网(www.pup6.com)有海量的相关教学资源和电子教材供阅读及下载(包括北京大学出版社第六事业部的相关资源)，同时欢迎您将教学课件、视频、教案、素材、习题、试卷、辅导材料、课改成果、设计作品、论文等教学资源上传到 pup6.com，与全国高校师生分享您的教学成就与经验，并可自由设定价格，知识也能创造财富。具体情况请登录网站查询。

如您需要免费纸质样书用于教学，欢迎登录第六事业部门户网(www.pup6.com.cn)填表申请，并欢迎在线登记选题以到北京大学出版社来出版您的大作，也可下载相关表格填写后发到我们的邮箱，我们将及时与您取得联系并做好全方位的服务。

扑六知识网将打造成全国最大的教育资源共享平台，欢迎您的加入——让知识有价值，让教学无界限，让学习更轻松。

联系方式：010-62750667，donglu2004@163.com，linzhangbo@126.com，欢迎来电来信咨询。